"十三五"江苏省高等学校重点教材

航空航天领域智能制造丛书

制造物联技术基础
（第二版）

廖文和 郭 宇 杨文安 编著

科学出版社

北 京

内 容 简 介

本书是"十三五"江苏省高等学校重点教材(编号：2019-1-063)。

物联网在制造领域的深度渗透和落地应用催生了一种以"物物互联、泛在感知"为特征的新型制造技术——制造物联网。制造物联技术为制造业生产要素的智能化识别、定位、跟踪、监控和管理提供了很好的解决方案。本书共由四篇构成：第一篇介绍了制造物联技术理论基础以及制造物联技术的内涵和发展现状；第二篇结合离散制造业的特点和生产模式，系统介绍了制造物联技术的系统结构和技术体系；第三篇对制造物联的关键技术进行分析，包括电子标识技术、编码技术、中间件技术、无线传感网技术、实时定位技术、数字孪生车间数据集成技术、大数据预测和动态调度技术以及制造物联安全技术等；第四篇通过实时定位系统、离散制造过程智能感知系统和大数据剩余完工时间预测系统分析了制造物联技术的应用案例。

本书可用作机械工程及相关专业的高年级本科生和研究生教材，也可供相关研究人员和工程技术人员参考使用。

图书在版编目(CIP)数据

制造物联技术基础 / 廖文和，郭宇，杨文安编著. —2 版. —北京：科学出版社，2022.8

(航空航天领域智能制造丛书)

"十三五"江苏省高等学校重点教材

ISBN 978-7-03-073055-8

Ⅰ.①制… Ⅱ.①廖… ②郭… ③杨… Ⅲ.①物联网－应用－制造工业－高等学校－教材 Ⅳ.①TP393.4②TP18③F416.4

中国版本图书馆 CIP 数据核字(2022)第 161545 号

责任编辑：邓 静 / 责任校对：刘 芳
责任印制：张 伟 / 封面设计：迷底书装

科 学 出 版 社 出版
北京东黄城根北街 16 号
邮政编码：100717
http://www.sciencep.com

北京虎彩文化传播有限公司 印刷

科学出版社发行 各地新华书店经销

*

2017 年 6 月第 一 版 开本：787×1092 1/16
2022 年 8 月第 二 版 印张：14 1/4
2023 年 7 月第五次印刷 字数：350 000

定价：59.00 元

(如有印装质量问题，我社负责调换)

航空航天领域智能制造丛书
编委会

主 任 委 员：单忠德

副主任委员：陈　光　朱如鹏

委　　　员：李迎光　唐敦兵　傅玉灿　郭　宇　于　敏

田　威　汪　俊　刘长青　陈　柏　占小红

郭训忠　朱海华　齐振超

丛 书 序

当今世界百年未有之大变局加速演进，国际环境错综复杂，全球产业链与供应链面临系统重塑。制造业是实体经济的重要基础，我国正在坚定不移地建设制造强国。2020年6月，习近平总书记主持召开中央全面深化改革委员会第十四次会议，会议强调加快推进新一代信息技术和制造业融合发展，要顺应新一轮科技革命和产业变革趋势，以供给侧结构性改革为主线，以智能制造为主攻方向，加快工业互联网创新发展，加快制造业生产方式和企业形态根本性变革，夯实融合发展的基础支撑，健全法律法规，提升制造业数字化、网络化、智能化发展水平。

智能制造是实现我国制造业由大变强的核心技术和主线，发展高质量制造更需要优先推进制造业数字化、网络化、智能化制造。智能制造就是将数字化设计、制造工艺、数字化装备等制造技术、软件、管理技术、智能及信息技术等集成创新与融合发展。智能产品与智能装备具有信息感知、优化决策、执行控制等功能，能更高效、优质、清洁、安全地制造产品、服务用户。数字制造、智能制造、工业互联网变革制造业发展模式，代表制造业的未来。变革制造模式，推动生产资料与生产工具协同，实现网络化制造；变革管理模式，推动异地管理与远程服务融合，实现数字化管理；变革生产方式，推动数字世界与机器世界融合，实现智能化生产。通过发展智能制造，人、机、物全面互联互通，数据驱动，高度智能，从订单管理到设计、生产、销售、原辅材料采购与服务，可实现产品全流程、全生命周期的数字化、智能化、网络化。不仅可以用数字化智能化技术与装备促进传统制造业转型升级，而且可以用数字化智能化技术促进产业基础高级化、产业链现代化。涌现出离散型智能制造、流程型智能制造、网络协同制造、大规模个性化定制、远程运维服务等制造业新模式新业态。更好适应差异化更大的定制化服务、更小的生产批量和不可预知的供应链变更，应对制造复杂系统的不确定性，实现数据驱动从规模化生产到定制化生产，推动更高质量、更高效率、更高价值的制造。

要发展智能制造，就需要加大智能制造相关理论方法、工艺技术与系统装备创新研发，就需要加快培养智能制造领域高水平人才。智能制造工程技术人员主要来自于机械、计算机、仪器仪表、电子信息、自动化等专业领域从业人员，未来需要大量从事智能制造的专门人才。航空航天是关系国家安全和战略发展的高技术产业，是知识密集型、技术密集型、综合性强、多学科集成的产业，也是引领国家技术创新的主战场。与一般机械制造相比，航空航天装备服役环境特殊，产品结构和工艺过程复杂，配套零件种类、数量众多，生产制造过程协同关系繁杂，同时质量控制严格和可靠性要求高，普遍具有多品种变批量特点，这些都为航空航天实现智能制造带来了诸多挑战。为更好实现航空航天领域的数字化智能化发展，推动我国航空航天领域智能制造理论体系建设和人才培养，我们以南京航空航天大学在航空航天制造领域的数字化智能化科研创新成果及特色优势为基础，依托工业和信息化部"十四五"规划航空航天领域智能制造教材建设重点研究基地，从智能制造基本内涵和基本范式出发，面向航空航天领域的重大工程需求，规划编纂了航空航天领域智能制造系列教材，包括智能设计、智能成形、智能加工、智能装配、智能检测、智能系统、应用实践等。这套丛书汇聚了长期活跃在航空航天领域教学科研一线的专家学者，在翔实的研究实践基础上凝练出切实可行的理论方法、典型案例，具有较强的原创性、学术前瞻性与工程实践性。本套丛书主要面向航空航天领域智能制造相关专业的本科生和研究生，亦可作为从事智能制造领域的工程技术人员的参考书目。由衷希望广大读者多提宝贵意见和建议，以便不断完善丛书内容。

航空航天智能制造发展对高水平创新人才提出新需求，衷心希望这套丛书能够更好地赋能教育教学、科研创新和工程实践，更好地赋能高水平人才培养和高水平科技自立自强。让我们携起手来，努力为科技强国、人才强国、制造强国、网络强国建设贡献更多的智慧和力量。

最后，谨向为这套丛书的出版给予关心支持、指导帮助与付出辛勤劳动的各位领导、专家学者表示衷心的感谢。

单忠德

中国工程院院士

2022 年 6 月

前　　言

随着新一代网络信息技术的快速发展，制造业面临的市场环境和社会环境发生了重大改变，传统的制造模式难以满足制造产品的复杂性和用户需求的多样性，因此建立智能化、透明化、柔性化的新型制造系统十分迫切，基于物联感知的制造过程可视化和智能化成为解决上述问题的关键途径。

物联网是在互联网的基础上延伸和扩展的一种网络，是"物与物相连的互联网"，制造物联技术是物联网与先进制造技术的深度融合，是未来制造业发展的重要趋势之一，也是实现智能制造以及数字化工厂的关键技术。制造物联技术是将嵌入式技术、网络技术、自动识别技术等电子信息技术与制造技术相融合，实现对制造资源、制造信息与制造活动的全面感知、精准控制和透明化管理的一种新型制造模式，是推动制造系统向服务化、智能化、绿色化方向发展的重要力量。

本书以国防基础科研、重点科研专项项目为依托，结合大型离散制造车间的生产实际情况，分析离散制造车间物联网技术的应用场景，建立制造物联网系统架构，阐述制造物联网相关关键技术。涉及内容包含制造物联技术的基础知识以及课题组成员自2011年以来的研究成果。

本书共4篇17章。第一篇（第1、2章）介绍物联网技术的基本概念以及涉及的技术体系，并在此基础上分析物联网技术在制造业的应用现状和发展趋势，阐明制造物联技术对于国防建设和发展的重要意义。第二篇（第3～5章）结合离散制造业的生产运行模式，提出面向离散制造业的制造物联技术结构、功能框架、生产网络以及数据管理模型，系统介绍制造物联技术体系。第三篇（第6～14章）分析制造物联的关键技术，包括电子标识技术、编码技术、中间件技术、无线传感网技术、实时定位技术、数字孪生车间数据集成技术、大数据预测技术、动态调度技术和制造物联安全技术。第四篇（第15～17章）通过相关案例分析制造物联技术的应用，涉及RFID实时定位系统、基于RFID的离散制造过程智能感知系统和大数据驱动的制造车间订单剩余完工时间预测系统，实现车间生产要素的实时定位、动态跟踪与轨迹追溯，以及车间制造过程的实时可视化监控和完工预测。以实际应用案例分析物联网的应用效果和实施前景，结果表明，物联网的应用可以有效地改善企业的智能化水平，提高企业的生产效率。

本书的章节结构规划、统稿工作由廖文和、郭宇和杨文安完成，其中第1～5章由郭宇、张立童、黄少华撰写，第6～10章由郭宇、黄少华、张立童、王胜博、汤鹏洲撰写，第11～

14 章由郭宇、张立童、钱伟伟、郑冠冠撰写，第 15～17 章由郭宇、刘道元、吴涛撰写。与本书内容相关的研究工作得到了 2019 年江苏省高等学校重点教材(编号：2019-1-063)的支持，感谢周子颉、陈伟、汪伟丽、魏禛、崔凯在上述项目研究工作中所做出的贡献。

　　制造物联技术的发展十分迅速，限于作者的学术水平和专业范围，书中疏漏和不妥之处在所难免，敬请广大读者批评指正。

作　者
2022 年 1 月

目　　录

第四篇　制造物联技术应用实例

第一篇 制造物联技术概论

第1章 制造物联技术理论基础

互联网的快速发展使世界各地的人们能够打破时间和空间的限制进行自由的交流,而物联网技术顾名思义是将物与物之间进行有效联系的技术。物联网(Internet of Things,IoT)是一个基于传感网络等信息承载体,让所有能够被独立寻址的普通物理对象实现互联互通的网络。物联网和互联网有着本质的区别,互联网是连接虚拟世界的网络,而物联网是连接物理的、真实世界的网络。物联网是利用无所不在的网络技术,整合传感技术和射频识别(Radio Frequency Identification,RFID)技术而建立起来的物理对象之间的互联网,是继计算机、互联网与移动通信网之后的又一次信息产业浪潮,是一个全新的技术领域。

2013年4月,"工业4.0"项目在德国汉诺威工业博览会上被正式推出,这一项目旨在支持工业领域新一代革命性技术的研发与创新,以此引发第四次工业革命。物联网正是这一革命性项目中必需的应用技术。

本章主要对物联网的概念、特点、体系结构、关键技术做简要概述,并指出其未来的发展趋势。

1.1 物联网的概念及特点

1.1.1 物联网的概念

随着各种传感器技术、信息技术、网络技术的发展,物联网技术应运而生。1995年在《未来之路》一书中提及物-物互联。1998年麻省理工学院(MIT)提出了当时称作电子产品代码(Electronic Product Code,EPC)系统的物联网构想。1999年,在物品编码技术的基础上,麻省理工学院的自动识别实验室首先提出了物联网这一概念。2005年11月17日,在突尼斯举行的信息社会世界峰会上,国际电信联盟(ITU)发布了《ITU互联网报告2005:物联网》,其在报告中称以物联网为核心技术的通信时代就要来临。

物联网是在互联网的基础上,利用RFID技术、传感技术、无线通信技术等构建一个涵盖世界万物的网络。在这个网络中,物体能够相互传递信息而无须人工干预。物联网让世界上每一个物理对象在网络中相互连接,描绘出一个互联网延伸到现实世界、囊括所有物品的愿景。

从技术层面上讲，物联网技术就是通过射频识别（RFID）、传感器、全球定位系统、激光扫描器等前端的信息采集系统，采集各种需要的数据信息，再通过互联网等网络技术将数据传输到云计算中心进行处理，最后根据分析处理的最终结果对前端进行智能化的控制。从应用层面上讲，物联网是指世界上所有的物体都连接到一个网络中，形成"物联网"，然后"物联网"与现有互联网结合，实现人类社会与管理系统的整合，更加精细和生动地管理生产和生活。

物联网就是"物与物相连的互联网"。这有两层意思：第一，物联网仍然以互联网作为基础和支撑，可以说物联网是在互联网的基础之上延伸和扩展的一种网络。第二，物联网将联系的范围扩展到了物与物之间，在很大程度上扩展了互联网之间的联系。在物联网当中存在大量的传感器以及监控设备等，通过这些设备进行信息的收集，将收集的信息通过互联网进行传输，同时对各种设备、物体进行智能化的控制。

物联网已经成为一个全球关注的词语，因为物联网技术涉及信息技术的各个方面，所以称物联网技术是信息技术的第三次革命性创新。

在工业领域，部分生产制造龙头企业凭借自己的数据积累和技术沉淀，开发了自己的物联网管控平台。例如，2013 年美国通用电气公司发布的 Predix 平台、2016 年德国西门子公司发布的 MindSphere 平台，一直以来被认为是物联网管控平台的标杆，同时国外新兴的物联网管控平台还有 Microsoft 公司的 Azure IoT 平台和 IBM 公司的 Watson IoT 平台等。国内的物联网管控平台有三一重工股份有限公司的根云、海尔集团公司的 COSMOplat、中国航天科工集团有限公司的 INDICS，百度在线网络技术（北京）有限公司、腾讯科技（深圳）有限公司、北京京东世纪贸易有限公司也都开发了相应的物联网管控平台。

以物联网为代表的新一代信息技术是智能制造的基础与核心，快速推动着制造业新一轮产业革命的来临与发展。物联网是在互联网基础上延伸与扩展的一种"物物相连"的网络，可通过二维码识读器、射频识别装置、红外感应器、全球定位系统和激光扫描器等信息传感设备，按约定的协议将所有物品与互联网连接，进行信息交换和通信，以实现智能化识别、定位、跟踪、监控和管理，其具有的全面感知、可靠传送以及智能处理的特性与能力可有效满足当前离散制造业采集实时化、生产透明化、控制精准化、管理精细化的需求，在技术探索和应用实施方面得到了国内外制造企业和相关学者的高度重视与深入研究。

1.1.2 物联网的特点

物联网源于对物品识别的需求，但在当前技术背景下，物联网所能够或者应该实现的功能目标已经远远超过了简单的物品识别，需要从系统的角度去研究和思考其与传统网络相比具有的特点。物联网的网络由诸多异构网络和多样化的终端设备组成，这种异构的特点决定了物联网与传统网络的诸多不同之处。

第一，物联网是各种感知技术的广泛应用。全面感知就是对物的生存状态和环境信息的实时感知，包括近距离感知（通过传感器感知物理量）、远距离感知（通过网络传递感知信息）和双向感知。在物联网中，存在大量不同类型以及功能的传感器，每个传感器都是一个信息源，这些传感器为物联网提供大量的信息。由于传感器功能的差异，不同类别的传感器所捕获的信息内容和信息格式不同。另外，传感器获得的数据具有实时性，需要按一定的频率周期性采集环境信息，不断更新数据。

第二，物联网是一种建立在互联网上的泛在网络。可靠传送就是以互联网为基础，随时随地进行可靠的信息交互、信息反馈、自动化控制和智能自治管理。物联网技术的重要基础和核心依旧是互联网，通过各种有线和无线网络与互联网融合，将物体的信息实时准确地传递出去。物联网上的传感器定时采集的信息需要通过网络传输，由于其数量极其庞大，形成了海量信息。这些设备搜集的大量信息需要由互联网进行传输，在传输过程中，为了保障数据的正确性和及时性，必须适应各种异构网络和协议。

第三，物联网不仅仅提供了传感器的连接，其本身也具有智能处理的能力，能够对物体实施智能控制。智能处理利用云计算技术，对感知数据和信息进行分析处理，评估物体的生存状态和环境改变，对物体实施相应的控制策略，并对控制效果进行评估。物联网将传感器和智能处理相结合，利用云计算、模式识别等各种智能技术，使自动化的智能控制技术深入各个领域。从传感器获得的海量信息中分析、加工和处理出有意义的数据，以适应不同用户的不同需求，发现新的应用领域和应用模式。

异构网络首先要解决的是不同网络与设备之间的协同能力和协同效率问题，这是决定物联网在现实应用中的实用性和效率的最基本因素，也是其与传统单一网络最大的不同。对于具有一定智能特点的信息系统，其知识来源之一往往是用户的基本信息。用户的基本信息涉及的内容很广，从用户的性别、年龄、职业，到用户接受服务时所处的服务环境(情境)，再到用户的历史服务记录，这些都是进行有效的服务发现和挖掘的基础数据。而物联网这种异构网络的集合，完全可以从诸多不同的角度获取上述数据。以智能楼宇为例，一个完善的物联网系统完全可以通过全球定位系统确定用户所在大楼的地理位置，通过无线传感器网络获取用户所处的位置(如楼内设施位置)，甚至使用无线射频技术获得用户在楼内活动的路径信息。以此为基本信息，结合以往对该用户的服务记录，可以更精确地确定此次服务的内容，如消息推送的内容。

同时，物联网由于具有异构的特点，无法使用统一的网络标准来衡量其物理性能。因此，有必要研究适用于物联网的网络服务质量评估方法，来评估物联网在实际运行过程中的性能表现。对其性能的量化评估，可以实现对物联网系统的反馈调节，提升其服务效率和整体性能，还可以结合传统网络的物理性能，有效寻找特定物联网系统在性能方面的瓶颈因素。

在安全方面，物联网也面临着比传统网络更严峻的考验。对于诸多异构网络，任何一个环节出现信息安全问题，整个物联网都会面临安全威胁。在异构网络的协同过程中，更是增加了潜在的信息安全风险。

1.2　物联网的体系结构

目前，物联网还没有一个被广泛认同的体系结构，但是，我们可以根据物联网采集、传输、处理的过程将其划分为三层结构，即感知层、网络层和应用层，具体体系结构如图 1.1 所示。

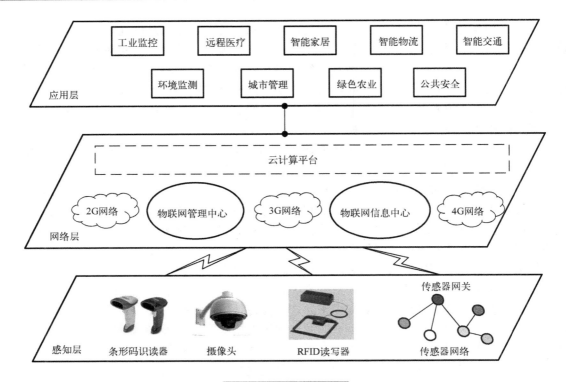

图 1.1　物联网体系结构

　　物联网中由于要实现物与物和人与物的通信,感知层是必需的。感知层在物联网中属于信息收集的主要部分,主要用于对物理世界中的各类物理量、标识、音频、视频等数据进行采集与感知。感知层主要由各种型号以及功能不同的传感器、RFID 读写器、二维码识读器等组成,这些传感器相当于人体的感觉器官,负责感知外界的信息,对各种信息进行分析识别,收集有用信息,为后续工作的开展奠定基础。感知层的关键技术包括传感器、RFID、全球定位系统(Global Positioning System,GPS)、自组织网络、传感器网络、短距离无线通信等。感知层必须解决低功耗、低成本和小型化的问题,并且向更高灵敏度、更全面感知能力的方向发展。

　　物联网的网络层主要进行信息的传送。网络层主要依靠传统的互联网,同时结合广电网、通信网等,在第一时间将各种传感器收集的信息进行传输,并有云计算平台对传输过来的信息进行分析和计算,从而做出相应的判断。网络层主要用于实现更广泛、更快速的网络互联,从而把感知到的数据信息可靠、安全地进行传送。目前能够用于物联网的通信网络主要有互联网、无线通信网、卫星通信网与有线电视网。物联网中有许多设备需要接入,因此物联网必须是异构泛在的。由于物体可能是移动的,因此物联网的网络层必须支持移动性接入。

　　应用层主要包括应用支撑平台子层和应用服务子层。应用支撑平台子层用于支撑跨行业、跨应用、跨系统之间的信息协同、共享和互通。应用服务子层包括智能交通、智能物流、智能医疗、智能电力、数字环保、数字林业等领域。通过各种终端设备能够及时获取物联网传递的信息。人们可以通过应用层的接入终端及时获取物联网中丰富的信

息。当前，物联网技术不断发展，相应的控制领域也在不断扩大，对于人们生活和生产作业的影响也越来越大。

物联网是新一代信息技术的重要组成部分，其关键环节可以归纳为全面感知、可靠传送、智能处理。全面感知是指利用 RFID、GPS、摄像头、传感器、传感器网络等技术手段，随时随地对物体进行信息采集和获取。可靠传送是指通过各种通信网络、互联网随时随地进行可靠的信息交互和共享。智能处理是指对海量的跨部门、跨行业、跨地域的数据和信息进行分析处理。

1.3　物联网的关键技术

物联网涉及的新技术很多，其中的关键技术主要有 RFID 技术、传感器与传感节点技术、网络通信技术和云计算等。

1. RFID 技术

射频识别技术是物联网的关键技术之一，它是一种自动识别和跟踪物体的技术，依赖于使用 RFID 标签等设备存储和检索数据。RFID 技术由将 RFID 标签和读写器连接到计算机系统来实现。一个典型的 RFID 系统包括三个主要的部件：标签、读写器和 RFID 中间件。标签位于需要被识别的对象上，它是数据载体；读写器有一个天线，可以发射无线电波，标签进入读写器的感应区域就能通过返回数据进行响应；RFID 中间件可以提供通用服务，负责管理 RFID 设备及控制读写器和标签之间的数据传输，同时还有硬件维护。随着 RFID 技术应用的推广，RFID 越来越受到各行各业的关注，其中就包括制造业。RFID 技术具有识别唯一性、可重复读写、防水、耐高温等优点。

2. 传感器与传感节点技术

传感器是指能感知预定的被测指标并进行信号转换的器件和装置，通常由敏感元件和转换元件组成，用来感知信息采集点的环境参数，如声、光、电、热等信息，并能将检测感知到的信息按一定规律变化成电信号或所需形式输出，以满足信息的传输、处理、存储和控制等要求。如果没有传感器对被测的原始信息进行准确可靠的捕获和转换，一切准确的测试与控制都将无法实现，即使是现代化的电子计算机，没有准确的信息或不失真的输入，也将无法充分发挥其应有的作用。

传感器的类型多样，可以按照用途、材料、输出信号类型、制造工艺等方式进行分类。常见的传感器有速度传感器、热敏传感器、压力敏和力敏传感器、位置传感器、液面传感器、能耗传感器、加速度传感器、射线辐射传感器、振动传感器、湿敏传感器、磁敏传感器、气敏传感器等。随着技术的发展，新的传感器类型也不断产生。传感器的应用领域非常广泛，包括工业生产自动化、国防现代化、航空技术、航天技术、能源开发、环境保护与生物科学等。

随着纳米技术和微机电系统(Micro-Electro-Mechanism System，MEMS)技术的应用，传感器尺寸的减小和精度的提高大大拓展了传感器的应用领域。物联网中的传感器节点由数据采集模块、数据处理模块、数据传输模块和电源构成。节点具有感知能力、计算能力和通信能力，也就是在传统传感器基础上，增加了协同、计算、通信功能，构成了传感器节点。智能化是传感器的重要发展趋势之一，嵌入式智能技术是实现传感器智能化的重要手段，其特点是将硬件和软件相结合，即将嵌入式微处理器功耗低、体积小、集成度高和嵌入式软件高效率、高可靠性等优点相结合，同时结合人工智能技术，推动物联网中智能环境的实现。

3. 网络通信技术

无论物联网的概念如何扩展和延伸，其最基础的物与物之间的感知和通信是不可替代的关键技术。网络通信技术包括各种有线和无线传输技术、交换技术、组网技术、网关技术等。

其中机器对机器（Machine to Machine，M2M）技术则是物联网实现的关键。M2M 技术是指所有实现人、机器、系统之间通信连接的技术和手段，同时也可代表人对机器（Man to Machine）、机器对人（Machine to Man）、移动网络对机器（Mobile to Machine）之间的通信。M2M 技术使用范围广泛，可以结合全球移动通信系统（Global System for Mobile Communications，GSM）、通用分组无线服务（General Packet Radio Service，GPRS）技术、移动通信系统（Mobile Telecommunications System，MTS）等远距离连接技术，也可以结合行动热点（Wi-Fi）、蓝牙（BlueTooth）、紫蜂（ZigBee）、射频识别（RFID）和超宽带（Ultra Wide Band，UWB）等近距离连接技术，此外，还可以结合可扩展标记语言（Extensible Markup Language，XML）和公共对象请求代理体系结构（Common Object Request Broker Architecture，CORBA），以及全球定位系统、无线终端和网络的位置服务技术等，用于安全监测、自动售货机、货物跟踪领域。目前，M2M 技术的重点在于机器对机器的无线通信，而将来的应用则将遍及军事、金融、交通、气象、电力、水利、石油、煤矿、工控、零售、医疗、公共事业管理等各个行业。短距离无线通信技术的发展和完善使得物联网信息通信有了技术上的可靠保证。

网络通信技术为物联网数据提供传送通道，如何在现有网络上进行增强，适应物联网业务的需求（低数据率、低移动性等），是该技术研究的重点。物联网的发展离不开通信网络，更宽、更快、更优的下一代宽带网络将为物联网发展提供更有力的支撑，也将为物联网应用带来更多的可能。

4. 云计算

云计算（Cloud Computing）是网络计算、分布式计算、并行计算、效用计算、网络存储、虚拟化、负载均衡等传统计算机技术和网络技术发展融合的产物。它旨在通过网络把多个成本相对较低的计算实体整合成一个具有强大计算能力的完美系统。

物联网要求每个物体都与该物体的唯一标识符相关联，这样就可以在数据库中进行检索。加上随着物联网的发展，终端数量急剧增长，会产生庞大的数据流，因此需要一个海量的数据库对这些数据信息进行收集、存储、处理与分析，以提供决策和行动。传统的信息处理中心难以满足这种计算需求，这就需要引入云计算。

云计算可以为物联网提供高效的计算、存储能力，通过提供灵活、安全、协同的资源共享来构造一个庞大的、分布式的资源池，并按需动态部署、配置及取消服务。其核心理念就是通过不断提高"云"的处理能力，最终使用户终端简化成一个单纯的输入输出设备，并能按需享受"云"的强大计算处理能力。

物联网能整合上述所有技术的功能，实现一个完全交互式和反应式的网络环境。

1.4　物联网的发展趋势

未来，全球物联网将朝着规模化、协同化和智能化方向发展，同时以物联网应用带动物联网产业将是全球各国的主要发展方向。

规模化发展：随着世界各国对物联网技术、标准和应用的不断推进，物联网在各行业领域中的规模将逐步扩大，尤其是一些政府推动的国家性项目，如智能电网、智能交通、环保、节能，将吸引大批有实力的企业进入物联网领域，大大推进物联网的应用进程，为扩大物联网的产业规模产生巨大作用。

协同化发展：随着产业和标准的不断完善，物联网将朝协同化方向发展，形成不同物体间、不同企业间、不同行业间乃至不同地区或国家间物联网信息的互联互通互操作，应用模式从闭环走向开环，最终形成可服务于不同行业和领域的全球化物联网应用体系。

智能化发展：物联网将从目前简单的物体识别和信息采集，走向真正意义上的物联网，实时感知，网络交互，应用平台可控可用，实现信息在真实世界和虚拟空间之间的智能化流动。

物联网是新一代信息网络技术的高度集成和综合运用，是新一轮产业革命的重要方向和推动力量，对于培育新的经济增长点、推动产业结构转型升级、提升社会管理和公共服务的效率与水平具有重要意义。

尽管物联网拥有广泛的潜在应用前景，但作为一个新兴市场应用，也面对着来自各方面的挑战，主要有以下四方面。

第一，技术挑战。目前缺乏在统一框架内融合虚拟网络世界和现实物理世界的理论、技术架构和标准体系。此外，我们还没有掌握核心芯片和传感器技术，导致传感器成本居高不下，80%以上的芯片靠进口，安全性和隐私权令人担忧。目前的物联网其实还未发挥其特有的智能分析和处理的特点，主要还是 M2M 和 RFID 等底层业务，这方面还有较长的路要走。

第二，标准挑战。目前，物联网根本没有统一的标准体系和顶层技术架构设计，物联网标准涉及大量国际标准化组织，很难协调。它的专业性、专有性太强，公众性和公用性较弱，标准化程度低，互通性差，必要性弱。

第三，市场挑战。物联网整体上处于萌芽阶段，产业链比较复杂而且分散，主要是薄利小众市场，集中度低、不稳定、不成规模，造成成本居高不下。行业信息化程度低，门槛和壁垒高，高端难介入，低端收入微薄。另外，物联网商业模式复杂，运营商擅长一对一服务关系，即一个用户，一个终端，一个账单。而物联网的本质是多点连接，且涉及终端范围广，数量巨大。

第四，社会挑战。说到底，物联网能否有大发展完全取决于未来能否带动经济发展和社会进步，改进个人安全和生活质量，而不是给社会、经济、政治、军事、文化和个人隐私带来负面影响乃至危害。这方面也同样需要政府、社会和个人的共识。

当前，物联网的很多应用大都针对某一具体的场景，如生产线安全监控、智能家居等。其网络接入方式也多以局域网为主，并未真正实现多场景、多情境的互通互用。一方面，这是出于信息安全的考虑，通过物理网络的隔离来确保局部网络的可靠性。另一方面，这是出于对服务功能和服务对象所在位置的考虑。如智能家居系统，其主要服务和控制设备都处于一个建筑体内，完全可以通过局域网来解决设备间的通信问题。但伴随着信息系统智能化的发展趋势，未来的物联网也会从真正意义上实现不受地理限制的互通互用。例如，以云计算、移动计算的信息服务模式，来实现物联网服务器的远程化，实现物联网服务终端的轻便化。另外，未来的物联网一定会向着面向服务的实现模式发展，而不单单将实现的重点放在技术解决方案上，会通过系统的协同作用实现更为复杂和智能的服务模式。

第 2 章　制造物联技术的内涵与发展现状

随着信息技术的迅猛发展和广泛应用，信息化犹如一支催化剂，它带来的倍增效应使得传统企业得到了跨越式发展。"信息化与工业化融合"不仅要求在技术、业务、产业结构等方面改造传统工业，以提升企业的核心竞争力，也对制造企业自身提出了进一步变革的要求。"融合"要求信息化与工业化在发展战略、发展模式、规划和计划等层面的匹配，要求信息技术与装备技术的相互促进，要求信息资源与企业资源的整合。

物联网涉及下一代信息网络和信息资源的掌控利用，是信息通信技术发展的新一轮制高点，正在制造领域广泛渗透和应用，并与未来先进制造技术相结合，形成新的智能化的制造体系。制造物联技术在不断发展和完善之中，不仅可以解决制造业在生产、物流、管理等诸多方面的问题，还可以为制造业的发展提供更广阔的思路。

本章将主要介绍制造业信息化和制造物联技术的发展现状。

2.1　制造物联网的概念及特点

2.1.1　制造物联网的概念

离散制造是多个零部件经加工及装配而形成最终产品的过程，涉及零件、部件、产品、设备、工装、人员等多种制造要素的相互作用与配合，与流程制造的大规模生产、依赖专用设备、生产线配置相对固定且自动化程度高等特点不同，离散制造过程更加复杂：制造要素种类多、生产线配置灵活、状态动态多变且不确定性强，这显著增加了生产管控的难度。除流程制造特别关注的设备监视和检修外，还须重点关注物料、在制品、工装等其他要素的实时状态变化以及系统的运行规律。对实时的数据采集、全面的生产监控以及智能的运行管控的迫切需求，使得制造物联技术在离散车间得到了更加广泛的关注与应用。面向离散车间制造物联的研究仍处于不断深入与快速发展之中，目前并没有统一的定义，不同的专家学者对其概念进行了不同的描述，具有代表性的制造物联定义总结如下。

(1)制造物联是以嵌入式、RFID、商务智能、虚拟仿真与建模等技术为支撑，实现了产品智能化、制造过程自动化、经营管理辅助决策等应用的信息技术。

(2)制造物联是以制造车间物理资源互联为基础，以实时信息为驱动，用于生产过程实时监测与控制的车间优化管理系统。

(3)制造物联是运用以 RFID 和传感网络为代表的物联网技术、先进制造技术与现代管理技术，构建服务于供应链、制造过程、物流配送、售后服务和再制造等产品全生命周期各阶段的基础性、开放性网络系统，形成对制造要素、制造信息和制造活动的全面感知、精准控制。

(4)制造物联是通过泛在实时感知、全面互联互通和智能信息处理，实现产品/服务全生命周期的优化管理与控制以及工艺和产品创新的一种物联网增强的智能制造模式。

可以看出，针对物联网在制造业中的应用需求与覆盖范围的差异，制造物联的相关定义在描述上虽然存在一定差异，但都是围绕应用目标对物联网基本概念的扩展，基于上述描述，作者将制造物联的定义总结如下。

狭义地讲，制造物联是通过 RFID、传感器、UWB 等感知设备，按照约定协议对制造相关的人员、设备、工具等实体进行互联通信与信息交换，以实现面向各类制造要素和过程的智能化识别、感知、定位、监控与管理的一种网络；广义地讲，制造物联可扩展为面向制造的信息空间与物理空间的融合，是基于先进识别、传感网络、虚拟仿真、人工智能等技术，以制造要素之间、制造要素与物理环境之间、物理环境与信息系统之间的互联互感为基础，实现对产品全生命周期中的制造要素、过程和数据全面感知、智能分析与优化管理的一种智能制造使能技术。

2.1.2 制造物联网的特点

为了全面分析制造物联关键环节具有的典型特点，从信息科学的视角，针对信息的传播过程，建立制造物联的信息功能模型，如图 2.1 所示。

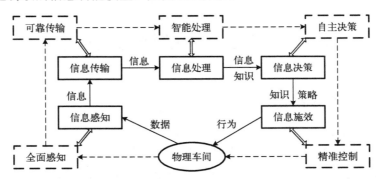

图 2.1　制造物联的信息功能模型

制造物联具有的信息感知、传输、处理、决策和施效五大功能清晰地反映出其几大显著特征，具体分析如下。

(1)泛在化、互联性(信息感知)。

利用 RFID、传感器、定位设备等感知设备，构建面向制造车间的泛在网络，实现人员、设备、物料、产品、车间、工厂、信息系统乃至产业链所有环节的互联互通，以及资源属性、制造状态、流转过程等数据的全面感知与采集。

(2)可靠性、实时性(信息传输)。

将制造车间物理实体接入物联信息网络，依托多种信息通信方式，实现网络覆盖区域内多源信息的可靠、实时交换与传输，打通制造企业端到端数据链。

(3)关联性、集成化(信息处理)。

通过多种数据处理方法，对海量的感知信息进行智能分析与处理，形成可被优化决策使用的标准信息，并支持来自异构传感设备的多源制造信息的集成管控。

（4）自主性、自适应性（信息决策）。

根据实时采集的多源制造数据，自主分析与判别执行过程及资源的自身行为，实现制造过程的动态响应，并依据相关知识、数据模型和智能算法，实现面向制造过程的动态资源能源配置与生产管控自适应决策。

（5）精准化、协同化（信息施效）。

依据决策方案，调节制造要素或制造过程，使对象处于预期的执行状态，并通过实时数据的集成共享，实现各单元、全过程、所有环节的协同优化及精准控制。

2.2　制造业信息化现状

近年来，国家制定了一系列的战略决策来发展制造业，尤其是制造业信息化方向。随着新方法、新技术的不断更新，制造业信息化的发展被推到了一个新的历史高度。在离散制造企业中，产品的工艺流程根据状态的不同而差异较大，加工过程也并非以连续方式进行，制造过程长时间处于离散状态，缺乏对产品制造过程的有效监控和管理，这导致生产过程状态较为混乱，无法完整保存研制过程的历史资料，这样的生产模式已经严重制约了企业生产管理水平的发展和自动化水平的提高，降低了企业的竞争力。

将物联网技术与企业信息化相结合，通过 RFID 技术实现对产品制造过程技术状态的跟踪处理、实时信息反馈、状态管理，可以极大地提高企业的信息化、自动化水平，还可以为后续科研改进提供宝贵的历史数据。

近年来，制造企业已经开始广泛使用企业资源计划（Enterprise Resource Planning，ERP）、MES、PDM 等系统加强企业的信息化建设，但收效甚微。原因在于 ERP 系统强调企业的计划性，PDM 系统管理更多的是设计和工艺方面的基础数据，对车间的生产管理和控制显得力不从心，虽然现有的 MES 对车间运行有实时状态监控和生产过程控制的功能，但其系统底层数据的获取依赖于现场工人的手工填写，其数据来源的实时性与准确性就大打折扣，从而其上层的各种统计和管理功能的实现就很难得到有效的保障。由此可见，如何准确、实时地采集到车间各种资源和在制品的使用情况及运行数据，对整个离散制造车间的管理具有重要的意义。物联网技术的出现为这个问题提供了很好的解决方案，它可以通过各种感知技术实时采集车间生产现场的过程数据，然后运用有效的数据传输方式将现场的制造数据准确传递到数据处理单元，无需现场工人和管理人员的手工干预，便可以完成对车间生产现场的数据采集。尤其作为物联网关键技术之一的 RFID 技术，由于其功能上的优越性，已经在很多企业和工厂得到了广泛的应用，因此研究如何利用 RFID 技术来更大限度地发挥制造企业现有资源的潜力，改革传统的生产管理模式，实现对车间生产现场数据的全面掌控，已经成为当务之急。

制造业是信息化技术应用最主要的平台和市场，高科技信息的应用是提高制造业竞争力的引擎和动力，制造业创新转型的关键在于让制造业与信息应用化完美融合。牛宇鑫在《中国信息化周报》中提到，物联网在制造业中的主要应用是生产过程的自动化，将物联网技术融入制造业生产流程中，包括工业控制、柔性制造等工艺生产线，制造业可以通过物联网将企业信息系统、设备、机器人、PDA、采集器、传感器等各种硬件整合在一起，形成一个完整的智能化系统，再通过生产现场的专用设备来实时采集和控制生产过程。

制造业信息化使管理模式更为精细化，将 RFID 等物联网技术与企业制造执行系统(MES)进行集成，以满足产品追溯、安全生产等要求，提高企业产品设计、生产制造、销售、服务等环节的智慧化水平，从而提高企业的管理水平。

经过多年的建设和发展，我国的国防基础通信网络已日臻完善，无论是传感网络建设，还是信息服务设施建设都已初具规模，目前发展物联网在军事领域的应用研发已经具备了良好的软硬件环境。

在通信网络建设方面，我们已经基本建成以光纤通信网为主体、以卫星通信系统为骨干的国防通信网和各种无线通信系统，基本形成了"核心网+接入网+用户网"的架构，并做好了协议体系向 IPv6 过渡的准备。这些都为物联网在军事领域的运用奠定了坚实的物质基础。

在传感网络建设方面，陆海空天多层次多平台相结合，多种 IT 手段相配套，可覆盖情报侦察、预警探测、气象水文、地理测绘、频谱监测等多要素的感知装备体系，基本实现了指挥信息系统对敌方目标、己方部队和战争环境的实时感知与信息共享，这些又为物联网在国防建设中发挥作用提供了不可或缺的外部条件。

国外企业以信息技术为工具，提升柔性生产、精益制造和快速响应能力，取得了很好的成效。洛克希德·马丁公司的 PDM 系统、波音公司的飞机数字化制造在线专家系统和客户服务以及 AEC 公司的 CATIA、Alenia 公司的工作流管理都是比较典型的信息化应用案例。

当前，随着信息技术的飞速发展，信息化已经从最初的数据电子化、办公自动化，发展到现在的企业制造资源计划、内容管理、网格计算、决策支持、电子商务等。信息技术的发展和企业需求的结合程度不断深入，信息化建设及其应用正在成为企业日常经营管理和科研生产不可缺少的工具。

综观国内多年来的信息化实践，与国外相比尚有差距，主要表现在以下几方面。

(1)在企业信息总体架构上，尚未实现全生命周期环节的数字化，难以支撑重大型号的产品开发组织管理，企业数字化体系尚处于探索实践中。

(2)在数字样机技术上，普遍存在多几何设计、少功能设计，重结构、轻性能，缺少系统综合能力等问题，信息孤岛普遍存在。

(3)集成与协同技术应用初见成效，但是没有实现基于完整型号的全面数字化。异地、异构、分散、孤立的各种资源没有通过数字化手段有效集成和共享，研制模式没有根本转变。

(4)企业信息化评估体系尚未建立。企业数字化的产品创新能力体系、管理体系及评估方法相对滞后，缺少与企业研发模式、业务流程、运行模式和管理变革的结合，难以发挥信息化的效益。

2.3　制造物联网的需求分析

传统制造车间生产过程中存在的不确定因素种类及数量较多，导致生产异常无法避免且往往不可预测。尤其是离散制造车间的生产过程，由于产品种类繁多、差异性大，车间现场的生产异常更为多变复杂。基于以上分析，应综合利用 RFID、UWB 和无线传感网等制造物联技术，对车间人员、物料、在制品和车辆等生产要素进行相应的标识和信息感知，并根据企业生产计划，对实时感知信息进行分析和处理，提炼出其中蕴涵的生产异常信息，并对生产异常的影响程度进行定量分析，以提升车间的动态响应能力和生产效率。由此，离散制造过程生产异常监测对制造物联技术的具体应用需求主要包括以下几方面。

1）生产状态信息的自动采集

离散制造车间环境复杂，所包含的动、静态生产要素繁多，除机床、AGV 等自动化设备以外，在制品、物料和工具等生产要素通常依靠传统条形码和二维码等人工信息采集技术进行信息采集，无法保证信息的实时性和全面性。RFID 技术具有非接触自动感知、非视距感知以及多目标移动感知的功能。不同类型的 RFID 标签采用悬挂或粘贴的方式附着在人员、在制品、物料和工具等生产要素上，通过在标签内存储对应生产要素的基础信息，可建立两者间的唯一对应关系。在生产过程中，RFID 技术可对附有标签的生产要素进行静态信息（包括物料编码、名称和批次等）和动态信息（包括在加工工序、已加工时间和工具使用状态等）的自动采集。因此，采用 RFID 自动采集技术可实现产品全加工周期的生产状态信息采集，为上层数据分析提供较为全面的数据支撑。

2）生产要素的实时定位

RFID 技术采集的是生产要素的区域位置信息，定位精度只能达到工位级，当生产要素在工位之间流转时，生产要素的位置就会难以确定和跟踪，需要依靠工作人员在全车间范围内勘察，所需要的时间成本高且效率低下。UWB 定位技术的抗环境干扰能力强，定位精度达厘米级，可满足离散制造过程复杂环境下的定位需求。通过 UWB 定位技术来获取车间定位区域内生产要素的实时坐标信息，可帮助管理人员及时找到所需的生产要素，提高车间的生产效率。

3）数据处理与异常信息分析

在部署大量物联感知节点的离散制造环境中，实时采集的数据包括人员、物料、在制品和工具的实时位置与状态，缓存区状态，设备运行状态，以及车间生产环境等信息，这些原始制造物联数据具有数量庞大、零散和冗余等特点，且其信息语义层次和实用价值较低。因此，须采用合适的数据预处理方法对其进行清洗处理操作，减少数据传输量及提高数据感知效率，并通过复杂事件处理使数据可真正、直观地反映车间生产状态信息，同时将其中检测到的生产异常信息推送至上层应用，以便上层应用可进一步分析和判断生产异常信息的影响程度。

4）离散制造过程历史信息追溯

传统离散制造过程无法实现信息化管理，一方面是因为实时生产数据的缺乏，另一方面是因为对历史生产数据的追溯能力差。通过物联设备采集到的生产状态数据及实时位置数据记录了产品整个生产过程的制造信息，当产品自身出现质量问题或产品所属生产任务出现延迟问题时，可通过追溯相关历史生产过程信息，寻找问题根源并针对性地提出改善措施。也可通过历史生产过程信息，寻找整个制造系统生产过程的演化规律，并结合当前车间的生产状态信息预测车间未来的生产情况，优化整个制造过程。

2.4　制造物联国内外发展现状

2.4.1　应用研究发展现状

当前,世界各国的物联网基本都处于技术研究与实验阶段。

美、日、韩、欧盟等都正投入巨资深入研究探索物联网,并启动了以物联网为基础的"智慧地球""U-Japan""U-Korea""物联网行动计划"等区域战略规划。2005年,国际电信联盟发布了年度技术报告,其在报告中称以物联网为核心技术的通信时代就要来临。2009年,在欧盟委员会的资助下,《物联网战略研究路线图》和《RFID与物联网模型》等对物联网概念有重要推广作用的意见书由欧洲物联网研究项目组(CERP-IoT)制定;同年,日本针对物联网发展趋势也制定了"i-Japan计划";2009年5月,欧洲各国的官员、企业领袖和科学家在布鲁塞尔就物联网进行专题讨论,并将其作为振兴欧洲经济的思路;2009年6月欧盟发布了新时期下物联网的行动计划。

2013年,随着德国在汉诺威工业博览会上正式提出"工业4.0"项目,制造业又迎来了新一轮工业革命。这是继机械化、电力和信息技术革命之后的第四次工业革命,信息物理系统(Cyber Physical System,CPS)的深度融合则是这次革命的核心。"工业4.0"的愿景是,制造企业能将与生产相关的机器、人员、信息系统等各种生产要素融入信息物理系统中,在未来建立一个统一的全球制造网络。这次新变革是由物联网和服务网在制造业中的应用所引发的。从本质上讲,"工业4.0"包括将信息物理系统技术一体化应用于制造业和物流行业,以及在工业生产过程中使用物联网和服务技术。这将对价值创造、商业模式、下游服务和工作组织产生影响。其中,物联网技术是实施"工业4.0"战略的关键技术。

2009年10月,中国研发出首颗物联网核心芯片——"唐芯一号"。2009年11月7日,总投资超过2.76亿元的11个物联网项目在无锡成功签约,项目研发领域覆盖感传网络智能技术研发、传感网络应用研究、传感网络系统集成等物联网产业的多个前沿领域。2010年,工业和信息化部和国家发展改革委出台了一系列政策支持物联网产业化发展。2013年国务院印发《国务院关于推进物联网有序健康发展的指导意见》。2016年12月工业和信息化部印发《信息通信行业发展规划(2016—2020年)》。2018年中国信息通信研究院发布了《物联网安全白皮书(2018)》;同年12月,工业和信息化部印发《车联网(智能网联汽车)产业发展行动计划》,其中指出:到2020年,实现车联网(智能网联汽车)产业跨行业融合取得突破,具备高级别自动驾驶功能的智能网联汽车实现特定场景规模应用。2020年4月,工业和信息化部印发《工业和信息化部办公厅关于深入推进移动物联网全面发展的通知》。

时至今日,随着网络连接、云服务、大数据分析和低成本传感器等所有核心技术的就绪,物联网已经从萌芽期步入迅速发展的阶段。在通信技术方面,作为新一代蜂窝移动通信的5G技术开始应用,已开启万物互联新时代。5G从标准规划阶段起就将物联网的典型应用场景纳入了其基本应用场景,5G提出的三个主要应用中,mMTC和uRLLC直接与物联网相关。此外,因为窄带物联网(Narrow Band Internet of Things,NB-IoT)具有覆盖广、海量连接和低功耗的特点,世界各国正在大力推进NB-IoT发展,在我国已实现NB-IoT大规模商用。在硬件方面，芯片、传感器和模组是物联网设备的关键硬件。近几年国产传感器和模组正在崛起，已能够提供完整的产品及解决方案，并不断夺得海外厂商的市场份额。但是芯片技术仍然依赖进口。2018 年，美国芯片的市场份额占比达到 52%；韩国、日本分别位列第二、第三名，市场份额分别为 27% 和 7%；我国市场份额仅为 3%。截至 2018 年底，全球联网设备数量已经超过 170 亿台，其中物联网设备数量达到 70 亿台。

2.4.2　理论研究发展现状

我国在物联网领域的布局较早，早在 1999 年中国科学院就启动了传感网络的研究。制造物联网以车间现场的物理生产要素为基础，通过 RFID、UWB 和传感器等物联设备实时采集生产要素的相关生产过程信息并将其传递到上层应用，实现车间现场生产要素的智能感知、实时监控和精细管理。制造物联网收集到的海量生产过程信息对实现制造环境的在线监测具有十分重要的工程意义。目前，国内外许多企业和学者已经对制造物联网在实际车间的应用做了深入研究，并取得了相关成果。

制造物联是将物联网技术与制造技术相结合，实现对产品制造与服务过程以及产品全生命周期中制造资源与信息资源的动态感知、智能处理与优化控制的一种新型制造模式。RFID 技术作为物联网的核心技术，已经在服装、电子、机械、航空和汽车等制造领域得到广泛应用。香港大学的 George Q. Huang 等基于 RFID 技术提出了无线制造的框架，实现了车间数据的实时采集、在制品状态的跟踪、库存管理以及生产决策支持；Lee 等研究了 RFID 技术在服装制造业资源分配中的应用，通过 RFID 实时数据，运用模糊理论处理不精确的信息，并结合服装制造业的特点，提出了基于 RFID 的资源分配系统，实现了对企业制造资源分配的优化，在某服装企业的应用结果表明，该系统能够优化资源分配；Bindel 等将嵌入式 RFID 设备应用到印刷电路板的制造过程中，填补了业内的知识空白，减少了故障停机时间，实现了质量追溯，以支持生产决策，并论证了系统的有效性；Zhou 等通过对单品级对象进行电子标识，实现了底层物品质量数据的全面采集，并运用知识学习的自适应方法，实现了制造过程的质量控制；Ngai 等结合实际案例，研究了 RFID 技术在飞机零件供应链中的价值，并提出了成本分析模型，结果表明 RFID 技术能够显著降低库存成本；Gwon 等将 RFID 技术应用到汽车装配生产线中，实时监控装配过程，并将 RFID 数据集成到生产决策系统中，保证订单的按时交付；Chen 等针对企业动态生产过程，提出了基于 RFID 的企业应用集成框架，并给出了该框架下实现生产动态管理和在制品可视化的方法，验证了系统的可行性和可靠性；王加兴、聂志等都将 RFID 技术应用到离散制造车间的数据采集中，从不同角度对数据采集流程和方法进行了分析，以促进生产优化和生产调度，并进行了实验论证。

在车间实时定位方面，Ding 等采用基于 RFID 和 Wi-Fi 的实时定位技术，实现了物料追踪、库存管理、位置检测、仓库管理的自动化，降低了成本；Chongwatpol 等研究了基于 RFID 的车间生产调度，通过位置流数据跟踪在制品状态，建立调度规则，研究结果表明能够缩短生产周期、提高机器利用率；闫振强等对基于 RFID 的车间定位算法进行了研究，提出了改进 Landmark 算法，提高了定位精度；周光辉等研究了数字化制造车间的物料实时配送方法，对车间进行精确布局，运用 UWB 定位技术对配送车辆进行路径优化与导航，为实现准时制生产奠定了基础。

　　国内需要以物联网的发展带动整个产业链的发展，借助信息产业的第三次浪潮实现经济发展的再一次腾飞，要着力突破物联网关键技术，把物联网作为推进信息产业迈向信息社会的"发动机"。物联网在 2009 年被再次提出以来，已经经历了十几年的发展历程，物联网开发应用变得更便宜、更容易，也更被广泛接受。从长远来看，物联网只可能是一种新的常态，例如，通过智能手机控制家电已经逐渐进入人们的日常生活。越来越多像人工智能和区块链这样的技术正在使物联网设备更加智能化，任何新兴事物大规模应用都是循序渐进的，这也为我们争取了一些时间来解决物联网的安全和隐私问题。但时不我待，物联网领域需要有更多的科研院所、企业和科技人员积极投身其中，攻坚克难，抓住机遇发展物联网技术。

第二篇　制造物联技术结构体系

第3章　离散制造业与制造物联技术

本章将主要介绍离散制造业的特点、生产模式，最后结合生产现场和生产管理对物联网的需求，说明制造业与物联网技术融合的必要性。

3.1　离散制造业的特点

作为工业的主体，制造业正面临着国内外的激烈竞争，供应链上下游的新趋势加速了商业环境的变化。客户要求更多个性化、小批量的产品定制。制造商需要依赖于他们的供应信息网络，尽快了解不可预见的交货延迟。其中，离散制造还不同于流程制造，主要体现在：离散制造产品品种数较多，客户化程度高；设备布置采用相似功能设备成组的方式，柔性高，但自动化程度相对较低；对人的依赖性高，要求工人具有熟练的生产技能，以确保生产质量和设备利用率；生产计划内容较复杂，且容易受到车间制造环境以及其他人为因素影响，需要车间管理员的宏观调度。

离散制造与流程制造的区别见表 3.1。离散制造企业的特点表现为：通常每项生产任务仅要求整个企业组织的一部分能力和资源；离散制造企业的产品可以用 BOM 树对构成产品的零部件明确清晰地进行描述；离散制造车间的每种产品都有不同的加工工艺流程，同时车间内机床的布局也没有固定的方式，工序之间的物料转移需要管理人员的宏观调度，在每一部门，工件从一个工作中心到另一个工作中心，进行不同类型的工序加工，这样的流程必须以主要工艺为中心，安排生产设备的位置，以使物料的传送距离最小；人员密集，自动化水平低，产品的质量和生产效率依于制造工人的技术水平；离散制造车间现场是物流与信息流错杂交汇的场所，生产状况繁杂，不易掌控。对于离散制造的组织方式，其设备的使用和工艺路线都是灵活的。

在离散制造车间生产过程中，各类数据不断产生，包括物料、设备、工装、工单、员工等多种信息，既有状态信息，又有实时信息。因此能否对制造车间进行有效的数据管理直接影响生产计划的执行，并最终影响企业的效益。目前，离散制造车间数据管理主要面临以下几个问题。

表 3.1　离散制造与流程制造的区别

项目	流程制造	离散制造
产品品种数	标准产品较多	客户化产品较多
产品差别	流水式生产	相似功能设备成组
设备布置的柔性	较低	较高
自动化程度	高	较低
对设备可靠性要求	停产检修	多数为局部修理
维修性质	较少	较多

1) 离散制造车间现场数据种类繁多、数据量大

车间是各类生产资源和生产者的聚集地，是各种信息交汇的场所。如此多的信息混杂在一起，必然会由数据种类繁多及数据量大导致生产过程的停滞，这样会严重影响生产计划的有效执行。

2) 制造数据状态复杂，采集困难

目前，离散制造车间生产过程的数据主要依靠人工采集和管理，在生产过程中记录下一些必要的生产信息，并按生产计划传递给下一环节，直至产品最终完工。然而，在生产过程中，有些制造数据状态极其复杂多变，按照传统的采集方法无法满足采集要求，因此一些重要的生产信息很难记录下来。实时状态数据的采集就成了离散制造车间生产的一个较大的难题。

3) 车间现场制造数据缺乏完整的统计分析

传统的离散制造车间数据管理体系中，车间管理人员需要耗费较多的时间在数据的统计分析上，且这些数据存在准确性和实时性明显不足的缺点。这样管理层无法及时地了解现场的加工情况和资源情况，延误了生产计划的安排，导致整个生产效率低下。

离散制造车间数据管理方面的这些问题的根本原因是车间制造数据没有得到实际有效的采集和管理。因此，在基于物联网的离散车间生产过程中，通过 RFID 技术进行数据采集，并结合已有的网络技术、数据库技术和中间件技术等，用无数的电子标签和大量联网的读写器构成物联网，实现物体的自动识别和信息的互联与共享。为提高制造业的信息化水平，以信息化带动工业化，在企业原材料供货、生产计划管理、生产过程管理、精益制造等方面，采用 RFID 等技术可以促进生产效率和管理效率的提高。通过物联网技术，将所采集到的数据在一个统一的数据管理平台中进行分析和统计，最终实现车间实时制造数据的管理，这是具有重要意义的。

3.2　离散制造业的生产模式

20 世纪 20 年代是制造业大批量生产模式的巅峰期，而随着经济全球化发展，多品种、小批量、定制化的生产模式越来越成为主流生产模式。相应地，企业为了满足这样的生产模式需求，就需要拥有新的生产管理思想和经营理念。离散制造业这种新的生产模式给企业提出了一个难题，如何按照这种灵活的生产模式进行生产结构设置和规划是提高企业生产效率与收益的关键。通过结合新的生产方式和技术，来适应这样一种生产模式的改变。新的生产方式和技术开始不断涌现，人们提出了准时生产(Just in Time，JIT)、精益生产(Lean Production，LP)、敏捷制造(Agile Manufacturing，AM)和虚拟制造(Virtual Manufacturing，VM)等生产管理模式。这些新的生产管理模式获益于信息技术的支持和其他技术的发展。

现如今，大多数的离散制造企业都通过使用制造信息管理系统来进行生产计划管理、任务调度等，通过结合先进的管理思想和方法，改变传统的粗放型生产管理模式，以获得企业制造管理水平和经济效益的提高。离散制造企业的生产管理随着信息技术的发展进入了新的阶段，开始呈现出有别于传统生产管理的特点：生产管理涵盖的内容更为宽广；集成管理的需求显现；与新生产方式和技术结合；信息技术是离散制造控制与管理不可或缺的手段。

生产过程控制是离散制造过程的关键，它包括离散制造中生产监控、质量控制、生产调度、工艺反馈、生产计划等多个方面的信息。制造过程是制造企业生产产品和创造生产价值的主要生产活动，它包括从制造原材料的输入开始，到利用一定的生产工具和设备，快速、低成本、高质量地创造产品，最终输出成品的全过程。

1. 离散制造过程管理主要呈现出的特点

(1)产品结构和生产工艺相对复杂。离散制造由于产品种类繁多，且结构复杂，不同的零件具有各自的生产工艺，在离散制造过程中有多条加工路线根据不同产品结构同时进行。

(2)生产订单具有不确定性。离散制造过程中常常会有紧急订单、订单计划改变等不确定状况发生，生产计划的实时应对性较差，常常造成较长的计划、等待时间，过程控制复杂。

(3)生产过程不均衡。生产订单的不确定性往往造成生产过程的不均衡，人工调度过程中缺少制造过程资源的实时状态，无法实现生产资源分配的最优。

(4)实时生产调度不完善。在离散制造过程中，缺少实时的生产控制信息，对生产的掌握比较滞后，使得制造过程的实时生产调度困难。

无法获得离散制造过程的任何延迟或干扰信息，使得制造业面临着种种问题：低效的生产规划、调度和控制，遗失物品，较低的生产力或者高不合格率。这些问题亟须新的控制管理技术来解决。

随着管理技术、管理手段、管理方式、信息技术的不断发展及应用，多数大型企业的生产管理都已经进入了信息化阶段。中小型离散制造企业的生产特点是：多品种、中小批量、单件生产混合模式；产品规格繁多、技术难度大；外购件、外协件多，标准件少，物流管理复杂。多品种、小批量生产模式对企业的组织结构以及各部门之间的横向和纵向联系都有特殊的要求，中国多数企业很难将多品种、小批量生产模式运用到实际管理中并发挥良好作用的主要原因是企业没有按照多品种、小批量的灵活生产模式来设置和规划公司的结构。

RFID技术在发展，工艺的提升、成本的降低使得它的应用越来越广泛，然而它在离散制造中的应用却还受限制，这很大程度上是因为离散制造的复杂性。大多数离散制造过程环境中的信息流来自原材料、零件、组件、在制品及最终产品。离散制造过程信息具有多源异构性、实时性、不确定性、复杂性和多元性等特点。传统的离散制造控制管理模式正在逐渐被新的模式替代，人们希望生产变得更为智能化。

2. 离散制造智能化面临的问题

德国"工业4.0"项目提出了智能工厂的概念，通过结合物联网与服务网，将生产制造中的机器、生产设施和存储系统融入信息物理系统(CPS)，实现智能化生产。如今，智能工厂主要关注以控制为中心的优化和智能。从现今的离散制造状态转换到更为智能的生产，需要进一步科学地解决几个问题，这些问题可以分为以下五大类。

(1)管理员和操作者的交互。目前，生产操作者控制机器，管理员规划调度，机器只是执行分配到的任务。尽管这些任务通常已经由专门的操作者和管理员优化过了，在这些决策中还是缺乏一个明显的因素：机器组件等的实时状态。

(2)机器组。相似或相同的机器(机器组)加工不同的生产任务，它们的加工条件互不相同。相比之下，大多数生产计划设计和预测的方法往往用于支持一个单一的或有限的机器和工作条件。目前，可用的生产预测和监控管理方法不考虑这些机器组基于有价值的生产知识的协作。

(3)产品和过程质量。作为生产过程的最终结果，产品质量可以通过逆向推理算法提供关于机器状态的洞察。过程质量可以为系统管理提供反馈，能用于改善生产调度。目前，这种反馈循环还需要进一步的研究。

(4)生产过程大数据和云。在离散制造过程中，基于大数据的数据管理和分布对实现生产资源自我意识和自主学习是至关重要的。云计算提供的额外的灵活性和能力的重要性是必然的，但数据管理技术需要进一步的研究和发展。

(5)传感与控制网络。通过自动识别与传感技术，感知离散制造过程的物理环境，这就需要成熟的传感与控制网络，为决策算法提供正确的数据。

当前，国内制造业正处于产品成本不断攀升、利润不断降低的阶段，企业迫切需要整合资源、降低成本、提高质量。借鉴智能化思想，针对离散制造过程的控制与管理，结合物联网技术，采用面向服务的体系结构，通过制造过程RFID实时数据自下而上地驱动生产控制与管理。利用RFID的自动化智能识别方法对制造过程生产要素加以识别，同时对其进行实时状态监控和定位，追溯它们在制造过程中的历史轨迹。对制造过程的控制还包括生产要素是否按计划到达指定位置、生产进度是否延迟等。通过对车间生产现场底层物理数据的分析，采用自下而上的模式驱动离散制造系统生产调度计划动态调整、产品质量信息提升管理等。

基于物联网的离散制造过程控制与管理系统是以Web服务为设计基础的系统，系统实施依据一个标准化的面向服务的体系结构(Service-Oriented Architecture, SOA)。图3.1显示了面向服务的控制与管理系统模式，包括基于SOA的四类结构实施。第一类包含一组标准的Web服务，它们基于离散制造过程信息源，通过连接数据库获取相关实时制造数据。这些标准的Web服务包括与生产相关的过程控制、生产调度、数据支持等，它们被开发并部署到系统软件中作为服务。第二类是制造过程信息源服务——负责处理各种可扩展标记语言(XML)数据文件的一组标准的Web服务。该服务是用户浏览器界面和信息源之间进行数据传输的桥梁，主要包括基于XML的可重构服务和组件服务。第三类包括各种信息和应用程序接口服务，它们被部署在特定服务器上供终端用户使用。第四类则包含一组丰富的用户浏览器界面，可以与终端用户进行直接交互，方便他们的操作与决策。

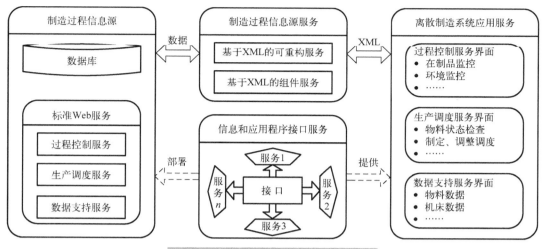

图 3.1 面向服务的控制与管理系统模式

3.3 制造业与物联网技术融合的必要性

面向多品种、变批量生产模式的离散制造车间通常需根据产品的自身特点来个性化地制定加工路线，离散制造过程本身具有的动态性和不确定性，加之多种类型、不同数量产品的混线生产，大幅度地增加了制造车间生产过程管理的复杂性，导致车间订单的生产进度难以把控，严重制约了离散制造车间现代化发展的步伐。面对残酷的市场竞争压力，离散制造业迫切需要采用先进的管理方式，提升自身的信息化水平。离散制造车间的生产过程管理当前主要存在如下几个问题。

1) 车间生产要素管理难度高

离散制造过程涉及多种不同加工路线的产品生产，其车间生产现场存在的生产要素繁多，包括生产人员、在制品、物料、工装、AGV 等。各生产要素按照不同的工艺路线流转在车间的各个工位之间，造成制造环境混乱复杂，管理人员难以掌握各生产要素的状态信息。

2) 实时可靠信息获取难度大

传统离散制造车间对于生产要素进入/离开工位时间、在制品加工时长、生产要素位置、设备运作状态等信息一般采用纸质记载或者扫码枪录入的方式，对于实时生产过程信息的获取存在很大的延迟性，加上人为操作存在的缺失和失误，信息的准确性和完整性也较难得到保证。当车间现场出现设备故障停机、物料工具短缺、紧急任务插入等生产异常时，由于缺乏及时、准确的实时生产过程信息，生产异常会逐渐蔓延，对生产进度造成重大影响，最终导致订单不能按时交付。

3) 生产过程信息利用率低

车间现场采集到的生产过程信息总量庞大，但大都以某具体生产要素对应的时间和位置数据单独呈现，通常车间人员只是对其进行简单记录，而对于车间管理人员更加有用的车间生产事件信息蕴藏在这些零散的数据中，需要通过对其进行进一步的分析处理才可获得。对生产过程信息进行充分挖掘，使其得到充分有效的利用，用于对车间生产进行调度决策，是提高离散制造车间信息化水平、推动车间智能化转型的基础。

离散制造生产过程管理中存在的上述问题都在不同程度地影响着企业的生产能力和经济效益。企业若要满足市场激烈竞争环境下的生产能力需求，须摆脱传统的"黑箱"制造模式，全面获取车间生产过程信息，通过多种信息挖掘方法对信息进行准确分析，以提取生产过程中的异常情况，实现对离散制造过程的精细化管控。可见，向实时化、信息化和智能化车间的转型已是离散制造车间未来一致的发展方向。

随着德国"工业4.0"的提出，传统意义上关于制造业产业模式的概念发生了改变，同时引起了全世界范围内的改革热潮。"工业4.0"是以工业互联网为技术基础，以智能制造为中心的工业革命战略，目的是形成一个"数据-信息-知识-智慧-决策"的生产制造智能闭环。为抢先抓住市场机遇，中国提出了深度融合工业化及信息化的"中国制造2025"，全面推动制造业转型智能化，其中制造物联技术正是实现"中国制造2025"目标的关键使能技术。制造物联技术的本质概念为一种能使制造车间现场所有物理资源相连互通的技术，其以射频识别（RFID）、超宽带（UWB）、嵌入式以及传感网络为技术支撑，通过约定的通信协议，以高可靠性、高安全性的传输方式进行实时信息交互，打破了制造车间中"人员-设备-物料"三者之间的信息交互壁垒，实现了车间生产过程中海量实时信息的感知与采集。

制造物联技术可实现对车间所有底层制造资源信息的实时信息化管理。由于离散车间生产现场环境的复杂性和物理资源的混杂性，在很短的时间内即可获得大量的制造物联数据，例如，在一个部署了30台RFID读写器、10组UWB定位设备的离散制造车间，在正常运行情况下，每秒会采集上万条数据。这些数据大多为重复、不可靠数据，所表示的信息语义层级较低且相互之间缺乏联系，无法被车间管理人员直接使用。管理人员更关注的是生产过程中是否发生了物料配送错误、缓存区堆积、资源短缺等可能会影响车间生产进度、破坏生产过程动态平衡的生产异常。因此必须对原始制造物联数据进行信息提炼，精确、实时地提取生产过程中存在的异常信息，以为上层管理决策提供有效的信息支撑。

从原始制造物联数据中提取到的生产异常信息可使车间管理人员直观地了解到离散制造过程中发生的异常，然而由于离散制造系统的复杂性和自身的调节性，一些生产异常，如个别产品加工时间过长、生产资源短时间内未按时到达某工位等，随着生产过程的进行，其产生的影响可能会自行消失，不会影响生产任务的正常执行，且若频繁处理生产异常极容易导致生产系统震荡而影响生产顺利进行。另有一些生产异常，如机床设备故障、工位物料长期堆积、工人操作不熟练等，若不关注则可能会导致其影响程度蔓延，最终导致生产任务难以按时完成。只有对生产异常进行准确分析，评估生产异常会对整个生产过程产生的影响程度，才能使管理者根据生产异常及其影响程度进行及时精准地调控，提高对生产异常的实时响应能力。

由此，如何通过挖掘和分析庞大的制造物联数据，使管理者对车间实时生产过程中的生产异常进行有效监测，成为提升离散制造车间生产效率、推进车间智能化转型不可避免的研究问题之一。本书结合RFID、UWB和传感网络等制造物联技术，构建智能化离散制造过程生产瓶颈识别模式，采用各类物联设备实时感知离散制造过程中在制品、物料、人员和机床等生产要素的生产状态数据，通过复杂事件处理方法从大量零散的生产状态数据中提取出生产异常信息，实现生产异常的及时发现。针对异常干扰程度难以准确衡量的问题，建立离散制造过程生产异常衡量指标，预测当前生产异常将会对车间生产造成的影响程度，实现生产异常的定量分析，并将生产异常检测和分析结果共同作为车间决策依据，推动实现对生产过程的精准管控。可见，开展生产过程异常检测和异常分析技术研究可为提高离散制造过程的生产效率提供十分重要的参考和指导。

3.3.1　生产现场对物联网的需求分析

离散制造车间生产现场对物联网的需求有以下两方面。

1．车间信息采集和实时监控

在离散制造车间生产现场，制造数据的采集一直是一个难题，传统的以纸质文档作为载体、手工记录的数据采集方式存在很明显的缺陷，纸质文档容易遗失、损坏，手工记录难免出错，数据查找起来困难；条码技术又因为识别距离很短，读取的方向性要求高，读取速度慢，能携带的数据量小且不可重写，易污损等缺点，限制了其在离散制造车间的广泛使用；机械打标、激光刻字以及喷码技术都曾用在离散制造车间进行在制品的标识，但都因为各自的局限性不能在车间进行全面的使用。射频识别技术由于其特有的非接触远距离识别、电子标签信息存储量大等优点，特别适合对离散制造车间的制造资源和在制品进行自动标识，实现对离散制造车间现场制造数据的实时采集。

对于车间的每个生产工位，在对在制品进行加工的过程中，通过可视化技术第一时间向操作工人发放所需要的工艺文件、零件图纸、数控程序以及检验标准等，同时将机床运转的状况、工装配备状况以及物料的准备状况进行实时的反馈，指导操作工人进行每道工序的生产加工，当出现机床故障、物料不足时，及时进行工位的报警，提醒现场操作工人进行及时处理，避免质量隐患，从而提高制造过程的生产效率和加工质量。而对于离散制造车间的管理人员，可以实时地监控从物料投入到产品入库全过程的制造数据，包括生产设备的信息和状态、生产的工人、采用的工装、每道工序的质检数据和时间等，使得管理人员能够针对目前的生产状况做出正确的生产决策。

2．车间对象实时定位

随着无线通信技术、云计算和物联网应用的不断发展，基于地理位置信息的服务越来越受到人们的青睐。与此同时，为各种室内外服务提供基础位置信息的定位系统的相关研究也获得了越来越多的关注。现如今，自动感知定位技术已经成为相关学术界的一个研究热点，各种各样的定位系统正被深入应用到物流、煤矿、制造、军事等生产和生活的各个领域中。自动位置感知以及相关的位置服务正在改变着我们以往的社会生活方式。

作为蓬勃发展的物联网核心技术，RFID 技术是继条码技术、磁卡技术、视觉识别技术以及声音识别技术之后，出现的又一种非接触式自动识别技术，RFID 未来的应用空间将更为广阔。由于 RFID 读写器的读写距离灵活可调，RFID 定位已成为当前室内定位研究中的焦点。近年来，RFID 技术广泛应用于仓库和供应链管理、航空行李包裹处理、门禁控制管理、交通管理、防伪防盗、图书馆管理、煤矿人员定位、电子门票和道路自动收费等方面，这也大大推动了 RFID 在室内定位领域的应用。RFID 定位系统具有自组网特性，不依赖于卫星和网络信号，其精确度在于 RFID 读写器与电子标签的分布情况，这大大提高了定位系统的适应性，用户完全可以根据自己的特殊环境，布置特定的 RFID 定位系统以满足实际的定位需要。调查显示，仅 2006 年一年时间，RFID 读写器与电子标签的市场销售额同比增长了 300%，在大型超市、图书馆、医疗部门、部队训练等需要定位及导航的领域，都可以看到 RFID 定位系统的应用。丰田汽车将 RFID 定位系统应用在汽车零配件物流供应链中，该系统不但节约了人工成本，缩短了流程，还提高了整个生产流程的自动化水平。

　　区别于流程制造，离散制造主要是通过对毛坯原材料的间断性加工，使其物理形状依次改变，生成所需零件，最后完成产品的组装。将 RFID 定位系统引入离散制造车间领域，填补了 RFID 定位系统在底层制造车间应用的空白，一方面能够实现人员以及生产要素的快速定位，提高车间的可控能力；另一方面能够满足用户对基于地理位置的提醒和兴趣服务的需求。基于 RFID 的离散制造车间定位系统将大大加快我国打造智能化制造车间的进程，对拓展中国制造业信息化具有深远的意义。

3.3.2　生产管理对物联网的需求分析

　　制造业生产管理对物联网的需求有以下两方面。

1. 物联网对生产调度规划的促进

　　对生产过程中的延误或干扰如果没有获得及时完整的信息，企业将面临诸多问题，如生产计划、调度和控制困难，丢失物品，产品质量低或缺陷率高等。这些也都是制造企业遇到的问题。尽管当前我国制造业信息化水平有了较大的提高，还是存在生产制造的监控、企业信息系统的支持等无法解决的难题。而物联网的出现为制造业提供了很好的解决方案。传感网络技术、RFID 技术等物联网的关键技术为制造业的生产规划带来新的促进作用。

　　在传统的离散制造生产管理系统中，计划员制定生产调度表，并由车间管理员以纸质的任务卡形式发放给工人，定期返回生产报告。一方面，任务卡是计划员根据他们以往的经验而不是标准化的规则制定的，因此没有完全合适的计划。另一方面，从车间管理员处返回的报告往往是滞后的、不准确的。这往往导致不可避免的情况，即车间管理员指责计划员制定了无法实现的计划，而计划员抱怨计划没有适时地被执行和报告。因此，这样的"滚雪球"效应引发了高在制品库存的情况。

　　传统的离散制造生产调度无法实时解决生产计划与执行不一致的情况。在生产调度规划方面，物联网技术改变了传统的调度模式，使得生产调度更具有实时性。通过结合物联网技术、IT 以及企业信息系统，可以实时反馈生产计划执行情况，为离散制造动态调度提供更为准确的决策依据，使得离散制造生产调度系统从开环变为半闭环，对制造过程进行监控、检测、预测、信息共享等，高效地组织并运行生产活动。

　　通过建立一个统一的数据模型，全面统筹整个制造车间所需要的基础数据和现场采集到的数据，基础数据是指车间所有制造资源的属性数据和生产制造过程中涉及的文件，包括机床、人员、工装等的基本信息以及工位生产计划、工艺文件、质检文件、零件图纸等，它是各种编码信息转化为可以理解的实际意义的基础，同时，将现场采集到的半结构化的数据与结构化的基础数据相互融合进行统一的数据建模，使管理人员对车间的资源状况有全局的认识，为物联网在车间生产调度规划方面提供全面可靠的实时数据支持。通过物联网技术能获取丰富全面的离散制造车间的实时数据，基于这些准确的制造数据进行统计分析，使得管理人员可以准确清晰地获得在制品、机床、工人的状况，轻松地掌握每道工序的工时，对整个产品以及订单的进度现状和预测可以做出科学的判断和决策，合理安排车间的制造资源，优化资源配置。

随着制造物联网的提出及关键技术的发展，基于 RFID 传感网络技术的网络化制造、实时制造、无线制造等智能制造技术，对传统制造企业的升级转型起到了关键性的推动作用。物联网技术应用于制造领域，为在车间现场采集实时制造数据提供了技术条件。因此，这些实时反馈的确定的动态事件，可以为动态自适应调度提供更加精确的决策依据。这将促使动态调度领域研究从理论走向应用实践，并为之提供技术支撑。

2．物联网与企业信息系统的结合

物联网是实现企业管理信息化的核心技术理论之一，近年取得了迅猛的发展。作为信息化技术中的一项前沿、核心技术，物联网已经引起了政府、研究机构、企业和学术界的广泛重视，尤其是在美国、欧盟、日本、韩国等的积极研发与推动下，近些年来已取得了一定的进展。物联网直观上是一类连接物品的互联网，是下一代网络和互联网发展的必然产物。

传统离散制造企业的生产物理底层与企业信息系统之间存在断层，缺少制造过程生产数据的实时反馈，快速应对生产情况的能力，以及企业信息系统的生产优化管理等。基于物联网中 RFID 技术等的实施，一些成熟但成本较高的生产解决方案开始出现。可以利用先进的RFID 系统，为企业信息系统提供来自制造过程底层的数据支持，通过 Web Service 技术实现系统之间的信息交换和数据集成，与上层的信息管理系统协同运作，进一步加速企业信息化发展。

基于物联网技术的发展，高度的信息共享促使企业可以通过优化业务流程和资源配置，强化运行细节管理和过程管理，追求持续改进，推动企业不断适应内外环境的变化，提高核心竞争力和创效能力，达到精益管理，从而提高制造业生产力。基于物联网技术的泛在信息系统将实现专业分工更加细化、明确，同时，物联网通过全面感知、可靠传递、智能处理使信息到达不同目标，实现共享，因而高度共享的信息资源、高度细化的专业化分工，极大地提高了工作效率，帮助企业节约了成本，提高了竞争力。

第4章 制造物联技术的系统结构

智能工业具有三个方面的层次:一是涵盖产品全生命周期的设计、制造、管理、服务的智能化;二是产品的智能化,包括智能装备、智能家电等;三是生产方式和商业模式的变革,产品生产方式由大规模批量生产向大规模定制生产转变。

在互联网、物联网、云计算、大数据等信息技术的强力支持下,智能工业企业可进一步进行更大跨度的资源集成,方便地实现远程定制、异地设计、协同生产、就地加工与服务,不仅使产品制造模式由批量生产向面向客户需求的定制化、个性化制造模式转变,同时企业的生产组织模式及商业与服务模式等均发生了根本性的变化,可在有效提高产品服务质量的同时进一步降低产品成本、减少资源消耗。

本章主要介绍制造物联的生产目的、体系结构、功能框架、生产网络和数据管理。

4.1 制造物联的生产目的

对制造车间现场的各类制造数据进行准确、及时、科学的管理和应用,是提升产品研制过程中整体信息化水平的基础条件;充分的信息化程度能够确保精准地批量化产品研制。复杂产品的研制对产品制造过程状态的控制和要求非常严格,随着产品的复杂、多样化,制造车间内多种型号、批次共存,因此相关制造数据种类繁多、数据量大、状态复杂多变、数据异构,不同数据之间具有很强的关联性,这就对制造车间内的制造数据处理能力提出了极高的要求。

如何对各类制造数据进行实时采集、准确建模、深度融合并精准地反映当前的制造过程状态,已经成为目前制造企业普遍存在的难点和亟待解决的问题。当前,产品的技术状态管理主要依赖生产过程中人为的信息记录,实物状态管理主要依赖人工对间接采集的信息进行判断,信息采集滞后且准确性保障成本高,技术状态与实物状态之间没有直接可靠的信息通道,容易形成数据孤岛,造成反馈、调整周期较长,制约了制造过程中的生产效率。

随着物联网技术的不断发展,其应用领域已经扩展到制造业,为企业产品的制造管理带来提升,从而形成新的生产模式——制造物联生产模式。

通过分析制造企业的现状,针对产品的研制生产需求,制造物联生产模式的目的是提供基于物联网技术的产品现场制造要素联网、制造信息采集与管理和制造过程状态协同的方法,解决面向制造过程自动化的物联网应用系统的关键技术和技术难点,主要包括基于物联网的制造要素联网、现场制造信息的采集、现场制造信息的集成关联与存储、现场制造信息的分析及与应用系统的集成、制造信息的安全策略,以及基于现场制造数据的制造协同等关键技术。通过面向军工车间生产现场的信息集成管理平台和应用工具,为制造企业提供基于物联网的现场制造信息采集、建模、存储、查询、交换、分析和使用的系统解决途径和工具。这将在现场制造要素的实时监控、产品制造全过程的跟踪与追溯、完整和准确的现场制造信息提供、基于现场制造数据的制造过程状态协同等方面发挥显著作用，是推动企业全面实现信息化制造的基础条件，是进一步提升产品制造过程状态管理效率、提高产品制造质量、降低产品制造成本的重要途径。

基于制造物联技术，结合"工业 4.0"的概念，在制造业打造智能工厂。物联网智能工厂结构如图 4.1 所示。在离散制造领域，基于物联网技术，结合服务网、云计算等当代先进信息技术，智能工厂的出现将是未来一个必然的趋势，它的目的是创造智能产品、智能应用和智能流程。智能工厂可以控制和管理产品生产全生命周期中的复杂事物，不会轻易受到各种因素的干扰，可以更加高效地制造产品。智能

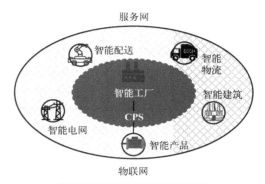

图 4.1　物联网智能工厂结构

工厂就像一个社区一样，给生产过程中的所有生产要素提供一个社交网络平台，其中的工人、机器和生产资源之间通过 RFID 等技术相互交流、沟通、合作。例如，智能产品知道它们自身是如何被制造的，以及它们即将被怎么使用。它们不再被被动地制造出来，而是能积极主动地参与到自身的制造过程中，协助生产，能够知道"我是否到达正确的生产工位""处理我的机器和加工参数是否正确""下一步我将被运送到哪里"。通过制造资源的深度融合，为离散制造企业提供全生命周期管理服务。这必将导致制造业中传统价值链的转变和新商业模式的出现。智能工厂的形成为制造企业带来新的生产管理模式，使其生产更为智能化，明显提升了我国企业的制造能力。

"工业 4.0"将发展出全新的商业模式和合作模式，这些模式可以满足那些个性化的、随时变化的顾客需求。

4.2　制造物联的体系结构

根据离散制造企业车间生产现场的制造信息的特点，构建制造物联网应用系统的体系结构。系统包括三个层次，即制造要素网络层、实物信息采集层、制造过程状态监控与评估层。其体系结构如图 4.2 所示。

（1）制造要素网络层。系统的底层为制造要素网络层，负责对各管理要素信息进行采集与写入。制造要素网络层包括：环境数据(温度、湿度和粉尘含量)的动态采集，采用 ZigBee 进行组网，设置一台计算机进行环境信息的实时采集；设置在车间关键区域和机床附近的电子标签信息的采集与写入；各个机床的状态、主轴转速等信息的采集。针对车间的实际需求，选择和研制符合产品需求的各类传感器、电子标签，实现对现场制造要素的各类状态、运行、控制等参数的采集，如环境参数(温度、湿度、粉尘含量等)传感器、设备状态(设备运行、停止、普通设备的主轴转速等)传感器、记录刀量具使用和状态的电子标签、工装位置和状态传感器、物料状态电子标签，以及与现场具有数据接口的电子量具、设备的数据接口等。

(2)实物信息采集层。物联网是一种延伸到物品的底层数据网络,实物信息采集层首先是物联网本身的分布式拓扑结构设计和信息交换协议定义,即读写器、ZigBee 传感器网络协调器、信息交换协议、监控系统等;其次是提供与企业现有局域网的接口,如车间局域网、DNC等,实现信息交换。

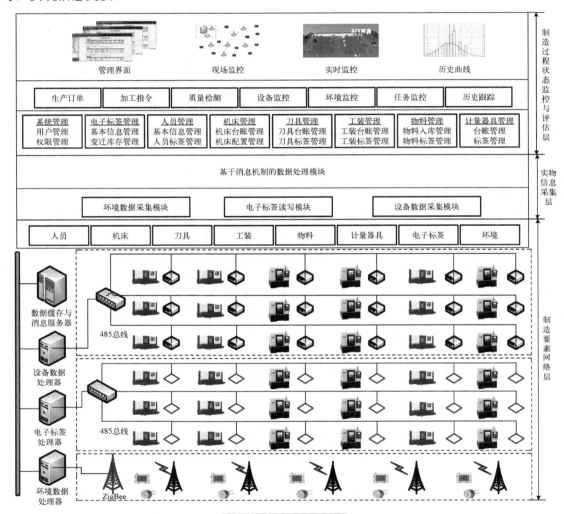

图 4.2　系统的体系结构

(3)制造过程状态监控与评估层。车间现场制造数据种类繁多,数据量大,制造过程状态监控与评估层首先提供面向各类现场制造要素的数据结构定义及数据关联关系定义工具,并设定数据配置规则,实现面向用户和任务的制造数据多视图服务。基于以上定义,构建现场制造数据的海量数据库、制造知识库及其安全和备份机制等;在该层中,实施对数据的逻辑处理,包括系统基本信息管理及台账管理、各种配置管理、各个要素的信息管理、工序及工作指令的管理、质量检验、各个要素的实时监控,从而构建基于实物信息的技术状态模型,并结合车间现场的数据传输流程和操作人员的工作内容,开发基于事件和任务的制造数据驱动机制,实现对实物状态与技术状态的对应评估。在对应评估过程中,定义事件类型(如任务到达、任务结束、任务变更、设备开机、质量缺陷等），并基于事件类型启动相应的应用服务（如通知、报警等功能），预判并指引后续的制造过程。

制造过程状态监控与评估层中，现场制造数据管理平台以 Web 方式展现各种管理界面和监控界面，部署在各工位终端、采集计算机上，针对不同的用户角色，配置不同权限的账户。应用层提供表格、图形、曲线等丰富多彩的界面形式。用户界面层提供用户管理、操作和监控车间所有要素的用户接口，各种要素的动态信息也以可视化的形式展现给系统用户。

现场制造数据管理平台集成了物料定位、工序状态追踪、制造状态建模等功能。采用 RFID 所返回的接收信号强度（Received Signal Strength Indication，RSSI）值对车间内的物料进行定位追踪，并提供定位搜索服务；通过对采集到的数据进行重构，建立制造模型，分析当前车间生产现场的技术状态，使用户能够对整个车间生产现场进行实时可视化的管理。现场制造数据管理平台的软件结构如图 4.3 所示。

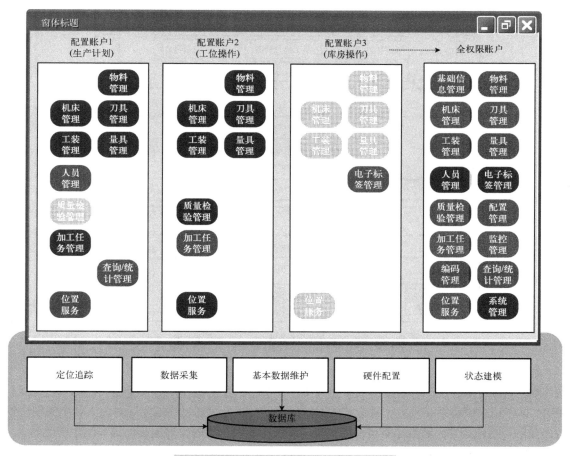

图 4.3　现场制造数据管理平台的软件结构

其中，定位追踪、数据采集、基本数据维护、硬件配置、状态建模等功能模块为现场制造数据管理平台之中的公共服务，在此基础之上分角色配置了不同权限的用户，分别开放不同的应用服务。

物联网车间数据管理系统的体系结构如图 4.4 所示。

物联网车间数据管理系统的体系结构主要包括物联网车间现场制造数据采集层、物联网车间制造数据模型层、数据管理系统核心功能层、集成接口层、用户界面层以及系统支撑层等。

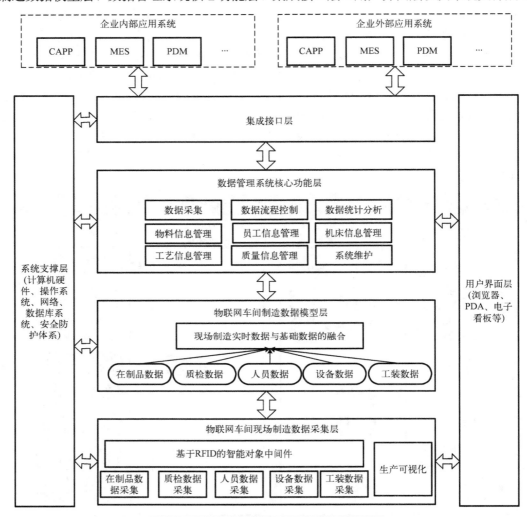

图 4.4　物联网车间数据管理系统的体系结构

物联网车间现场制造数据采集层主要靠分布在车间现场的 RFID 设备和手持式多功能数据采集终端，完成对车间生产现场数据的全面采集，手持式多功能数据采集终端支持条形码、二维码、RFID 标签以及键盘手工输入几种方式的数据采集，并且可以通过终端实现对工人和车间现场管理人员的可视化指导，将数据管理系统的功能和应用从办公室的管理层延伸到车间生产现场。

物联网车间制造数据模型层实现了对车间生产现场采集来的多源异构数据进行融合处理，过滤冗余的异常数据、噪声数据和干扰数据，将有效的现场制造数据提取出来，由于现场采集来的数据具有时序性、实时性的特点，物联网车间制造数据模型层实现了对现场制造数据在时间上的融合，为数据管理系统核心功能层提供实时有效的数据。

数据管理系统核心功能层是系统实现的关键，主要包括车间生产现场的基础数据管理、数据采集、数据流程控制和数据统计分析等功能，通过各个功能之间的相互协调与调用，实现对离散制造车间的透明化管理。

集成接口层实现物联网车间数据管理系统与现有的 MES、CAPP 系统、PDM 系统的紧密集成，数据管理系统采用 XML 中间系统模式与其他应用系统进行集成，利用 XML 文档与关系数据库进行数据转换，数据管理系统需要从 MES 获得工位生产任务，从 CAPP 系统获得车间加工工艺文件、数控加工程序以及零件图等，从 PDM 系统获得产品的 BOM。

用户界面层通过浏览器/服务器(Browser/Server，B/S)和 C/S 混合模式支持计算机浏览器、PDA、电子看板进行数据的交互，方便各种权限用户的使用。

系统支撑层在计算机硬件、操作系统、网络、数据库系统、安全防护体系各个方面为系统提供基础支持。

4.3　制造物联的功能框架

系统功能框架的构建如图 4.5 所示，其中虚线内部为主要组成部分，具体包括物联网系统(电子标签/二维码、传感器、读写器、天线等)、现场制造数据协同管理平台(数据管理系统、数据库、知识库等)、两类电子看板(手持式电子看板和固定式电子看板)，以及与 CAPP、CAM 等系统的数据接口。系统的工作原理如下。

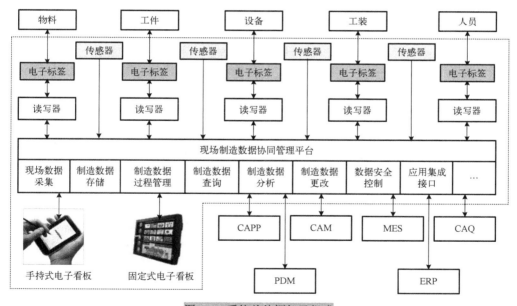

图 4.5　系统总体框架及组成

首先，通过物联网中的 RFID 和传感器等相关技术，将车间内所有制造要素，包括静态制造要素(如设备、工装等)和动态制造要素(如物料、工件、人员等)进行联网，相关制造要素通过物联网连接到现场制造数据协同管理平台；其次，平台通过物联网络对制造要素的相关数据进行采集，或者对相关制造参数进行写入的活动；再次，构建面向整个车间生产现场和制造过程的制造数据模型与制造数据过程管理模型，对各类现场制造数据进行管理并控制相关制造数据的传递；然后，通过两类电子看板为现场相关制造人员提供多维度的制造信息显示、查询、分析、追踪、追溯和仿真等功能；最后，通过紧密集成模式的数据接口实现与其他应用系统的集成，如 CAPP、PDM、CAM、MES、ERP、CAQ 等系统。

通过对离散制造车间现场制造数据管理需求的分析，结合物联网车间数据管理系统的体系结构，设计了物联网车间数据管理系统的功能模块，包括数据采集、数据管理、数据分析、数据接口和系统维护等，建立了各个功能模块的功能结构树，如图 4.6 所示。

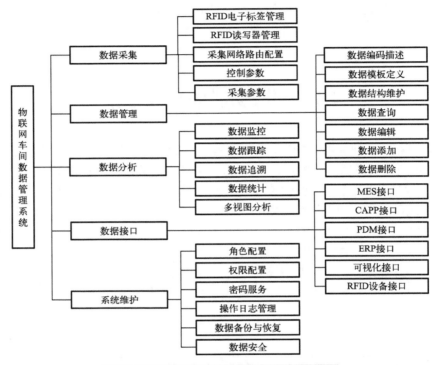

图 4.6　物联网车间数据管理系统的功能结构

各个功能模块实现的功能如下。

1)数据采集

数据采集模块可对车间内使用的 RFID 标签和 RFID 读写器进行统一管理。对 RFID 标签的管理包括电子标签初始化、电子标签发放、电子标签回收等；对 RFID 读写器的管理包括 RFID 读写器配置(如设置 RFID 读写器为手动采集方式或者自动采集方式，工作模式是实时采集还是非实时采集，以及每个 RFID 读写器与工位(或者机床)的绑定信息)，使所有读写器的工作状态一目了然。

2)数据管理

数据管理是对车间所有制造资源的属性数据和生产制造过程中涉及的文件进行统一的管理，它可以对生产作业计划、物料信息、员工信息、机床信息、工装信息、工艺文件、质量文件、BOM 以及图纸等进行详细地编码、定义和描述，这些基础数据是生产作业计划、在制品、工人、机床、工装的编码等信息转化为可以理解的实际意义的基础，是整个物联网车间数据管理系统运行的基石，为其他各个模块的正常运行提供数据支持。

3）数据分析

数据分析是管理层最关心的问题。通过车间智能制造对象技术，数据管理系统可以实时地掌握车间生产现场丰富全面的制造数据，准确了解每个生产计划的进度状况。其中，包括数据统计（例如员工工时统计是给员工发绩效工资的依据；设备利用率统计关系到企业的投资效益，用来统计反映车间设备实际使用时间占计划用时的比重）、数据追溯（例如产品质量追溯可以实现对每件加工完成的产品的生产者、生产设备、检验者以及生产时间的历史追溯，因为可以定位每件产品质量问题的原因与责任者，所以实现了对工人生产态度与积极性的间接鞭策）、多视图分析（例如任务成本分析是对每道加工工序、每个零件、部件以及产品的生产成本进行全面的统计计算；车间产能分析便是对车间每天、每周、每月、每季度、每年的产品产量的分析及未来产能的预测，是宏观把握车间生产能力的一把钥匙）等。

4）数据接口

通过紧密集成模式的应用接口实现与 CAPP、PDM、CAM、MES、ERP、CAQ 等应用系统的集成。

5）系统维护

系统维护包括角色配置、权限配置和密码服务等功能，为物联网车间数据管理系统的用户分配不同的角色，每种角色有各自的使用权限，例如，现场工作的工人不必关心设备利用率、车间产能等功能模块，也不能看到和修改员工绩效考核模块，所以他们就没有这些模块的使用权限。密码服务为每个用户提供私人密码的设置和修改功能。

4.4　制造物联的生产网络

物联网并非一个全新的网络体系，而是对现有网络资源的继承和延伸。同理，对制造车间中的各种生产要素（包括机床、工装、物料、刀具、量具、人员、环境七类）进行物联组网应借助于现有的网络基础。在现有的企业级应用网络及制造车间内的工业现场总线的基础上，扩展无线传感网与 RFID 设备及其他终端设备是制造过程物联组网的基本框架。制造物联生产系统的网络支撑体系如图 4.7 所示。

在企业级应用网络中新增若干台数据库服务器作为制造要素的数据处理平台，机床、工装、物料、刀具、量具、人员、环境七类组成完整制造车间的底层生产要素，根据各自的特点采用不同的传感器或标识方式接入工业现场总线或已有网络，从而形成底层物联网络；车间底层物联网络将所获得的数据通过网络传输方式向数据库服务器传递；将所获得的数据在企业级应用网络的数据库服务器中进行检索、分析、发布、存储等操作；而制造数据管理系统则借助企业级应用网络以 Web 方式展现各种管理界面和监控界面；通过中间件设备，该制造物联生产系统可为其他企业级应用系统 MES/CAPP/ERP 等提供统一双向的数据接口。

在车间的每个工序级加工工位都配置 RFID 读写器、手持式多功能数据采集终端（手持终端）和电子看板，实现对现场制造数据的实时采集和显示。同时，在车间的物料库、工装库以及仓库的出入口也安排相应的设备，统一管理物料、产品、工装的流动情况。

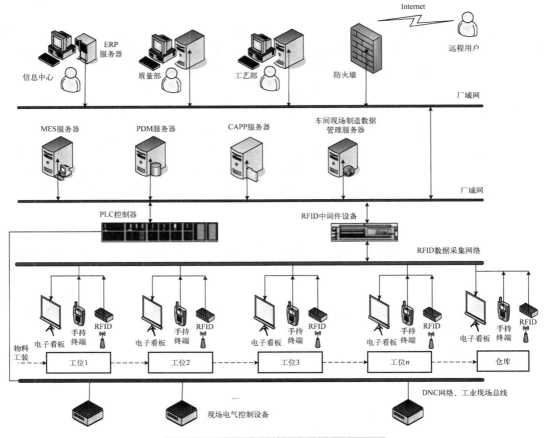

图 4.7　制造物联生产系统的网络支撑体系

车间现场制造数据管理服务器是整个网络支撑体系的关键枢纽，它通过串口或无线网络 Wi-Fi 实时地与 RFID 读写器、手持式多功能数据采集终端、电子看板进行数据的交互，同时完成多源异构数据的融合处理，将有效的制造数据存储在实时数据库中，为数据管理系统各项功能的完成提供实时数据支持。同时，车间现场制造数据管理服务器通过厂域网与企业的各个部门进行信息的传递，收发来自上层管理系统的文件，实现对车间的敏捷管理。

同时，物联网车间数据管理系统也提供 Internet 网络管理服务，获得网络授权的远程用户可以通过浏览器完成对物联网车间的实时监控。

4.5　制造物联的数据管理

4.5.1　制造物联的数据运行模式

结合物联网制造车间管理系统的功能结构，为保证其各项功能之间的相互协作与调用，实现物联网车间的透明化和无纸化管理，物联网车间数据管理系统的运行模式如图 4.8 所示。

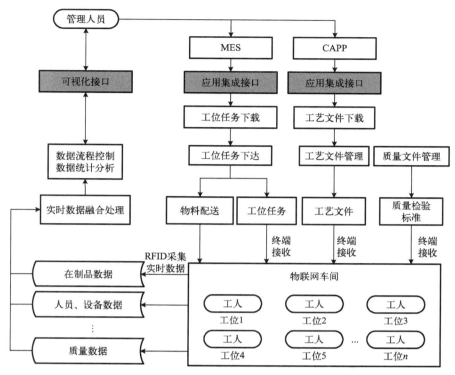

图 4.8　物联网车间数据管理系统的运行模式

通过与 MES、CAPP 系统的应用集成接口，物联网车间数据管理系统可以获取车间工位的生产任务和产品的工艺文件，经工位任务下达，将每个加工工位的物料配送计划和工位任务，连同相应的工艺文件和质量检验标准一起下发到物联网车间的各个工位，每个车间工位可以通过电子看板和手持式多功能数据采集终端对文件数据进行接收。同时在生产过程中，RFID 读写器和手持式多功能数据采集终端将生产过程中的在制品数据、人员数据、设备数据、质量数据等实时地进行采集，经过实时数据的融合处理后，有效的过程数据被相应的数据流程控制和数据统计分析功能模块提取与处理，并通过可视化接口实时地反馈给车间管理人员，形成物联网车间生产管理的闭环控制。

4.5.2　制造物联生产网络技术状态数据建模

复杂产品的制造过程涉及的零件种类多、工艺复杂，且由于型号、批次等不同，技术状态也不尽相同。即使同一产品不同批次也可能采用不同的工艺方法，技术状态也就各具特点，制造过程中技术状态也随着时间的变化在动态变化中，这个动态过程中会产生海量的技术状态数据，正是这些动态数据支撑了整个产品制造过程的技术状态，如何来完成对海量数据的分类汇总和管理是技术状态管理的核心内容之一。

1.　数据特点分析

制造生产过程中的数据来源主要有设备、人员、物料的生产资源信息，生产作业技术信息，生产进度信息，设备状态及运转信息等。这些生产数据是车间正常运转的基础，是产品制造过程技术状态管理的核心，它们在车间中存在的特点如图 4.9 所示。

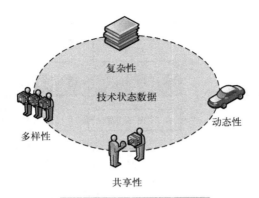

图 4.9　技术状态数据的特点

（1）多样性。

制造过程中会产生多种类型的生产数据，如生产要素数据包括人员、设备、工装、质量等基础数据；生产过程数据包括人员数据中的状态数据、设备状态数据、质检状态数据等；针对产品的工艺包括工艺数据、任务信息、生产管理信息、文档信息等，都体现了制造过程中数据的多样性。

（2）动态性。

制造过程是动态变化的过程，产品制造过程中的技术状态数据是随着时间动态变化的，包括制造过程的进度、物料位置、状态、工艺信息等。加工设备如机床的转速、进给量等参数也是随着时间变化的，人员信息也是随着时间动态变化的，因此产品的技术状态数据具有典型的动态性。

（3）复杂性。

制造过程的复杂性决定了产品技术状态数据的复杂性。产品制造过程涉及人员、设备、工装、质量、环境等众多因素的制约和影响，过程复杂且容易出现异常扰动，在生产过程中，各部门之间的交互频繁，生产部门的组织和协调工作也提高了产品制造过程技术状态的复杂性，产品的技术状态数据也同样具有了相应的不确定性和复杂性。

（4）共享性。

产品制造过程技术状态数据同样属于车间资源，资源的特性就是可以有一定的共享性。在采集和管理技术状态数据的同时也可以将数据共享到企业内部的其他应用系统，如企业资源计划（ERP）、制造执行系统（MES）、产品数据管理（PDM）系统等。这些企业信息系统可以与技术状态管理系统共享统一格式后的技术状态数据信息，互相协调，更好地发挥各系统的职能。

产品制造过程伴随着复杂的数据产生和交互，必须先对产品制造过程技术状态数据类型及流转过程进行整理，才能保证后续研究的顺利进行，产品制造过程技术状态数据的流转与交互如图 4.10 所示。

2. 数据的分类

对于技术状态管理系统而言，数据分类是实现技术状态管理的根本保障，它对于描述生产制造过程有着不可或缺的作用，也是后续研究制造过程数据采集、分析和建模的理论基础。技术状态管理就是对工艺计划管理、生产调度管理和制造过程管理三者的统一。工艺计划管理部门下达生产任务计划，工艺技术部门提供工艺文件、设计图纸、工时定额等信息，生产调度管理部门进行生产任务排序、物料配置、任务分配等操作后将生产任务下发到制造车间。

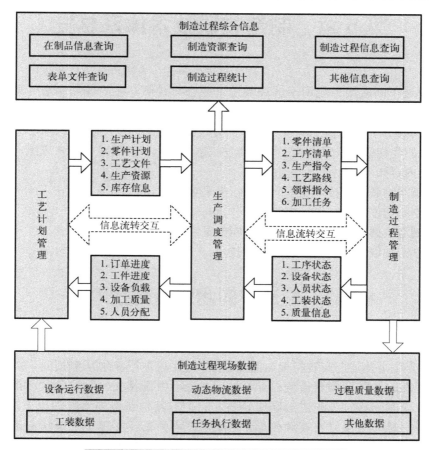

图 4.10　产品制造过程技术状态数据的流转与交互

产品制造过程的技术状态数据按照以下三种方法进行分类。

（1）按照数据类型分类。

产品制造过程的技术状态数据按照数据类型可以分为产品物理数据、产品制造过程数据、参数数据。

（2）按照数据状态分类。

根据状态可以将技术状态数据划分为静态数据以及动态数据。静态数据是伴随着制造过程变化小、状态稳定、信息相对静止的数据，一般静态数据是对产品及资源的特定物理属性的描述；动态数据是指在制造过程中状态会动态变化的数据，它是技术状态数据中的核心数据。

（3）按照数据对象分类。

根据数据对象可以将产品制造过程的技术状态数据分成以下几大要素：人员数据、工装数据、设备数据、质量数据、物料数据以及工艺数据等，每类要素可以根据不同的属性进一步进行数据划分。

第5章 制造物联技术体系总览

物联网制造车间应用系统用于解决制造企业当前普遍存在的现场制造信息获取时效性差、信息准确性保障成本高、制造过程实物状态反馈不及时等问题。根据本实施方案的研究目标，可以把本章的框架分为三个部分，即面向跨组织流动的车间物联组网与物料标识技术，贯穿生产过程的实物信息采集方法，以及实物状态与技术状态的对应评估方法。

本章主要内容如下。

(1)制造车间物联组网技术和车间实时信息采集技术。

(2)现场物料定位技术和现场实时数据分析与管理方法。

(3)现场制造数据管理平台与移动式智能数据终端开发技术。

(4)基于紧密集成模式的应用集成接口技术。

5.1 制造车间物联组网技术

当前，制造企业工业现场存在大量没有信息接口的制造要素，如旧的机床、现场物料、大多数工装(模具、夹具、安装型架、测量设备等)，这使得在现场制造时，以上制造要素相关参数和状态的及时准确获得变得非常困难，更不用说相关的制造参数和指令的快速发放问题了。即使有一些较为先进的制造装备，它们与其他制造要素之间也无法进行互联，造成相关制造信息不能及时共享和传递。物联网技术为真正实现整个现场制造要素的互联和协同提供了有效手段，通过不同的物料标识方法给所有的制造要素建立起信息接口，并建立合理的网络，将所有的制造要素均纳入其中。因此，本节内容涉及两个方面：物联组网与物料标识。

1. 制造过程物联组网技术

各个大型企业建立了包括单位局域网、DNC 网络、传感网络和室内无线网络等在内的多种用途的网络，但传感网络在制造过程中仍不多见。实现以物联方式进行系统实物状态监控，需要融合当前企业信息化建设成果，引入传感网络，构建跨组织的、面向制造过程的、复杂的、形式多样的物联网络。结合物联网络技术体系，将制造过程物联网络分成四个层次，如图 5.1 所示。

(1)感知层：结合当前车间生产现场的采集设备，包括条码技术、射频技术和传感器网络技术等，实现对生产过程零部件、生产设备、物流设备的标识。通过各种类型的传感器对物料属性、环境状态、行为状态等静、动态的信息进行获取与状态辨识，针对具体感知任务，对多种类、多角度、多尺度的信息进行再现，与网络中的其他单元共享资源。

(2)传输层：主要功能是直接通过现有的企业网络，如单位局域网、DNC 网络、传感网络和室内无线网络等技术设施，对感知层的信息进行接收和传输。

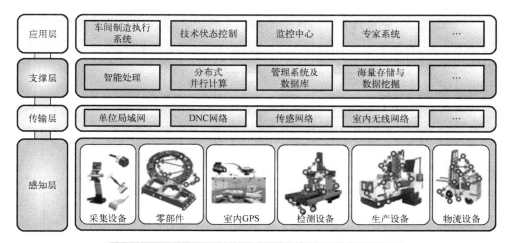

图 5.1　面向实物状态集成控制的物联网络技术体系框架

（3）支撑层：在高性能计算技术的支撑下，将网络内海量的产品状态、资源状态信息通过计算整合成一个可以互联互通的大型智能网络，为上层服务管理和制造过程技术状态控制应用建立一个高效、可靠和可信的支撑技术平台。

（4）应用层：根据技术状态控制的需求构建面向车间制造执行、车间物料管理等各类实际应用的管理和运行平台，并根据各种应用的特点集成相关的内容服务。为了更好地提供准确的信息服务，必须结合不同应用的具体知识和业务模型，形成更加精细和准确的智能化信息管理方式。

2．产品物料标识技术

针对产品技术状态控制要求，以及产品跨组织的特点，通过多级化物料命名服务技术，以产品电子标签为载体，实现产品研制单位、物料与产品结构的标识。

具体内容包括：从产品全生命周期管理的要求出发，优化产品标识的方案与形式，满足阶段、技术状态、批次、更改等要求；根据生产现场的具体情况，提出生产现场设备、设施、工具、工装等各类资源的信息表达与采集方式，实现对生产资源的精细化管理；实现产品标识信息与产品全生命周期管理系统的紧密集成，并建立生产过程资源动态数据库。

5.2　车间实时信息采集技术

基于物联网技术的实物和环境信息感知技术，实现对各生产环境物料、产品、设备、环境等状态和信息的及时、准确采集与处理。传统的传感网络只具有感知简单标量数据（如温度、湿度、光强等）的能力，数据信息含量较少，无法支持技术状态的全面评价。产品实物技术状态在加工、装配、转运、实验过程中均在发生变化，受到环境温度、湿度、洁净度、机床状态的全面影响。根据产品的生产要求，为保障和改进生产环境条件，应确保能源、动力、资源条件，温湿度、洁净度、光照度、电磁环境、着装要求等符合产品技术要求。为确保产品技术状态，不但须注重有用物的管理，如原材料、在制品、产成品、工具、刀具、夹具、量具等，还要关注废弃物的流转和处理，如边、角、余料、废料、切屑、润滑液、冷却液等，以及其他废弃物，避免对环境的污染和对设备的妨碍。实物信息采集系统框架如图5.2所示。

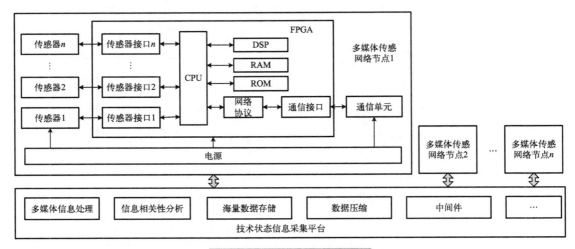

图 5.2　实物信息采集系统框架

考察产品的技术状态需要从产品外观、实验检测结果、加工环境、运输过程中是否发生磕碰等多种结果进行判断，技术状态信息采集是一个复杂的多媒体信息的采集过程。需要从以下几方面重点解决信息采集问题。

1) 技术状态采集节点设计

多媒体功能计算负责数据采集，对通信能力要求高，需要引进专业的具有多媒体功能的传感节点，构建集数据采集、处理、传输等功能于一体的智能化传感节点。同时，需要根据技术状态控制需要，在生产现场合理布置采集点，规划设备监控方案，采用有向感知模型，实现覆盖实物流转全过程的实时监控。

2) 面向技术状态的异构信息采集与处理

基于适应产品技术状态控制的感知模型和有向覆盖控制方法，实现对过程中温度、湿度等全向特征和图像、视频等有向特征的异构感知。同时解决大量数据传输所带来的传输效率和多媒体同步的问题。

3) 技术状态特征的相关性分析

基于多源媒体信息的数据融合方法，实现具有特征不变性的媒体特征计算，从原始物理空间或信息空间中高效地提取多尺度、鲁棒的多媒体特征，支持技术状态的评估与分析。

4) 技术状态传感网络中间件技术

针对传感网络的异构性，基于传感网络中间件技术，评比网络的异构性，灵活地支持上层的应用，提升整个网络的运行效率，解决实物状态信息采集带来的数据量大、种类多、服务多样的多媒体采集与传输问题。需要重点考虑计算复杂性、多媒体的传播差异性与时序的关联性，从服务执行环境、同步机制、传输机制等方面研究灵活的多媒体服务方法、提高服务效率的方法以及高效的传感网络中间件平台。

5) 技术状态海量数据存储与数据压缩

复杂产品的制造过程信息具有多样性，实际支持技术状态评价的数据量巨大。需要研究

数据层次存储架构，实现数据的分级、分布、层次等多种数据存储策略，必要时要采用数据压缩策略，包括压缩存储、减少冗余数据和无用数据等。

6）技术状态信息安全技术

信息安全是信息应用必须注重的一个方面。需要研究适合于实时传感数据的有效安全模型和认证体制来防止非法的数据操作和数据窃取。

复杂产品生产过程中，产品实物、工装工具、设备设施等的状态、位置等信息对于生产的精细化管理极为重要，当前缺乏对这些实物信息进行及时采集的技术，导致实物信息难以迅速纳入信息系统管理，因此需要以典型生产系统为试点，采用制造物联技术，实现制造物联技术在生产现场的实际应用，为实物状态与环境信息的及时采集探索新的途径。

5.3　现场物料定位技术

离散型制造企业中的生产要素需要在多个加工工位进行加工处理和移动，零部件管理对无线定位功能具有潜在需求。基于 RFID 的车间移动对象定位系统可以实现以下功能。

（1）记录车间生产要素的位置信息：通过 RFID 读写器、参考标签以及定位导航算法，可以确定 RFID 读写器覆盖范围内的生产要素的物理位置，并将其记录于数据库中，实现车间要素的实时位置记录。

（2）对车间生产要素进行追踪定位：用户可以通过集成有 RFID 读写器功能的手持式终端，联合固定式 RFID 读写器对车间内某一特定生产要素进行定位，将定位结果以车间地图的形式展示给用户，提高生产要素的定位效率，实现车间要素的快速追踪定位。

（3）对车间生产要素进行位置追溯：用户可以对某一特定的车间生产要素进行某段时间内历史运动轨迹的追溯，实现生产要素历史位置信息的透明化、可追溯化。

（4）车间生产对象位置信息的地图显示：通过车间地图的形式，将车间生产要素的位置信息显示于手持式终端供用户使用，提高系统的适用性。

（5）车间 AGV 的自动定位与导航：将 RFID 读写器与 AGV 集成，通过 RFID 读写器读取车间定位参考标签的信息以及相应的定位导航算法，实现车间 AGV 的自动定位与导航。

通过定位需求分析和定位对象的确定，可以设计定位系统的功能结构，基于 RFID 的离散车间定位系统的功能结构设计如图 5.3 所示。基于 RFID 的车间移动对象定位系统位于集

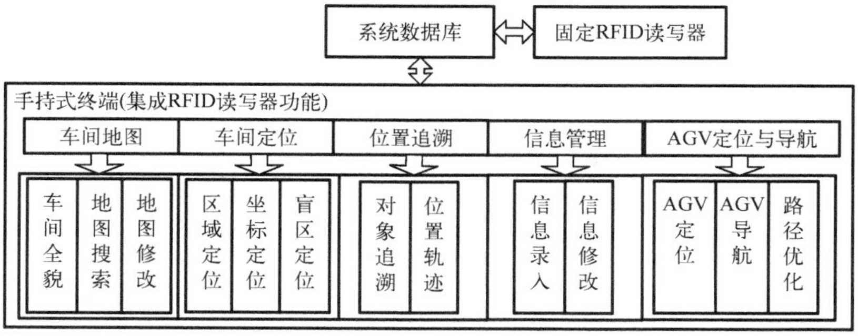

图 5.3　系统功能架构

成有 RFID 读写器功能的手持式终端上，用户可以使用该终端在车间内进行定位相关操作，手持式终端可以访问系统数据库，通过手持式终端进行的 RFID 读写操作可以记录于系统数据库中，同时车间内分布有固定式 RFID 读写器，这些固定式 RFID 读写器用于辅助定位和车间对象的监控，固定式 RFID 读写器的读写操作同样记录于系统数据库中。手持式终端要实现的功能包括车间地图、车间定位、位置追溯、信息管理和 AGV 定位与导航。

5.4　现场实时数据分析与管理方法

媒体信息融合与特征提取方法是制造物联现场实时数据分析管理的关键。

在方案实施的过程中，构建了可分解工序、工步的电子派工单模型，并结合 RFID 读写器所标识的工位信息，定义了车间生产现场统一制造的模型。车间生产现场统一制造模型中又包含了若干子模型，共同构成了完整的关系数据库表达形式，包括任务数据模型、工艺数据模型、质量数据模型、在制品数据模型和资源数据模型。

1. 媒体信息融合与特征提取

为了满足产品技术状态判别的需求，首先需要对物联网前端的边缘设备采集到的源数据进行数据融合处理，形成有意义的逻辑数据，然后对高层的逻辑数据进行数据集成，达到技术状态评估的目的。

在物联网络前端数据采集所形成的数据空间内，数据对象的多态性表现在多类型、异构和无统一的模式，特别是对于音频、图像、视频等多媒体数据。因此，需要建立统一的数据模型，在能够描述常见的字符串和数值型数据的同时，也应该能够描述图像、视频、音频和信号等多媒体数据，并将这些数据以统一的方式表示出来。以统一模型为基础，将各种异构数据映射和转化到统一的数据框架中，并解决同一对象数据在结构上和语义上的冲突。

此外，物联网中的数据源是分布、自治和独立的。在数据集成过程中还需要自动发现相关的数据源，不断完善数据模型中描述的内容，保证技术状态评估所需信息的全面性。为了保障数据的可靠性，尽可能消除不确定性，必要时需要记录数据的来源，可以从当前数据回溯到它的源数据。最后实现面向技术状态评测的特征提取。

2. 基于实物信息的技术状态逆向建模

要建立一个全面反映实物制造过程技术状态的模型，首先要分析技术状态模型的数据成分。制造过程中技术状态的数据主要包括车间人员、物料、加工设备、派工单、工装、加工过程、质量等，涉及车间的各个成分。因而，在数据类型分析的基础上需要寻找适用于不同数据类型的表达方法。离散制造车间现场数据可分为制造设备运行参数和生产现场工况数据，制造设备运行参数主要是数控设备运行过程的有关信息。

通过媒体信息融合实现了实时信息的分类汇总和数据规整。将规整后的分量信息输入实时信息流发生器中，按照时间戳对各组分量进行排序，使得每一组分量信息构成一个分量实时信息流。分量实时信息流输入逆向建模器中，进行逆向建模，重构产品的技术状态模型，如图 5.4 所示。

3. 实物状态与技术状态的对应评估

复杂产品设计、工艺规划、质量管理等过程中不断对产品技术状态进行规划，反映了自上向下所发布的指令状态。实物状态来源于实时所采集到的加工生产状态，无线传感网所采集的实时生产数据(工序信息、工艺信息、产品质量、生产进度等)与相关工位所接收的加工任务信息及工艺文件构成了制造车间内的实物状态。

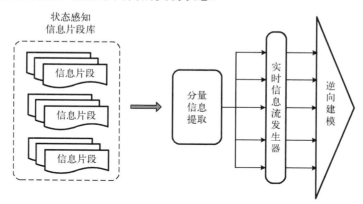

图 5.4　技术状态逆向建模

在技术状态的数据模型中主要包含任务数据、工艺数据、质量数据、在制品数据及资源数据五个方面。在实物状态与技术状态的对应评估中也应该从这五个方面实施，分别评判各自的状态偏移情况。

需要建立产品结构研制技术状态与实物状态的对应控制机制，基于生产视图、装配视图中的产品结构对生产管控信息及现场数据记录进行有效组织，并通过零部件节点，建立产品数据与生产过程间的关联关系，建立产品数据与产品实体之间的映射关系，建立不同技术状态与不同产品批次之间的对应关系，建立不同产品实体与不同零部件之间的组成关系，并最终形成对产品生产信息流与产品实物之间的同步管理，技术状态评估如图 5.5 所示。

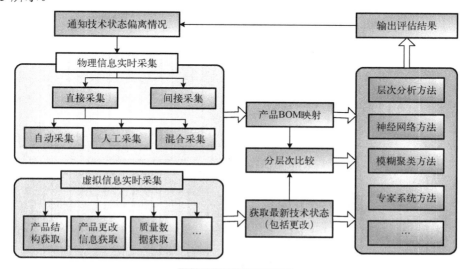

图 5.5　技术状态评估

在此基础上，实物状态与技术状态评测需要收集产品设计、工艺设计、生产、装配阶段各数据多视图中所包含的产品技术状态关联数据、定义信息，通过技术状态逆向建模所形成的数据模型，研究相应的技术状态评测算法，确定技术状态的当前状况，并向各个应用系统输出预警，确保技术状态及时修正。

5.5　现场制造数据管理平台

当前企业产品生产具有小批量、多批次及质量要求高等特点，生产组织复杂多变，同时存在不同技术状态、多个产品变型同时投产的情况，造成生产过程的跟踪控制困难。采用物联网技术建立统一的标识规范，为各种物资、坯料、元器件、半成品及成品提供合理的编码；建立合理的生产规范，为生产过程中各种资源的调配、数据采集提供执行标准；配备条码、RFID 及相应的数据采集设备，为产品生产过程的跟踪提供有效支持，实现在生产过程中采集大量的实时信息，为生产决策提供大量基础信息。

现场制造数据管理平台采用 B/S 和 C/S 混合模式架构，对于需要用户操作的功能模块采用 B/S 架构，对于数据采集部分不需要一般用户操作的功能模块采用 C/S 架构。

现场制造数据管理平台的开发涉及功能设计、数据库设计、接口设计和安全设计，如图 5.6所示，功能设计包括基础信息管理、机床管理、刀具管理等 16 个功能。数据库设计是建立数据库及其应用系统的基础，通过构造最优的数据库模式，能有效地存储数据，满足不同用户的应用需求（信息要求和处理要求）。现场制造数据管理平台需要与其他系统交换信息，由于各应用系统的开发环境各异，因此采用 Web 服务组件进行系统之间的数据交换。数据交换文件采用 XML 格式。为了保证现场制造数据管理平台的安全，需要对平台中的关键数据进行加密传输和加密存储。对应用系统的使用进行认证、多级权限控制和使用跟踪，限制用户未经授权使用系统功能。

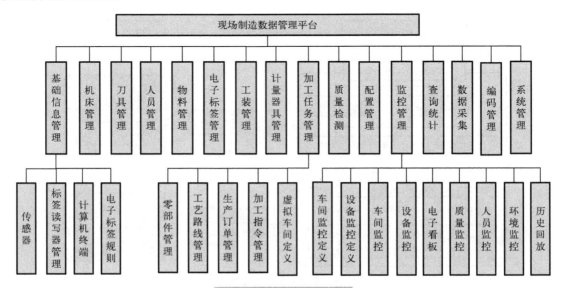

图 5.6　系统的功能结构树

5.6　移动式智能数据终端开发技术

移动式智能数据终端是数据采集方案的重要组成部分，在系统中起着承上启下的作用：向上连接车间 PC 端服务器，向下接收现场读写设备的各种数据。因此，移动式智能数据终端系统的设计与开发成为数据采集与传输方案成功与否的一个关键。

结合研究成果、人员能力和软、硬件资源现状，兼顾系统的可扩展性、可维护性和系列化发展，强化数据终端功能，使之不仅具有信息采集、处理、显示、传输等诸多功能，还具有更通用的独立运行功能，制定"基于 DSP 的智能数据采集终端"方案。移动式智能数据终端系统的硬件结构框图如图 5.7 所示，系统将 DSP 作为主处理器，FPGA 作为协处理器，完成智能数据采集终端的所有功能。

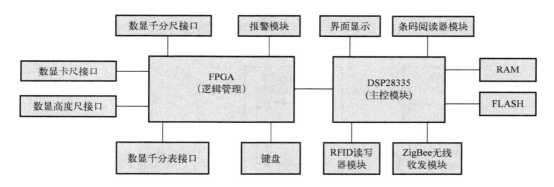

图 5.7　移动式智能数据终端系统的硬件结构框图

移动式智能数据终端系统的结构框图如图 5.8 所示。

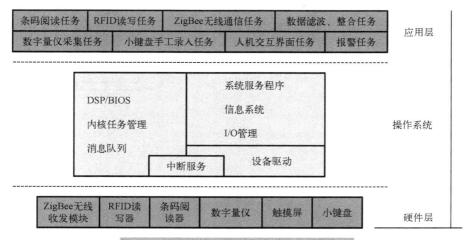

图 5.8　移动式智能数据终端系统的结构框图

5.7 基于紧密集成模式的应用集成接口技术

现场制造数据管理平台管理车间生产现场的数据，并为企业 CAPP、ERP、PDM 系统提供原始数据。根据典型应用系统的集成需求，设计其集成的总体方案，研究基于 XML 技术的信息集成方案，以统一、可扩展的方式解决跨语言、跨应用的应用系统间集成问题，降低其系统集成的耦合度，提高集成的适应性。

根据集成层次的不同，可以将应用系统与信息化平台的集成模式划分为封装模式、接口模式和紧密集成模式。紧密集成模式是最高层次的集成。在这一层次中，各应用程序被视为信息化平台的组成部分，对于所有类型的信息，信息化平台都提供了全自动的双向相关交换，使用户能够在前后一致的环境里工作，真正实现一体化。采用紧密集成模式，需要对应用工具的数据和集成工作平台的产品结构数据进行详细分析，制定统一的产品数据之间的结构关系，只要其中之一的结构关系发生了变化，另一个会自动随之改变，始终保持应用工具和集成工作平台的产品数据的同步。图 5.9 为"局域"物联网数据管理平台的数据集成需求。

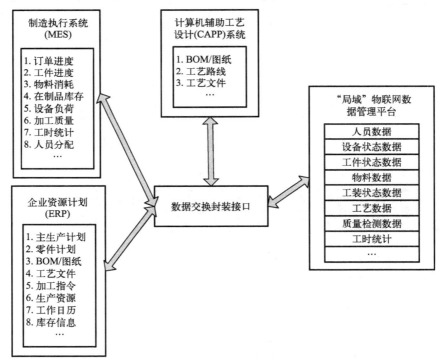

图 5.9 数据集成需求

采用基于物联网的离散制造过程控制与管理系统对生产进行实时监控，并以此进行动态调度、生产管理，同时为企业信息系统(如 CAPP、ERP、PDM)提供实时的生产数据。如何将实时的 RFID 信息纳入企业现有的信息科技基础设施中是一个重大的挑战，这是数据集成和互操作性的问题。Web Service 被认为是一项解决这些问题的有前景的构件技术。Web Service 是

一种应用程序，可以使用互联网协议进行数据交换，允许网络上的所有系统进行交互，能随需求变化将多种服务结合在一起来构建不同的组合，拥有良好的接口。Web Service 具有可描述、可发布、可查找、可绑定、可调用和可组合的特性。

　　基于物联网的离散制造系统将采集到的人员数据、机床数据、物料数据、工装数据、刀具数据、量具数据和环境数据等经过数据交互接口传递到企业信息系统，这些数据可以为 ERP 系统在生产作业计划制定、物料使用、设备利用、人员工时管理等方面提供基础；也可以为 MES 在订单进度跟踪、设备负荷和加工质量分析等方面提供数据源支持。

　　目前，企业使用 ERP、PDM 和 MES 等各种信息系统，它们的数据存储和表现形式各不相同，每个系统面向的使用层次以及涉及的数据也很不一样，这些都造成软件结构的较大差异。Web Service 作为一个基于 XML 的软件接口，本身就与平台无关，可以使用互联网协议进行数据交换，允许网络上所有系统的交互，因此采用 Web Service 实现系统的集成。管理系统提供的制造过程数据被封装为 Web 服务组件，通过 WSDL 进行描述，然后将此服务描述文件发布到 UDDI 注册中心，就可进行基于 XML 数据格式和 SOAP 的各应用系统间的数据交换。基于 Web Service 的数据管理平台集成框架如图 5.10 所示。

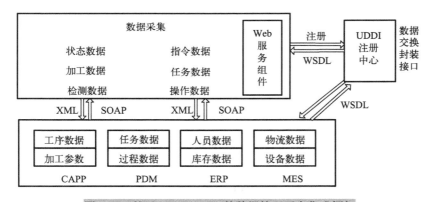

图 5.10　基于 Web Service 的数据管理平台集成框架

第三篇　制造物联关键技术

第6章　基于 RFID 的电子标识技术

本章主要介绍 RFID 技术相关内容，主要内容如下。

(1) RFID 的基本原理及数据结构。

(2) RFID 在制造应用中存在的问题分析。

6.1　制造行业常用的自动识别技术

在 20 世纪 80 年代之前，产品标识以纸质载体为主，并在其上标明产品的相关信息。随着计算机技术的应用，以纸质为载体的产品标识目前已经逐渐被自动识别技术所取代，而其只是作为辅助直接阅读的依据。自从自动识别与数据采集技术产生后，更加方便、快捷、准确的产品标识载体的应用逐渐取得主导地位，包括光学字符识别(OCR)技术、条码技术、磁条(卡)技术、IC 卡识别技术、射频识别(RFID)技术等。

典型的条码如图 6.1 所示，条码在过去 20 年里牢牢地统治着识别系统领域。条码技术的应用提高了零部件管理的有效性。

以波音公司为例，使用 RFID 技术对入库零部件进行管理，在装运铅板的车上加贴 RFID 标签，由于标签带有唯一的识别码，当它经过一个装有特别的 RFID 读写器和天线的大门时，员工即可在几秒的时间内检测到材料到货情况，读写器便可以通过计算机系统下达另一指令，系统可以自动与供应商进行结账。在这个花费 16000 美元的 RFID 系统付诸实施的前 6 个月，仅劳动力成本一项便为波音公司节省了 29000 美元。2008 年投入商业运营的第一批波音 787 型飞机上开始安装 RFID 标签，并要求它的数百家关键供应商使用高端的、被动的 RFID 智能化标签，以更好地跟踪和维护零件的维修记录，将波音 787 型飞机打造成最高标准和最佳服务的超级飞机。

图 6.1　典型的条码形式

针对不同状态、属性的物料可以采用不同形态的 RFID 标签进行标识，典型的 RFID 标签如图 6.2 所示。针对机加车间内的金属环境，采用铁氧体过渡以增强标签的抗金属性；将 RFID 标签与二维码、条形码配合使用，提高标签的人工辨识度；采用磁性标签及托盘标签对材料去除加工步骤进行标识。通过现场测试，以上各类柔性封装技术很好地解决了各类物料标识的问题。图 6.3 展示了 RFID 标签的各类柔性封装技术。

图 6.2　几种典型的 RFID 标签

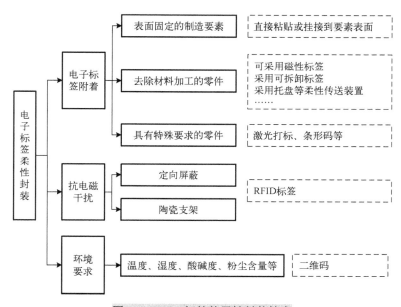

图 6.3　RFID 标签的柔性封装技术

6.2　RFID 的基本原理及数据结构

6.2.1　RFID 的工作原理与系统组成

RFID 即射频识别。RFID 技术识别过程的自动化程度高，识别距离灵活，对工作环境的适应性高，支持双向的读写工作模式，它的系统主要由标签和读写器组成，原理如图 6.4 所示。

电子标签与读写器之间通过感应线圈产生的感应电流进行交互，读写器发射一定频率的射频电波，当电子标签进入射频电波区后，电子标签内的感应线圈就被激活，电子标签内的编码内容将经天线发射出去，读写器天线对接收到的信号通过控制模块进行解码和编译，最后通过一定的传输方式抵达计算机系统，通过计算机系统完成数据的存储和处理。RFID 技术非常适用于产品制造过程技术状态的管理，它的优势主要表现在以下几方面。

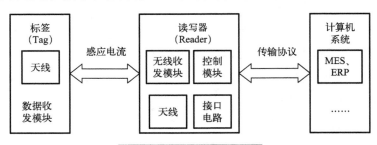

图 6.4　RFID 系统组成原理

(1)数据读取快捷：读取数据过程对光源没有要求，可穿透一般障碍物进行读取，识别距离灵活，若使用有源标签，探测距离可达 30m 以上。

(2)存储数据量大：一般常用的条形码最多可存储 2725 字节，而电子标签的容量最大可达几十万字节。

(3)寿命长，适应性强：标签和读写器通过无线方式通信，对环境要求低，密闭式的封装有效地延长了标签的寿命。

(4)可重复利用：通过对标签扇区内的编码进行多次擦除和清空，针对新的内容进行编码添加，使得标签可以得到有效地重复利用，降低了生产成本。

6.2.2　RFID 编码与数据结构

数据内容标准主要规定数据在标签、读写器到主机(即中间件或应用程序)各个环节的表示形式。因为标签能力(存储能力、通信能力)的限制，在各个环节必须充分考虑数字各自的特点，采取不同的表示形式。另外，主机对标签的访问可以独立于读写器和空中接口协议，也就是说读写器和空中接口协议对应用程序来说是透明的。RFID 数据协议的应用接口基于ASN.1，它提供一套独立于应用程序、操作系统和编程语言的命令结构。

(1)**ISO/IEC 15961** 规定读写器与应用程序之间的接口，侧重于应用命令与数据协议加工器交换数据的标准方式，这样应用程序可以完成对电子标签数据的读取、写入、修改、删除等操作功能。该协议也定义错误响应消息。

(2)**ISO/IEC 15962** 规定数据的编码、压缩、逻辑内存映射格式，再加上如何将电子标签中的数据转化为应用程序的有意义方式。该协议提供一套数据压缩的机制，能够充分利用电子标签中有限数据的存储空间和空中通信能力。

(3)**ISO/IEC 24753** 扩展了 ISO/IEC 15962 的数据处理能力，适用于具有辅助电源和传感器功能的电子标签。增加传感器以后，电子标签中存储的数据量以及对传感器的管理任务大大增加，ISO/IEC 24753 规定了电池状态监视、传感器设置与复位、传感器处理等功能。它们的作用使得 ISO/IEC 15961 独立于电子标签和空中接口协议。

(4)**ISO/IEC 15963** 是规定电子标签唯一标识的编码标准，该标准兼容 ISO/IEC 7816-6、ISO/TS 14816、EAN.UCC 标准编码体系、INCITS 256 并保留了对未来的扩展。注意与物品编码的区别，物品编码是对标签所贴附物品的编码，而该标准标识的是标签自身。

6.3　RFID 应用过程中的常见问题

6.3.1　保密与安全问题

　　RFID 标签的安全问题与标签类别直接相关。一般来说,存储型标签的安全级别最低,CPU 型标签最高,逻辑加密型标签居中,目前通常使用的 RFID 标签中以逻辑加密型标签为多。存储型 RFID 标签有一个厂商固化的不重复、不可更改的唯一序列号,并且标签内部存储区可存储一定容量的数据信息,因为标签并没有做特殊的安全设置,所以不需要进行安全识别认证就可进行读写。虽然目前所有的 RFID 标签在通信链路层中都没有设置加密机制,并且芯片(除 CPU 型 RFID 标签外)本身的安全设计也不是非常强大,但在实际应用过程中,由于采取了多种加密手段,可以确保其使用过程具有足够的安全性。CPU 型 RFID 标签在安全性方面做了大量的工作,因此在应用中具有很大的优势。但从严格意义上来说,CPU 型电子标签不应该归为 RFID 标签的范畴,而是应该属于非接触智能卡。但由于使用 ISO 14443 Type A/B 协议的 CPU 非接触智能卡与应用广泛的 RFID 高频电子标签的通信协议相同,所以通常也被归为 RFID 标签类。逻辑加密型 RFID 标签具有一定等级的安全级别,内部通常采用密钥算法及逻辑加密电路。可对安全设置进行启用或关闭配置。另外,还有一些逻辑加密型电子标签具备密码保护功能,这种加密方式是目前逻辑加密型电子标签所采取的主流安全模式,进行相关配置后,可通过验证密钥实现对标签内部数据的读取或写入等。采用这种方式加密的 RFID 标签密钥一般不会太长,通常采用四字节或者六字节的数字密码。有了安全设置功能,逻辑加密型 RFID 标签就可以具备一些身份认证或者小额消费的功能,如第二代居民身份证、公交卡等。

　　CPU 型 RFID 标签具备非常高的安全性,芯片内部的 COS 本身采用了安全的体系设计,并且在应用方面设计了密钥文件、认证机制等,比存储型和逻辑加密型 RFID 标签的安全等级有了极大的提高。首先,探讨存储型 RFID 标签在应用中的安全设计。存储型 RFID 标签是通过读取标签 ID 号实现标签识别的,主要应用于运动识别、跟踪追溯等方面。存储型 RFID 标签应用过程中要求确保应用系统的完整性,但对于标签本身所存储的数据要求不高,多是利用标签唯一序列号的识别功能。对于部分容量稍大的存储型 RFID 标签,想在芯片内存储数据,只需要对数据进行加密后写入标签即可,这样标签信息的安全性主要由应用系统密钥体系的安全性来保证,与存储型 RFID 标签本身特性没有太大关系。其次,逻辑加密型 RFID 标签的应用极其广泛,并且其中还有可能涉及小额消费功能,因此对于它的安全系统设计是非常重要的。逻辑加密型 RFID 标签内部的存储区域一般都按块划分,并有单独的密钥控制位来保证每个数据块的安全性。这里先来说明一下逻辑加密型 RFID 标签的密钥认证流程,以 Mifare one 菲利普技术为例,标签密钥认证流程如图 6.5 所示。由图 6.6 可知,密钥管理的流程可以分成以下几个步骤。

　　(1)应用程序通过 RFID 读写器向 RFID 标签发送认证请求。

　　(2)RFID 标签收到请求后向读写器发送一个随机数 B。

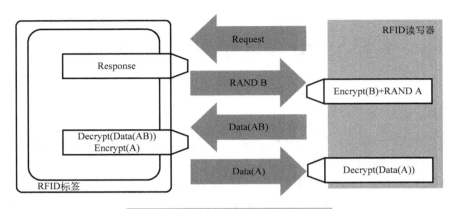

图 6.5　Mifare one 标签密钥认证流程图

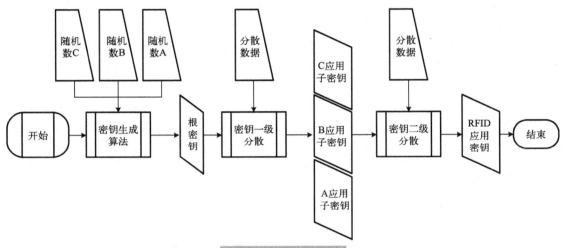

图 6.6　密钥管理流程图

(3)读写器接收到随机数 B 后向 RFID 标签发送使用要验证的密钥加密随机数 B 的数据包，其中包含了读写器生成的另一个随机数 A。

(4)RFID 标签接收到数据包后，使用芯片内部存储的密钥进行解密，解出随机数 B 并校验与之发出的随机数 B 是否一致。

(5)如果是一致的，则 RFID 使用芯片内部存储的密钥对随机数 A 进行加密并发送给读写器。

(6)读写器接收到此数据包后，进行解密，解出随机数 A 并与前述的随机数 A 比较是否一致。

如果上述的每一个认证环节都能成功，那么密钥验证成功，否则验证失败。这种验证方式从某种意义上说是非常安全的，而且破解的难度也非常大，例如，Mifare one 的密钥为 6 字节，也就是 48 位，Mifare one 一次典型验证需要 6ms，如果在外部使用暴力破解，所需破解时间将非常巨大。CPU 型 RFID 标签的安全设计与逻辑加密型相类似，但安全等级与强度要比逻辑加密型高得多，CPU 型 RFID 标签芯片内部采用了核心处理器，而不是像逻辑加密型芯片那样在内部使用逻辑电路；并且芯片安装有专用操作系统，可以根据需求将存储区设

计成不同大小的二进制文件、记录文件、密钥文件等。使用 FAC 设计每一个文件的访问权限，密钥认证的过程与上述相类似，也是采用随机数+密文传送+芯片内部验证的方式，但密钥长度为 16 字节。另外，还可以根据芯片与读写器之间采用的通信协议使用加密传送通信指令。

6.3.2　金属对 RFID 性能的影响

对于金属物体对标签天线的影响，首先要考虑天线靠近金属时金属表面电磁场的特性。根据电磁感应定律，这时金属表面附近的磁场分布会发生"畸变"，磁力线趋于平缓，在很近的区域内几乎平行于金属表面，使得金属表面附近的磁场只存在切向的分量而没有法向的分量，因此天线将无法通过切割磁力线来获得电磁场能量，无源电子标签则失去正常工作的能力。

另外，当天线靠近金属时，其内部产生涡流的同时还会吸收射频能量并将其转换成自身的电场能，使原有射频场强的总能量急剧减弱。而涡流也会产生自身的感应磁场，该场的磁力线垂直于金属表面且方向与射频场相反并对读写器产生的磁场起到反作用，致使金属表面的磁场大幅度衰减，使得标签与读写器之间的通信受阻。另外，金属还会引起额外的寄生电容即金属引起的电磁摩擦造成能源损耗，使得标签天线与读写器失谐，破坏 RFID 系统的性能。

抗金属功能的实现主要靠金属隔离介质提高标签的金属特性。抗金属电子标签用特殊防磁性吸波材料封装，解决了电子标签附着于金属表面使用的难题。抗金属电子标签贴附于金属上能获得良好的读取性能，甚至比在空气中的读取距离更远，并能有效防止金属射频信号干扰。

6.3.3　其他问题分析

RFID 标签在制造业当中成熟地应用是一项系统工程，其广泛深入的使用必须建立在完备的企业信息系统以及训练有素的企业管理之上。然而，我国传统制造企业中，企业管理的信息化水平较低，企业管理模式同样存在不足，因此，在 RFID 的应用过程中必须克服这两类问题。

此外，RFID 的经济性问题同样是制造企业必须考虑的问题。在具体实施的过程中，RFID 读写器及 RFID 标签的需求量巨大，初期投入较高，存在较高的成本风险。因此在各类 RFID 自动标识项目实施之前，应对整个工程项目进行项目完备的分析、计划及预案。

6.4　RFID 在制造业中的应用实施

根据不同产品的特点及实际系统的应用需求，对产品标识采用直接和间接两种方式，并在小范围内根据应用需求实验新的标识方案，产品标识方案如图 6.7 所示。

1. 直接标识

直接标识方式是指将产品标识直接挂接或粘贴在实物表面。直接标识方式需要考虑多余物的控制要求，还需要考虑表面是否容易进行挂接(物品过大或过小)。直接标识方式包括两种：直接粘贴方式或挂牌方式。

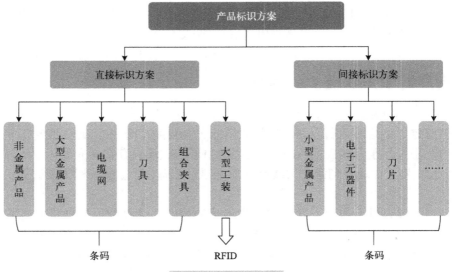

图 6.7 产品标识方案

1）直接粘贴

当前结构板等零部件的表面有多余物控制要求，可以采用聚酰亚胺材料在表面粘贴标识，既可以保证不留痕迹，也能够满足条码粘贴的要求。

2）挂牌

对于表面不规则的物品，可以采用挂牌的方式，即将条码贴在硬纸片或金属片表面，然后通过细绳系到实物物品上，起到标识的作用。考虑到金属片容易在产品表面造成划痕，因此，尽量采用硬纸片作为标识的载体。

2. 间接标识

间接标识方式主要考虑到实物体积较小、不方便粘贴的情况。在这种情况下，需要将产品标识贴在包装盒、包装袋上。

第7章 制造物联数据编码技术

在制造企业中，生产要素包括工装、物料、刀具、量具、人员、机床、环境七类。在制造物联网的编码体系中应当囊括这七类生产要素。

7.1 制造物联网编码概述

编码是实施制造物联网的基础性工作之一，从通用物联网的角度来讲，物料编码应归属于对象命名服务(Object Name Service，ONS)的范畴。制造物联网编码为制造车间中的每一项生产要素都建立了唯一的索引方式，并将其映射到某个 IP 地址或 URL 服务网址上，并给整个制造物联网内的节点访问使用，实现对生产要素全方位的高效管理。

国际上已经广泛采用的物联网编码技术以 EPCglobal 为代表，EPC 采用注册会员制的实施方法，具体流程如下。

(1)获得 EPC 厂商识别代码，为其托盘、包装箱、资产和单件物品分配全球唯一对象分类代码和系列号。

(2)获得一个用户代码和安全密码，通过"电子屋"(Eroom)随时访问地区或全球的 EPC 网络和无版税的 EPC 系统。

(3)第一时间参与 EPCglobal 有关技术的研发、应用，参加各标准工作组的工作，获得 EPCglobal 的有关技术资料。

(4)使用 EPCglobal China 的相关技术资源，与 EPCglobal China 的专家进行技术交流。

(5)参加 EPCglobal China 举办的市场推广活动。

(6)参加 EPCglobal China 组织的宣传、教育和培训活动，了解 EPC 发展的最新进展，并与其他系统成员一起分享 EPC 的商业实施案例。

然而现有的 EPCglobal 编码规范并不能完全满足我国制造业的要求，因此本书提出了相关应用方案。当前，由于各类实物数字化标识的应用情况不同，已经形成了一定的编码规则，为了使编码规则具有一定的延续性，方便机器识别的同时，也能够方便人为辨识，在制定编码规则的过程中应该考虑继承性和统一规范。统一编码考虑以下三项基本原则：①编码规则要考虑到当前不同物理产品的现有特点；②编码规则要能够统一适应不同物品的编码要求；③编码规则要求明确各个字段之间的关系。

在统一框架下，对所有类型的实物进行标识，兼顾已有的编码习惯，采用扩展的编码方法，如图 7.1 所示，该编码方法采用 A、B、C 三段进行描述。

A 表示实物的类型：如产品、半成品、工装、工具、物料、包装箱、文档等。

B 表示具体实物的编码：根据实物的不同制定不同的规则，该规则可以沿用以往的编码方式，具体如下所述。

C 表示序列码：在多件同类物品的标识中，表示标识物品是本批物品中的第几件。

A	—	B	—	C

图 7.1 扩展的编码方法

7.2 制造物联网编码规则

1. 产品标识码
产品标识码示例如下，标识码说明见表 7.1。

080405E1_006　221-214　　 L　　 0406　　 001　　 20
生产计划号　 任务号　 批次类型　 批次号　 产品序号　 本组数量

表 7.1 产品标识码说明

序号	举例	名称	字符	说明
1	080405E1_006	生产计划号	12	指依据生产任务由系统产生的大流水号
2	221-214	任务号	8	依据生产任务由型号调度确定
3	L	批次类型	2	J：计件批，本批次的每件产品单独编号 L：计量批，本批次的每组产品(含多件)单独编号
4	0406	批次号	8	以 4 位投产日期表示
5	001	产品序号	4	计件批：每件产品以 3 位阿拉伯数字顺序表示 计量批：每组产品以 3 位阿拉伯数字顺序表示
6	20	本组数量	4	计件批：无 计量批：本组产品数量

2. 物料标识码
当前，在物资配送的实施过程中，物料标识既应该考虑到物料自身的类别信息，也应该考虑到物资配送属于哪一张配送单。配送单后续将作为物料合格的重要标志，配送单也将作为后续物料质量追溯的依据。因此，物料标识采用四段的编码方式，如图 7.2 所示。

A	—	B	—	C	—	D

图 7.2 物料标识编码方法

A 表示配送单号：代表该物料属于哪一张配送单。
B 表示该物料在配送单上的序号：代表该物料是配送单上的哪一个物料。
C 表示物料编号：代表该类型物料在物资系统中的唯一编码。
D 表示物料名称：代表该类型物料在物资系统中与物料编号对应的中文名称。

3. 工装标识码
工装分为两种：一种为通用工装；另一种为专用工装。通用工装包括结构板埋件的工装钉、组合夹具等；专用工装则为专为某产品设计的工装，例如在中国航天科技集团十二院 529

厂内有自身的图号、生产计划号，如神舟飞船的焊接工装等。通用工装可以用于一种产品的加工过程，也可以用于另外一种产品的加工过程；专用工装是为某一种产品专门定制的。

根据以上特点，通用工装采用工具标识码方式进行标识。专用工装则采用产品标识码方式进行标识。

4．工具标识码

工具标识编码方法如图 7.3 所示，工具编号由四部分组成：第一至第三部分为工具编号的主码，第四部分为辅码。主码采用刚性编码方式，即位数一定；辅码采用柔性编码方式。

第一部分 a：类别代码 D 为刀具、L 为量具、F 为非标准刀具(第一个汉字汉语拼音的简写)。

第二部分 b：大类代码 01　02　03…07…依次排下去。

第三部分 c：小类代码 10　11　12　13…16…依次排下去。

第四部分 d：辅码。

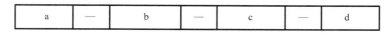

图 7.3　工具标识编码方法

根据刀具的实际情况，确定辅码的编码方式。辅码主要描述标识特征，如刀具生产厂家、行业标准、刀具参数等，反映数控刀具和加工中心刀具的自动识别问题。

5．包装箱标识码

包装箱与产品结构的接点不完全对应，因此包装箱的编码还需要有别于产品的编码。包装箱标识采用三段的编码方式，如图 7.4 所示。

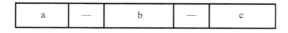

图 7.4　包装箱标识编码方法

a 表示包装箱所属型号：如 BD-2 等。

b 表示包装箱的名称：如缓冲器 7-0 等。

c 表示包装箱的规格尺寸：如 1800mm×795mm×170mm(长×宽×高)。

第 8 章　面向离散制造业的中间件技术

面向离散制造车间的 RFID 中间件是一类新型的制造业信息化应用系统,为提高 RFID 技术在离散制造车间内更深入广泛地应用而产生。

中间件的应用使得不同应用程序之间可以相互协同地工作,甚至是实现跨操作系统或跨网络环境的互操作,解决了具有不同信息接口的应用程序之间交换信息的问题,允许各应用程序下所涉及的网络环境、操作系统、通信协议、数据库及其他应用服务各不相同。

中间件技术对 RFID 系统的广泛应用有重要的推动作用,RFID 中间件系统高效、经济地将 RFID 设备与现有的应用程序相连接。不同的应用程序均可使用 RFID 中间件提供的一组应用程序接口(Application Programing Interface,API)连接到 RFID 读写器,读取 RFID 标签数据,实现 RFID 系统与现有应用程序的融合连接;此外,由于 RFID 中间件的应用,RFID 系统可实现软、硬件部分独立升级,降低升级成本,减少企业在应用系统开发和维护中的重大投资。

面向离散制造车间的 RFID 中间件不同于当前广泛使用的(分布式)RFID 中间件,这种中间件将专注于为离散制造车间服务,用以解决离散制造车间底层生产数据与 MES、CAPP、ERP 等企业级应用系统进行交互的问题。

离散制造车间内以产品的工序流程为生产导向,采用射频识别技术可有效地对车间内产品的制造情况进行实时追踪,然而不同的产品通常会有不同的制造工序,因此自车间底层所采集到的制造数据的结构各异,如何将这些制造数据系统地、有序地与企业级应用系统交互成为 RFID 系统在离散制造企业内应用的核心问题。同其他 RFID 应用系统需要中间件作为硬件设备与应用软件的连接平台一样,离散制造车间内的 RFID 设备也需要一个 RFID 中间件对底层的制造数据进行采集、解析、组织、封装,为企业级应用系统提供输入数据交互服务接口。

随着 RFID 中间件技术的发展,RFID 中间件已经能很好地解决 RFID 硬件设备的协调配置及逻辑事件驱动等问题,面向不同行业的专业性 RFID 中间件的实施关键在于将中间件内的功能模块打造成符合行业自身运行特点的信息服务。

目前现有的大多数 RFID 中间件产品主要遵循 EPCglobal 规范的应用层事件(ALE)标准而开发,通常包括设备配置、事件驱动及商务集成等模块,形成电子商务信息处理平台,其消息触发模式及对数据的组织与封装方式并不符合离散制造业的特征。

因此将离散制造车间内的运行流程设计成为 RFID 中间件的事件消息服务及按离散制造车间的特征对采集数据进行组织与封装是面向离散制造车间 RFID 中间件设计的关键。

本章主要内容如下。

(1)面向离散制造业的 RFID 中间件的结构。

(2)中间件硬件集成技术。

(3)制造业 RFID 中间件与企业系统的集成技术。

8.1　RFID 中间件概述

为解决分布异构问题，人们提出了中间件(Middleware)的概念。中间件是位于平台(硬件和操作系统)和应用之间的通用服务，这些服务具有标准的程序接口和协议。针对不同的操作系统和硬件，它们可以有符合接口和协议规范的多种实现。中间件应具备如下特征。

(1)满足大量应用的需要。

(2)运行于多种硬件和 OS 平台。

(3)支持分布计算，提供跨网络、硬件和 OS 平台的透明的应用或服务的交互。

(4)支持标准的协议。

(5)支持标准的接口。

由于标准接口对于可移植性的重要性和标准协议对于互操作性的重要性，中间件已成为许多标准化工作的主要部分。对于应用软件开发，中间件远比操作系统和网络服务更为重要，中间件提供的程序接口定义了一个相对稳定的高层应用环境，不管底层的计算机硬件和系统软件怎样更新换代，只要将中间件升级更新，并保持中间件对外的接口定义不变，应用软件几乎不需进行任何修改。

8.1.1　RFID 中间件的定义与目标

关于 RFID 中间件的定义，不同的标准给出的定义不尽相同。不同的 RFID 应用中 RFID 中间件所包含的内容也可能有差别。一般来说 RFID 中间件可以定义为处于 RFID 读写器与后端应用之间的程序，它提供了对不同数据采集设备的硬件管理，对来自这些设备的数据进行过滤、分组、计数、存储等处理，并为后端的企业应用程序提供符合要求的数据。大部分 RFID 中间件的目标如下。

(1)对读写器或数据采集设备的管理。在不同的应用中可能会使用不同品牌型号的读写器，各读写器的通信协议不一定相同，因此需要一个公用的设备管理层来驱动不同品牌型号的读写器共同工作。有的定义也把这一功能升格为数据源的驱动与管理，因为同样的数据可能来自条码机或其他数据发生设备。对读写器或数据采集设备的管理还包括对逻辑读写器的管理。如果虽然一些读写器所处的物理位置不同，但是在逻辑意义上它们属于同一位置，就可以将这样的读写器定义为同一逻辑读写器进行处理。在中间件中，所有读写器都以逻辑读写器作为单位来管理，每个逻辑读写器可以根据不同的应用灵活定义。

(2)数据处理。来自不同数据源的数据需要经过滤、分组、计数等处理才能提供给后端应用。从 RFID 读写器接收的数据往往有大量的重复。这是因为 RFID 读写器每个读周期都会把所有在读写范围内的标签读出并上传给中间件，而不管这一标签在上一读周期内是否已被读到，在读写范围内停留的标签会被重复读取。另一个造成数据重复的原因是读写范围重叠的不同读写器，将同一标签的数据同时上传到中间件。除了要处理重复的数据，中间件还需要对这些数据根据应用程序的要求进行分组、计数等处理，形成各应用程序所需要的事件数据。

(3)事件数据报告生成与发送。中间件需要根据后端应用程序的需要生成事件数据报告，并将事件数据发送给使用这些数据的应用程序。根据数据从中间件到 RFID 发送的方法不同可以分为两种数据发送方式：一种是应用程序通过指令向中间件同步获取数据；另一种是应用程序向中间件订阅某事件，当事件发生后由中间件向该应用程序异步推送数据。

(4) 访问安全控制。对于来自不同 RFID 应用程序的数据请求进行身份验证，以确保应用程序有访问相关数据的权限。对标签的访问进行身份的双向验证，以确保隐私的保护与数据的安全。对需通过网络传输的消息进行加密与身份认证，以确保 RFID 应用系统的安全性。

(5) 提供符合标准的接口。接口有两个部分：一个是对下层的硬件设备接口，需要能和多种读写器进行通信；另一个是对访问中间件的上层应用需要定义符合标准的统一接口，以便更多的应用程序能和中间件通信。

(6) 提供集中统一的管理界面。提供一个 GUI，可以让中间件管理人员对中间件的各系统进行配置、管理。

(7) 负载均衡。有些分布式的 RFID 中间件具有负载均衡的功能，可以根据每个服务器的负载自动进行流量分配以提高整个系统的处理能力。

8.1.2　RFID 中间件的发展现状

最先提出 RFID 中间件概念的是美国。美国企业在实施 RFID 项目改造期间，发现最耗时/耗力、复杂度和难度最大的问题是如何保证 RFID 数据正确导入企业的管理系统，为此企业做了大量的工作用于保证 RFID 数据的正确性。经企业和研究机构的多方研究、论证、实验，最终找到了一个比较好的解决方法，这就是 RFID 中间件。

在国际上，目前比较知名的 RFID 中间件厂商有 IBM、Oracle、Microsoft、SAP、Sun、Sybase、BEA 等国际企业。由于这些软件厂商自身都具有比较雄厚的技术储备，其开发的 RFID 中间件产品又经过多次实验室、企业实地测试，RFID 中间件产品的稳定性、先进性、海量数据的处理能力都比较完善，已经得到了企业的认同。

1. IBM RFID 中间件

IBM RFID 中间件是一套基于 Java 语言并且遵循 J2EE 企业架构开发的开放式 RFID 中间件产品，可以有效地帮助企业简化 RFID 项目实施的步骤，能满足大量货物数据的应用要求；IBM RFID 中间件基于高度标准化的开发方式，可以实现与企业信息管理系统的无缝连接，有效缩短企业的项目实施周期，降低 RFID 项目实施过程中的出错率和实施成本。

目前 IBM 公司的 RFID 中间件产品已经成功应用于全球第三大零售商 Metro 公司的供应链之中，该中间件不但提高了 Metro 公司整个供应链的流转速度和服务水平，还降低了产品差错率，降低了整个供应链的运营成本。除此之外，还有 80 多家供应商表示将采用 IBM 公司的全套 IBM WebSphere RFID 中间件解决方案。

为了进一步提高 RFID 解决方案的竞争力，目前 IBM 与 Intermec 公司进行合作，将 IBM RFID 中间件成功地嵌入 Intermec 公司的 IF5 RFID 读写器中，共同向企业提供一整套 RFID 企业或供应链解决方案。

2. Oracle RFID 中间件

Oracle RFID 中间件是 Oracle 公司着眼于未来 RFID 的巨大市场而开发的一套中间件产品。Oracle RFID 中间件主要以 Oracle 数据库为基础，充分发挥 Oracle 数据库在数据处理方面的优势，满足企业对海量 RFID 数据存储和分析处理的需求。Oracle RFID 中间件除基本的数据处理功能外，还向用户提供了智能化的可配置手工界面。实施 RFID 项目的企业可根据业务的实际需求，对 RFID 读写器的数据扫描周期、过滤周期进行特定配置，并可以指定 RFID 中间件将采集的数据存储到指定的服务数据库中，企业还可以利用 Oracle 提供的各种数据库工具对 RFID 中间件导入的货物数据进行各种指标的数据分析，并做出准确的预测。

3．Microsoft RFID 中间件

Microsoft 公司在 RFID 巨大的市场面前自然不会袖手旁观，投入巨资组建了 RFID 实验室，着手进行 RFID 中间件和 RFID 平台的开发，并以 Microsoft 公司 SQL 数据库和 Windows 操作系统为依托，向大、中、小型企业提供 RFID 中间件解决方案。

与其他软件厂商运行的 Java 平台不同，Microsoft RFID 中间件产品主要运行于 Microsoft 公司的 Windows 系列操作平台。企业在选用中间件技术时，一定要考虑 RFID 中间件产品与自己现有的企业管理软件的运行平台是否兼容。

根据 Microsoft RFID 中间件计划，Microsoft 公司准备将 RFID 中间件产品集成为 Windows 平台的一部分，并专门为 RFID 中间件产品的数据传输进行系统级的网络优化。依据 Windows 平台占据的全球市场份额及 Windows 平台的优势，Microsoft RFID 中间件拥有了更大的竞争优势。

4．SAP RFID 中间件

SAP RFID 中间件也是基于 Java 语言遵循 J2EE 企业架构开发的产品。SAP RFID 中间件具有两个显著的特征：①SAP RFID 中间件是系列化产品；②SAP RFID 中间件是一个整合中间件，可以将其他厂商的 RFID 中间件产品整合在一起，作为 SAP 公司整个企业信息管理系统应用体系的一部分进行实施。

SAP RFID 中间件主要包括：SAP 自动身份识别基础设施软件、SAP 事件管理软件和 SAP 企业门户。为增强 SAP RFID 中间件的企业竞争力，SAP 公司又联合 Sun 公司和 Sybase 公司，将这两家公司的 RFID 中间件产品整合到 SAP 公司的中间件产品中。与 Sybase RFID 安全中间件整合，提高了 SAP RFID 中间件数据传输的安全性；与 Sun RFID 中间件结合，使得 SAP RFID 中间件的功能得到了极大的扩展。

SAP 公司的企业用户大多数是世界 500 强企业，大多采用 SAP 公司的管理系统。这些企业实施 RFID 项目的规模一般都比较大，对相关软件和硬件的性能要求比较高。这些企业实施 RFID 项目改造时，应用 SAP 公司提供的 RFID 中间件技术可以和 SAP 公司的管理系统实现无缝集成，能为企业节省大量的软件测试时间、软件集成时间，有效减少了 RFID 项目的实施步骤、时间。

5．Sun RFID 中间件

Sun 公司开发的 Java 语言，目前被广泛应用于开发各种企业级的管理软件。目前，Sun 公司根据市场需求，利用 Java 在企业中的应用优势开发的 RFID 中间件，也具有独特的技术优势。

Sun 公司开发的 RFID 中间件产品从 1.0 版本开始，经历了较长时间的测试，随着产品不断完善，已经完全达到了设计要求。随着 RFID 标准 Gen 2 的推出，目前 Sun RFID 中间件已推出了 2.0 版本，实现了 RFID 中间件对 Gen 2 标准的全面支持和中央系统管理。

Sun RFID 中间件分为事件管理器和信息服务器两个部分。事件管理器用来帮助处理通过

RFID 系统收集的信息或依照客户的需求筛选信息；信息服务器用来得到和储存使用 RFID 技术生成的信息，并将这些信息提供给供应链管理系统中的软件系统。

由于 Sun 公司在 RFID 中间件系统中集成了 Jini 网络工具，有新的 RFID 设备接入网络时，立刻能被系统自动发现并集成到网络中，实现新设备数据的自动收集。这一功能在储存库环境中是非常实用的。

为了进一步扩大 Sun RFID 中间件产品的影响力，Sun 公司已经与 SAP 等几家厂商组建了 RFID 中间件联盟，将各个厂家的 RFID 中间件产品整合到一起，利用各自的企业资源，进行 RFID 中间件产品的推广工作。

6. Sybase RFID 中间件

Sybase 原来是一家数据库公司，其开发的 Sybase 数据库在 20 世纪八九十年代曾辉煌一时。在收购 Xcellenet 公司后，Sybase 公司正式介入 RFID 中间件领域，并开始使用 Xcellenet 公司技术开发 RFID 中间件产品。

Sybase RFID 中间件包括 Edgeware 软件套件、RFID 业务流程、集成和监控工具。该工具采用基于网络的程序界面，将 RFID 数据所需要的业务流程映射到现有企业的系统中。客户可以建立独有的规则，并根据这些规则监控实时事件流和 RFID 中间件取得的信息数据。

Sybase RFID 中间件的安全套件被 SAP 公司看中，被 SAP 公司整合进 SAP 企业应用系统，双方还签订了 RFID 中间件联盟协议，利用双方资源共同推广 RFID 中间件的企业解决方案。

7. BEA RFID 中间件

BEA RFID 中间件是目前 RFID 中间件领域最具竞争力的产品之一，尤其是在 2005 年 BEA 公司收购了 RFID 中间件技术领域的领先厂商 ConnecTerra 公司之后，将 ConnecTerra 公司的中间件整合进 BEA 公司的中间件产品，使 BEA RFID 中间件功能得到极大的扩展。因此，BEA 公司可以向企业提供完整的"一揽子"产品解决方案，帮助企业方便地实施 RFID 项目，帮助客户处理从供应链上获取的日益庞大的 RFID 数据。

BEA 公司的 RFID 解决方案由 4 个部分构成。

(1) BEA WebLogic RFID Edition：先进的 EPC 中间件，支持多达 12 个阅读器提供商的主流阅读器，支持 EPC Class 0、0+、1，ISO/IEC 15693，ISO/IEC 18000-6B，Gen 2 等规格的电子标签。

(2) BEA WebLogic Enterprise Platform：专门为构建面向服务型企业解决方案而设计的统一的、可扩展的应用基础架构。

(3) BEA RFID 解决方案工具箱：是实施 RFID 解决方案的加速器，包含快速配置和部署 RFID 应用系统所必需的代码、文档和最佳实践路线；主要内容包括事件模型框架、消息总线架构、预置的 Portlet 等。

(4) 为开发、配置和部署解决方案提供帮助的咨询服务：该解决方案可以为客户实施 RFID 应用提供完整的基础架构，用户可以围绕 RFID 进行业务流程创新，开发新的应用，从而提高 RFID 项目投资的回报率。

目前，BEA 公司已成为基于标准的端到端 RFID 基础设施——从获取原始的 RFID 事件直到把这些事件转换成重要的商业数据的厂家。

8.2　面向离散制造业的 RFID 中间件的结构

1．RFID 中间件的分类

RFID 中间件可以从架构上分为两种。

(1) 以应用程序为中心 (Application Centric) 的设计概念是通过 RFID 读写器厂商提供的 API，以 Hot Code 的方式直接修改特定读写器的适配器，即可生效以读取数据，并传送至后端系统的应用程序或数据库，从而达到与后端系统或服务串接的目的。

(2) 以架构为中心 (Infrastructure Centric) 的设计概念是随着企业应用系统复杂度的增高，企业无法负荷以 Hot Code 方式为每个应用程序编写适配器，同时面对对象标准化等问题，企业可以考虑采用厂商所提供的标准规格的 RFID 中间件。这样一来，即使存储 RFID 标签情报的数据库软件改由其他软件代替，或读写 RFID 标签的 RFID 读写器种类增加等情况发生时，应用端不做修改也能应付。

2．RFID 中间件的特征

一般来说，RFID 中间件具有下列特色。

(1) 独立于架构 (Insulation Infrastructure)。RFID 中间件独立并介于 RFID 读写器与后端应用程序之间，并且能够与多个 RFID 读写器以及多个后端应用程序连接，以减轻架构与维护的复杂性。

(2) 数据流 (Data Flow)。RFID 中间件的主要目的在于将实体对象转换为信息环境下的虚拟对象，因此数据处理是 RFID 最重要的功能。RFID 中间件具有数据的搜集、过滤、整合与传递等特性，以便将正确的对象信息传到企业后端的应用系统。

(3) 处理流 (Process Flow)。RFID 中间件采用程序逻辑及存储再转送 (Store-and-Forward) 的功能来提供顺序的消息流，具有数据流设计与管理的能力。

标准 (Standard) RFID 中间件为自动数据采样技术与辨识实体对象的应用。EPCglobal 目前正在研究为各种产品的全球唯一识别号码提出通用标准，即 EPC。EPC 指在供应链系统中，以一串数字来识别一项特定的商品。由 RFID 读写器读入无线射频辨识标签后，传送到计算机或应用系统中的过程称为对象命名服务 (ONS)。对象命名服务系统会锁定计算机网络中的固定点，抓取有关商品的消息。EPC 存放在 RFID 标签中，被 RFID 读写器读出后，即可提供追踪 EPC 所代表的物品名称及相关信息，并立即识别及分享供应链中的物品数据，有效率地提供信息透明度。

8.2.1　面向离散制造业的 RFID 中间件的系统框架

针对离散制造车间的组织生产模式开发了面向离散制造车间的 RFID 中间件。该中间件在遵守现有的 RFID 系统的空中接口协议 (ISO/IEC 14443、15693、18000) 及 RFID 中间件设计规范 (EPCglobal ALE) 的基础上，将离散制造车间内的运行特点及流程规范集成为事件消息服务并驱动 RFID 硬件设备的运行，将电子标签所携带的信息组织封装成为可直接供 MES、CAPP、ERP 等企业级应用程序使用的数据源，使得 RFID 系统与各类企业级应用程序有更紧密的集成，在离散制造车间内有更深入、广泛的应用。

1. RFID 中间件系统的组成模块

面向离散制造车间的 RFID 中间件装置的组成包括下列几部分。

(1)注册管理模块，是其他模块的管理者与组织者。

(2)电子标签智能存储模块。该模块将 RFID 标签内的存储空间按生产要素内容进行分区，电子标签内记录了"隶属型号、设计图号、投产批次、领料时间"及"本道工序、下道工序、当前工位、完成状态"等字段内容，并将以上字段内容组合成为堆栈格式。

(3)密文互译模块。RFID 标签内的内容均为密文存储，本模块内集成了 DES、3DES、RC2、IDEA、AES 等多种加密算法，并提供动态更换加密算法及按字段采用不同加密算法的功能，用户按照需要选择加密算法及模式，将存储内容转换为密文，在针对同一标签的后续读取过程中按照相应算法及模式进行解密。

(4)RFID 读写器配置模块。RFID 读写器的支撑协议各不相同，相同协议但不同厂商的 RFID 读写器也有区别，最直接的影响在于与 RFID 读写器配套的 API 函数无法通用，该模块将 RFID 读写器的操作指令归类为连接 RFID 读写器、配置 RFID 读写器参数、寻卡请求、防碰撞操作、选卡、获得授权、配置 RFID 标签参数、读操作、写操作、终止数据传输、断开 RFID 读写器等若干大类，并构建了相应的通用程序段用于内嵌调用各读写器相应的 API 函数，程序段内含有测试接口，借此可实现 API 函数的快速部署。从而使本 RFID 中间件能够支持不同协议、不同厂商的 RFID 读写器，当 RFID 读写器硬件需要升级或更改时，只需在本模块内重新嵌入相应的 API 函数即可。

2. 模块的动态工作过程

以上 4 个模块的动态工作过程如下。

上层应用程序向中间件发送操作指令 CommandA。

注册管理模块对操作指令 CommandA 进行认证授权。

在中间件内由注册管理模块实例化一个对应于 CommandA 的代理对象，用于完成该指令后续的操作。

(1)若 CommandA 为 RFID 读写器或 RFID 标签的参数配置命令，则通过 RFID 读写器配置模块调用相应程序段内的 API 函数完成配置，再通过注册管理模块给上层应用程序返回运行结果。

(2)若 CommandA 为 RFID 标签的写入命令，则通过密文互译模块对写入内容进行加密，然后通过电子标签智能存储模块按其字节长度分配存储地址，再通过 RFID 读写器配置模块调用相应程序段内的 API 函数完成写入操作，最后通过注册管理模块给上层应用程序返回运行结果。

(3)若 CommandA 为 RFID 标签的读取命令，则通过 RFID 读写器配置模块调用相应程序段内的 API 函数完成读取操作，然后通过密文互译模块对读取内容进行解密，再通过注册管理模块给上层应用程序提供数据文件。

3. RFID 中间件技术的优点

面向离散制造车间的 RFID 中间件技术与现有技术相比，优点如下。

(1)充分考虑了离散制造车间运转的实际状况，可与 MES、CAPP、ERP 等企业级应用程序无缝对接。

(2)对 RFID 标签内的记录内容进行了加密，防止记录内容泄露。

（3）采用 API 函数内嵌调用方式及测试接口，本 RFID 中间件可以最小的程序变动快速支持 RFID 读写器硬件的升级或更改。

8.2.2　面向离散制造业的 RFID 中间件的功能模块

面向离散制造车间的 RFID 中间件的实施方式之一是采用基于组件对象模型（COM）的相关技术开发适用于 B/S 架构的 ActiveX 控件。

图 8.1 说明了 RFID 中间件在整个 RFID 应用系统中所处的层次，本 RFID 中间件被上层企业级应用程序所调用，通过向上层应用程序提供统一的数据交互接口实现对底层不同 RFID 读写器的操作。本 RFID 中间件能够直接处理离散制造车间的数据，数据内容反映生产流程及状态，与上层应用程序无缝对接。RFID 中间件能够识别调用命令类型，分类响应并调用不同的组件完成具体操作。RFID 中间件通过代理机制，以及对读写器驱动组件进行管理，实现了对多个不同型号的 RFID 读写器的支持。

图 8.2、图 8.3 说明了本 RFID 中间件模块的组成及各模块之间的相互作用关系。

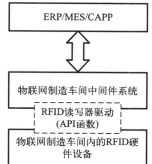

图 8.1　面向离散制造业中间件所处的结构

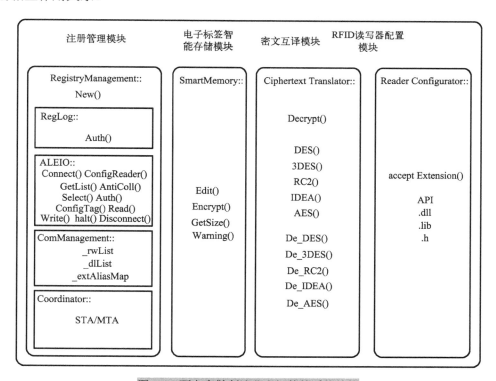

图 8.2　面向离散制造业中间件的系统结构

RFID 中间件由注册管理模块、电子标签智能存储模块、密文互译模块和 RFID 读写器配置模块四个模块组成，下面以 C++语言为例具体说明各个模块的实现方案。实现四个模块对应的类分别是 RegistryManagement、SmartMemory、CiphertextTranslator 和 Reader Configurator。

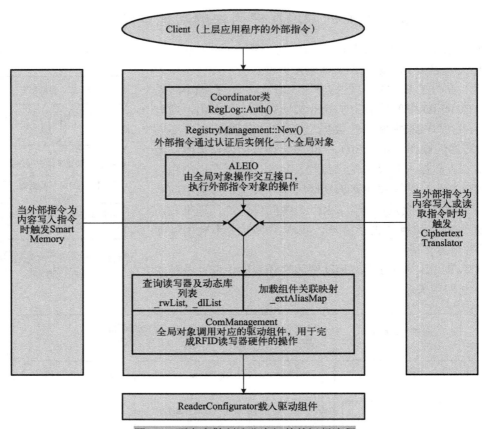

图 8.3　面向离散制造业中间件的运行流程

1. 注册管理模块

注册管理模块是其他模块的组织者和管理者，是整个中间件的核心。

注册管理模块由 RegistryManagement 类实现，在该类中注册管理模块包含注册认证、ALE 规范、组件管理、线程协调四个子模块，分别由 RegLog、ALEIO、ComManagement、Coordinator 四个类实现相应功能。

（1）RegLog 类对上层应用程序的外部指令进行认证与授权，采用外部指令认证接口 RegLog::Auth（CommandA）对上层应用程序指令 CommandA 进行认证。当认证接口获得正确的返回值后，经过线程协调（由线程协调子模块 Coordinator 类完成）由 RegistryManagement:: New（CommandA）实例化一个全局对象用以执行后续工作。

（2）ALEIO 类遵守 ALE 标准，向使用 RFID 系统的上层应用程序提供交互接口。该接口遵守 ALE 标准的实现，可参考 EPCglobal 的规范文献 *The Application Level Events（ALE） Specification，Version 1.1*，ALEIO 类中包含的功能函数与上层应用程序交互数据如下所述：ALEIO:: Connect（）、ALEIO::ConfigReader（）、ALEIO::GetList（）、ALEIO::AntiColl（）、ALEIO:: Select（）、ALEIO::Auth（）、ALEIO::ConfigTag（）、ALEIO::Read（）、ALEIO::Write（）、

ALEIO:: halt()、ALEIO::Disconnect()，分别对应了连接 RFID 读写器、配置 RFID 读写器参数、寻卡请求、防碰撞操作、选卡、获得授权、配置 RFID 标签参数、读操作、写操作、终止数据传输、断开 RFID 读写器等操作，在上述功能函数中调用 RFID 读写器配置模块中对应的底层操作。

（3）ComManagement 类采用组件代理模式集成管理该 RFID 中间件所封装的各类 RFID 读写器驱动组件，ComManagement 类通过读写器列表_rwList 和动态库列表_dlList 维护、管理系统的组件，同时使用一个 Map 对象_extAliasMap 的数据结构来维护相关文件的关联映射表；ComManagement 类对每一个底层组件均建立一个作为代理的类的全局对象，在组件库载入的时候就会调用构造函数实例化该代理对象，该构造函数向读写器列表_rwList 中写入该组件的读写器对象指针，并在_extAliasMap 中建立映射关系，并准备在需要的时候进行调用。

（4）Coordinator 类协调中间件内部的处理线程，保证中间件内部程序处理的有序进行，上层应用程序的指令经过 RegLog::Auth() 认证后由 Coordinator 类建立单线程模型（STA）或多线程模型（MTA），从而响应多条外部指令的并发事件。在 C++ 环境下的 STA/MTA 设计可参考 Andrews 所著的 *Foundations of Multithreaded，Parallel，and Distributed Programming*。

2．电子标签智能存储模块

电子标签智能存储模块将 RFID 标签内的写入内容按生产要素内容进行编辑、整理，并调用密文互译模块对内容进行加密。

电子标签智能存储模块由 SmartMemory 类实现，在外部指令为向电子标签写入内容（即调用 ALEIO::Write() 函数）时，由全局对象调用该类中的相关函数。

（1）SmartMemory::Edit()，该函数将外部指令中的输入内容进行编辑，将工序信息编辑成为字符数据。

（2）SmartMemory::Encrypt()，该函数调用密文互译模块对字符数据进行加密，所选加密方式以函数参数形式传递至密文互译模块，该函数的返回值为密文字符数据。

（3）SmartMemory::GetSize()，该函数对密文字符数据进行存储空间测量。

（4）SmartMemory::Warning()，该函数根据 SmartMemory::GetSize() 的测量值向用户发布警告信息。

3．密文互译模块

密文互译模块在 RFID 标签的密文数据与上层应用程序的明文数据间进行转换。

密文互译模块由 CiphertextTranslator 类实现，应用场景分为加密与解密两类：其中加密部分由电子标签智能存储模块调用；而在外部指令为读取电子标签的内容（即调用 ALEIO::Read() 函数）时，由全局对象调用 CiphertextTranslator::Decrypt() 进行解密操作。加密/解密应用场景分别调用加密方法函数与解密方法函数。

（1）CiphertextTranslator 类中包含的加密方法函数为

CiphertextTranslator::DES()

CiphertextTranslator::3DES()

CiphertextTranslator::RC2()

CiphertextTranslator::IDEA()

CiphertextTranslator::AES()

(2)解密方法函数为

CiphertextTranslator::De_DES()

CiphertextTranslator:: De_3DES()

CiphertextTranslator:: De_RC2()

CiphertextTranslator:: De_IDEA()

CiphertextTranslator:: De_AES()

C 或 C++环境下的各类加密与解密方法函数的实现可参考 Schneier 所著的 *Applied Cryptography：Protocols，Algorithms，and Source Code in C*。

4. RFID 读写器配置模块

RFID 读写器配置模块是实际数据读写操作及相关参数配置操作的执行者,接收中心管理模块的命令,调用具体的组件方法完成读写。

RFID 读写器配置模块封装了实现插件读写的接口,该接口是一个纯虚类,该类的所有方法都是虚函数。在该类中包含了 read()和 write()方法,同时包含了 acceptExtension()方法,用来判断组件与文件类型的兼容性。具体的组件继承自该类,采用 read()和 write()方法完成具体的数据读写,采用 acceptExtension()方法对其兼容性进行判断。

RFID 读写器配置模块实际上是在 RFID 中间件与 RFID 读写器硬件驱动组件之间形成了一个接口,RFID 中间件要加入 RFID 读写器硬件驱动组件就必须实现上面提到的方法。这样通过调用 RFID 读写器配置模块即可完成对不同厂商、不同制式的 RFID 读写器的操作。

8.3　中间件硬件集成技术

8.3.1　RFID 硬件设备集成体系

1. 接口协议

协议的作用是让多个参与者按照他们共同的约定方法和规则完成某项共同的任务,从而保证及时准确地完成任务。空中接口协议是读写器与射频卡之间相互通信的关键,一般规定了硬件设备之间在空气中传播的通信协议及参数,因此它是射频识别技术中最重要的关键技术之一。国际上射频识别技术的标准体系大致分为三大类,即 ISO/IEC 18000、EPCglobal、UID。应用较为广泛的 EPC Class 1 Gen 2 已经与 ISO/IEC 18000-6 融合。超高频频段射频识别系统的空中接口协议一般会规定读写器与射频卡之间的通信方法及参数,包括物理层、链路层和应用层等方面的数据、算法等标准。标准协议 ISO/IEC 18000-6 中又分别定义了 Type A、Type B 和 Type C 三种不同的模式,虽然这三种模式在数据的编码、信息速率、调制和防冲突算法方面各有差异,但在系统性能方面有相近的地方。ISO/IEC 18000-6C 协议规定了空中接口协议,主要适用于物流供应链管理,具有识别速度快、阅读距离远以及电子标签成本低的特点。总体来说,在国内外应用较多的标准中,作为超高频频段无源射频识别的空中接口协议标准主要有 ISO/IEC 18000-6 和 ISO/IEC 18000-4 等。

ISO/IEC 15693 协议是用于近距离接触识别的高频协议,规定了电子标签的尺寸大小、编码规则,读写器与电子标签通信的空中接口和初始化方式,读写器和电子标签必须支持的命令、可支持的命令等。ISO/IEC 15693 协议规定了读写器与电子标签通信接口的内容，从电子标签到读写器的通信有负载调制、副载波、数据速率、位表示、编码、电子标签到读写器的帧，从读写器到电子标签的通信有调制、数据速率和数据编码、读写器到电子标签的帧。

读写器与 PC 之间通过厂商的应用程序接口函数通信，这些接口函数符合 ISO/IEC 15693 和 ISO/IEC 18000-6C 接口协议。基于 ISO/IEC 15693 协议的泰格瑞格读写器的接口文件为 ISO15693DLL.dll，该文件的主要内容有与读写器建立连接、查询电子标签、读写数据、系统设置、断开与读写器的连接。基于 ISO/IEC 18000-6C 协议的远望谷 XCRF-860 读写器的接口文件有 Invengo.ConfigFileClass.dll、Invengo.Order.dll、Invengo.XCRFAPI.dll、log4net.dll、Invengo.XCRFReader.dll、FreqType.xml、Sysit.xml 和 language\XCRFErrCode.xml，Sysit.xml 是远望谷 XCRF-860 读写器的系统配置文件，FreqType.xml 是记录频点的默认设置的文件，language 文件夹下的 XCRFErrCode.xml 记录的是读写器运行时的错误信息代码，其支持中文（zh-CN）、英文（en-US）等语言。Invengo.XCRFReader.dll 文件中 Reader 类是射频识别系统中应用软件和 API 之间的桥梁，直接提供 PC 和读写器的接口。

2. 读写器接口设计

读写器接口处于 RFID 中间件平台的最底层，该层主要负责屏蔽读写器设备的硬件差异性，提供统一的操作接口，为上层应用提供透明的硬件设备访问服务。

由于国内 RFID 技术尚不成熟，没有统一的国家标准颁布，许多 RFID 读写器设备厂商生产的设备有很大的差别，另外，同一厂商生产的读写器也有不同型号、类型的区分，如采用不同的标签编码规则、不同的空中接口协议；PC 与读写器的通信标准存在差异性；读写器与 PC 之间采用网口、串口、USB 等不同的方式进行连接。这些差异和不同就造成了射频识别设备选型以及应用系统开发与集成上的困难，也会不利于射频识别技术的应用和推广。

到目前为止，这个问题的解决办法通常是针对一种应用购买同一厂商的射频识别读写器及其软硬件配套设备。不仅如此，还要针对不同的上层应用系统开发相应的下层读写器访问模块。不管企业的应用需求发生多少改变、怎么改变，都必须对下层读写器的访问模块进行重新开发，这很大程度上增加了企业的项目成本且延缓了工程进度。通过 RFID 中间件连接读写器可以很好地解决上述问题，故将射频识别技术应用于采集制造车间数据，必须屏蔽掉读写器差异性，这就需要对读写器接口进行功能设计。

一般厂商的读写器连接到 PC 的方式有串口、网口和 USB，软件接口主要是动态链接库形式的 API 函数，一般都包括建立与读写器的连接、寻找电子标签、读取电子标签用户区的数据、向用户区写入数据、断开与读写器的连接等。本书中读写器通过 RS232 串口与 PC 建立连接。

读写器接口连接的主要流程是，通过全局变量来标识不同类型的读写器，通过对全局变量的判断来调用不同的应用程序函数并建立 RFID 中间件与读写器的连接。该全局变量的值主要有两种方法可以改变：一种是通过对读写器的选择将其设置成相应的读写器标识；另一种是 RFID 中间件运行时对是否连接到读写器进行判断，若连接到读写器就设置成相应的标识，否则就保持初始时的值不变。RFID 中间件运行时对是否连接到读写器的判断过程是：调用某一种读写器的 API 函数建立连接，如果能成功建立连接则设置相对应的标识，并且结束整个判断过程；如果建立连接失败，则调用下一个读写器的 API 函数建立连接，同样对其进行判

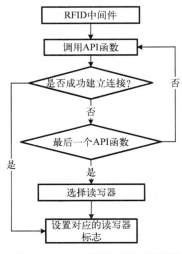

图8.4　读写器接口连接的流程图

断，直到建立连接或调用完全部读写器的 API 函数。当调用完全部读写器的 API 函数都没有建立与读写器的连接时，就会让用户选择要建立连接的读写器，这样就可以调用相关函数进行操作。读写器接口连接的流程图见图8.4。

8.3.2　RFID 设备接入与监控技术

1. RFID 设备接入技术

RFID 作为制造车间内新的硬件系统，应充分考虑将其接入整个制造系统的方式与方法。

传统的机床等设备通常采用工业现场总线的形式接入整个制造系统，工业现场总线是指安装在制造或过程区域的现场装置与控制室内的自动装置之间的数字式、串行、多点通信的数据总线。它是一种工业数据总线，是自动化领域中的底层数据通信网络。

简单来说，工业现场总线就是以数字通信替代了传统 4~20mA 模拟信号及普通开关量信号的传输，是连接智能现场设备和自动化系统的全数字、双向、多站的通信系统。其主要解决工业现场的智能化仪器仪表、控制器、执行机构等现场设备间的数字通信以及这些现场设备和高级控制系统之间的信息传递问题。

工业现场总线的缺点很明显，网络通信中数据包的传输延迟、通信系统的瞬时错误和数据包丢失、发送与到达次序的不一致等都会破坏传统控制系统原本具有的确定性，使得控制系统的分析与综合变得更复杂，使控制系统的性能受到负面影响。

因此，工业以太网(Ethernet)应运而生。

统一、开放的 TCP/IP Ethernet 是 20 多年来发展最成功的网络技术，过去一直认为，Ethernet 是为 IT 领域应用而开发的，它与工业网络在实时性、环境适应性、总线馈电等许多方面的要求存在差距，在工业自动化领域只能得到有限应用。事实上，这些问题正在迅速得到解决，国内的 EPA(Ethernet for Process Automation)技术也取得了很大的进展。随着 FF HSE 的成功开发以及 Profinet 的推广应用，可以预见 Ethernet 技术将会十分迅速地进入工业控制系统的各级网络。

工业以太网是制造设备联网的新趋势，RFID 系统也理应采取工业以太网的形式接入制造系统。

2. RFID 设备监控技术

大规模 RFID 应用需要部署大量的 RFID 读写器，这些读写器并不是相互独立的，读写器之间会存在一定的关联关系，从而形成读写器网络。RFID 系统需要对读写器网络进行管理和监控，保证读写器网络的正常运作；同时收集 RFID 数据的任务由网络中的多个读写器共同完成，RFID 系统需要对多个读写器进行协调，使读写器网络收集的数据符合应用系统的要求。

RFID 设备的组网监控可采用工业现场总线的形式实现，但将 RFID 设备连接成为以太网节点，将 RFID 设备构建成为工业以太网是当前工业自动化的趋势。

8.4　制造业 RFID 中间件与企业系统的集成技术

1. 中间件与企业系统的数据交换协议

在制造系统信息集成平台的开发过程中，SOA、Web Service 及 Socket 三项技术是必须采用的基础技术支持。但其实现过程可采用不同的商业软件系统。

其中 SOA 技术的应用主要体现为 ESB 模块的实现，并采用 ESB 管理制造系统中的所有 Web 服务，SOA 技术的实施与其他两项技术相当独立，用户可以自行开发，也可以使用成熟的商业化软件包，商品化软件包主要有 Oracle Service Bus、IBM WebSphere ESB 及 Microsoft ESB 等。

Web Service 及 Socket 两项技术的实施通常分为 Java 与 C#两大技术路线。其中 Java 技术路线的开发环境为：开发语言 Java；Web 服务器，Tomcat；IDE，Eclipse。C#技术路线的开发环境为：开发语言，C#；Web 服务器，IIS；IDE，Visual Studio。

2. 制造业 RFID 中间件与 MES/CAPP/PDM 系统的集成方案

在制造系统的信息集成过程中，应将各独立系统的所有对外功能抽象、封装成为 Web 服务。

1) 与 ERP 系统/MES 的对外 Web 服务

ERP 系统下发的生产任务信息为制造系统的信息源，驱动车间生产现场的制造要素网络有序地运行，因此下发的生产任务信息应封装为 ERP 系统的主要 Web 服务。

MES 应该对实物状态进行实时监控，并将制造过程中所生成的产品履历数据包上传至 ERP 系统，因此 ERP 系统仍需具备接收产品履历数据包的 Web 服务。同时，相关文档的更新信息也应上传至 PDM 系统，从而形成有效的闭环负反馈控制系统。

2) 与 CAPP 系统的对外 Web 服务

在制造系统中，对制造过程的准确驱动需要 CAPP 系统的支持。CAPP 系统将在制零部件的工序信息及每道工序的关键质量参数以 Web 服务形式，通过实时动态数据库传入 ESB。制造系统可根据 CAPP 系统所提供的 Web 服务生成详细的状态监控计划，如图 8.5 所示。制造系统根据零部件在制造过程中的状态监控计划，生成追踪过程中的动态数据包，详细追踪记录相关零部件在制造网络节点中的制造细节，并据此装配成为产品履历数据包。

选择任务	工序指令	工序名称	开工状态	物料资源数	起	止	完工数量	工位	工作者	完成状态	质量检测数据
10	yj63-0001	车端面	已完成	0	3-7,8:30	3-7,9:43	10	普车2号	007	已完工	
20	yj63-0002	粗车台阶1	已完成	0	3-7,9:45	3-7,10:50	10	普车2号	007	已完工	150.01 150.01
30	yj63-0003	粗车台阶2	已完成	0	3-7,10:52	3-7,11:50	10	普车2号	007	已完工	150.02 149.99 149.98
☒ 40	yj63-0004	精车台阶1	具备条件	10	3-7,14:00	-	4	数车6号	009	加工中	150.01 150.01
☐ 50	yj63-0005	精车台阶2	具备条件	0	-	-	0	数车6号		待加工	149.98 149.99
	60	yj63-0006	铣键槽1	不具备条件	0	-	-	0	数铣3号		待加工	

图 8.5　零部件状态监控计划

3)与 PDM 系统的对外 Web 服务

生产过程中的零部件进入相应的工位之后，由 PDM 服务器向工位的终端 PC 推送所有相关的设计、制造、工艺文档，因此，PDM 系统的主要 Web 服务应为相关文档的传输和显示，如图 8.6 所示。

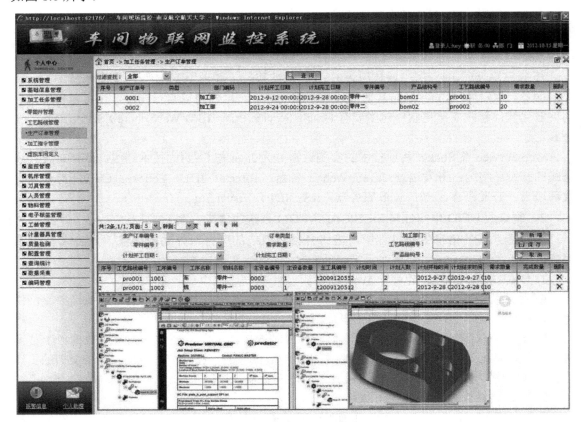

图 8.6　内嵌 PDM 客户端

PDM 系统应提供开放式 Web 服务，用户可根据需要同时浏览一个或多个当前工位零部件的文档。

第 9 章　面向制造业的无线传感网技术

物联网技术的研究必须依赖信息获取和感知技术发展，无线感知技术是物联网中"物"与"网"连接的基本手段，也是制造物联建设的关键环节。制造物联的信息获取方式并不能依赖单一的、特定的信息感知技术。制造物联技术之所以设计多种信息获取和感知技术，是因为它们各有优势，又都有一定的局限性。物联网技术实施需要通过 RFID、二维码、条形码等自动识别技术，也需要通过传感器等数据采集手段，同时还需要通过 Wi-Fi、ZigBee、蓝牙等各种通信支撑技术，进行信息加工、过滤、存储以及网络接口与传输技术的全面协调。

因此，无线传感网技术在物联网的实施和应用中担当着重要的角色，通过它构成的无线传感网（Wireless Sensor Networks，WSN）连接了物理世界和数字世界，目前国际上已有研究工作将其应用于环境监测和保护（以及时发现和定位事故源）、航空和航天的落点控制、军事目标的定位与跟踪等方面。物联网的应用也因此给无线传感网技术提供了前所未有的发展机遇。

本章将主要介绍 WSN 在制造业中的应用分析。

9.1　无线传感网技术概述

1991 年，Weiser 在 *Scientific American* 的 "The computer for 21st century" 一文中先提出了普适计算（Ubiquitous Computing）概念，作为普适计算思想的一个典型应用，无线传感网集成了传感器、微机电系统（MEMS）、无线通信和分布式信息处理等技术，具有信息采集、通信和计算等能力，是一个能够自主实现数据采集、融合和传输应用的智能网络应用系统，它使逻辑上的信息世界与真实的物理世界紧密结合，从而真正实现了"无处不在的计算"模式。

无线传感网在新一代网络中扮演着关键性的角色，将是继因特网之后对 21 世纪人类生活方式产生重大影响和作用的热点 IT，直接关系到国家政治、经济和社会安全，目前它也已成为国际竞争的焦点和制高点。早在 1999 年，美国的《商业周刊》就将无线传感网列为 21 世纪最具影响力的 21 项技术之一。美国的《麻省理工技术评论》杂志在 2003 年的预测未来技术发展报告中将无线传感网列为未来改变世界的十大新兴技术之首，同时美国《商业周刊》也将无线传感网列入未来四大高新技术产业之一。从而，发展我国具有自主知识产权的无线传感网技术、推动我国新型无线传感网络产业的跨越式发展，对于我国在 21 世纪确立国际战略地位具有至关重要的意义。近几年，国家自然科学基金委员会也通过设立多个重点项目和一系列面上项目对无线传感网领域的研究给予了大力支持。

无线传感网的出现引起了全世界范围的广泛关注，最早开始无线传感网研究的是美国军方。目前，无线传感网的应用已由军事领域扩展到其他相关领域，它能够完成灾难预警与救助、空间探索和家庭健康监测等传统系统无法完成的任务，具有很好的实际应用价值，在未来也具有无限光明的应用前景。因而，无线传感网备受各国政府、军方、科研机构和跨国公司的关注与重视，是当今世界工业界与科研界的研究热点，已成为电子信息与计算机科学等领域一个非常活跃的研究分支，但它所带来的问题也向研究者提出了严峻的挑战。

9.1.1　WSN 的基本概念

无线传感网就是由部署在监测区域内的大量廉价微型传感器节点组成的，通过无线通信方式形成的一个多跳的自组织的网络系统，其目的是协作地感知、采集和处理网络覆盖区域中感知对象的信息，并发送给观察者。传感器、感知对象和观察者构成了无线传感网的三个要素。无线传感网所具有的众多类型的传感器可探测地震、电磁、温度、湿度、噪声、光强度、压力、土壤成分，以及移动物体的大小、速度和方向等周边环境中多种多样的现象。潜在的应用领域可以归纳为军事、航空、防爆、救灾、环境、医疗、保健、家居、工业、商业等。

无线传感的发展可以分为三个阶段：智能传感器、无线智能传感器和无线传感网。智能传感器是利用微机控制芯片将计算和处理信息能力嵌入传感器中，从而使传感器节点不但具有数据采集能力，还具有数据滤波和信息处理能力；无线智能传感器就是在传感器的基础上加入了无线通信功能，这样很大程度上扩大了传感器的感知范围，降低了传感器布置过程中的实施成本；无线传感网则将网络通信技术引入无线传感器中，使传感器节点不再是孤立的感知单元，而成为能够进行信息交换、协调控制的有机整体，实现了物与物之间的互联通信，把感知技术触角深入每个角落。

9.1.2　WSN 的研究现状

1. 国外研究现状

无线传感网最早的研究开始于美国国防部、美国国家自然科学基金设立的研究项目。早在 20 世纪 80 年代，美国国防部高级研究计划局（DARPA）在卡内基·梅隆大学设立的分布式传感器网络工作组就根据军事侦察系统的需求，研究了无线传感网中通信、计算、传感等方面的相关问题。90 年代中期以后，美国军方在众多大学实验室中开展了研究计划，如针对战场应用的 SensIT（Sensor Information Technology）研究计划，研究微小无线太阳能节点的加利福尼亚大学伯克利分校的"智能微尘"（Smart Dust），设计节能、自组织、可重构无线传感网的 MIT 的 μAMPS 项目，以及由 DARPA 资助的加利福尼亚大学洛杉矶分校的 WINS 项目。2000 年前后，MIT 计算机科学与人工智能实验室开展了 Oxygen 项目。该项目主要是在普适计算思想的指引下构建传感网络，使得用户能够利用手持设备和环境之中的装置进行交互。

2000 年以后，WSN 受到越来越多的关注，各大研究机构与大学先后研制出了低功耗的实验平台，如 Mica、Mica-2、Mica-dot、iMote、btNode 节点。如何能够让传感器节点长期、有效地工作成为研究的重点，因此从这时起，低功耗就成为无线传感网研究的核心。

为了便于无线传感网的开发，更好地管理传感器网络的硬件资源，加利福尼亚大学伯克利分校的 Culler 领导的研究小组为无线传感网节点设计、制作了操作系统 TinyOS，TinyOS 开放源代码，是目前无线传感网中应用最为广泛的操作系统，目前已成为一个 SourceForge 项目。此外，科罗拉多大学博尔德分校的 Mantis、加利福尼亚大学洛杉矶分校的 SOS，也是这一时期较有影响力的无线传感网操作系统。

随着 21 世纪初无线射频识别（RFID）技术受到广泛关注，研究人员开始寻求其识别能力与 WSN 传感能力的融合方法。其本质在于研究人、物的相互感知，实际上是对 WSN 传感能力的一种扩充。有关研究结合 RFID 标签的识别特性和 WSN 的组网优势，针对不同的应用提出了多种 RFID 与 WSN 的融合方案，并认为主动式 RFID 标签和普通 WSN 节点具有最佳的融合性。

2．国内研究现状

中国首次正式提出无线传感网是在1999年中国科学院"知识创新工程试点领域方向研究"的《信息与自动化领域研究报告》中。2001 年中国科学院上海微系统技术研究发展中心成立，标志着中国在无线传感网方向若干重大研究项目的开展。中国在无线传感网领域的研究工作起步较国外晚，特别是在硬件平台研发等方面，要以跟踪国外最新进展为主。目前在无线传感网领域研究较好的高等院校和研究机构有上海交通大学、国防科技大学、清华大学、中国科学院计算技术研究所、中国科学院软件研究所、哈尔滨工业大学、浙江大学、南京大学、湖南大学等。2006 年 10 月，中国计算机学会传感器网络专业委员会正式成立，中国无线传感网迈入了一个新的阶段。2009 年 5 月，为了提高中国传感器网络技术水平，全国信息技术标准化技术委员会传感器网络标准工作组成立。近年来，国内论文数量增长迅速，国际高水平学术论文数量也在增多，但在应用推广、理论创新上与国外还有一定差距。目前国内对无线传感网的研究重点主要是无线传感网的通信协议、网络管理、网络数据管理以及应用支撑服务。

9.1.3　WSN 的结构

1．无线传感网的系统架构

无线传感网由传感器节点、汇聚节点和管理节点组成，如图 9.1 所示。大量传感器节点通过抛洒后随机分布于监测区域内部或附近，各节点间通过自组织方式构成网络。传感器节点对感知对象进行实时监测，在对监测到的数据进行初步处理后通过多条中继线路按照特定路由协议进行数据传输。在数据传输过程中，多个路由节点对所监测的数据进行有效处理后传输到汇聚节点，然后经过互联网、移动网络或者卫星传输到达最终管理终端。终端用户通过对传感器网络进行配置实现节点管理、发布数据监测任务以及收集感知数据。

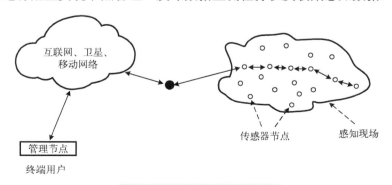

图 9.1　无线传感网的系统架构

　　无线传感网由大量的传感器节点构成,这些节点无须经过工程处理或预先定位而被密集地抛洒到监测区域来进行工作,所以传感器节点应该具有自组织特性;同时由于传感器节点都是嵌入式系统,处理能力、存储能力及通信能力相对较弱,需要使用多条路由路径来传输有效数据;另外,节点除进行本地信息收集和数据处理外,也需要存储、管理和融合其他节点转发过来的数据,包括与其他节点相互协同工作,将大量的原始数据处理后发给汇聚节点。

　　汇聚节点为传感器网络和外部网络的接口,通过网络协议转换实现管理节点与无线传感网间的通信。其将传感器节点采集到的数据信息转发到外部网络上,同时向传感器网络发布来自管理节点的指令。

2. 传感器节点组成

　　传感器节点典型的组成部分包括传感模块、数据处理模块、通信模块和电源模块,如图9.2所示。

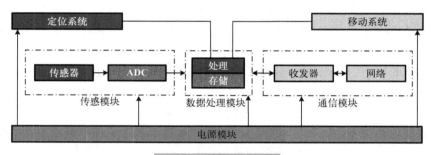

图9.2　传感器节点结构

　　传感模块用于感知监测对象信息,并通过 ADC 将采集到的物理信号转换为数字信号;数据处理模块主要负责控制和协调节点各部分的功能,并将节点采集到的数据及路由转发的数据进行处理和存储;通信模块负责与传感网络中的其他节点进行通信,进行数据收发和控制信息交换;电源模块主要采用微型电池为传感器节点提供工作所需的电源。某些功能更加强大的传感器节点可能还包括其他辅助单元,如电源再生装置、移动系统和定位系统等。

　　由于传感器节点需要进行较为复杂的任务调度和管理,因此传感器节点的处理单元中还需要涉及一个较为完善的软件控制系统。当前大多数传感器节点在设计原理上是类似的,区别在于采用了不同的微处理器或者不同的通信协议,如 IEEE 802.11 协议、ZigBee 协议、蓝牙协议、UWB 通信协议或者自定义协议等。典型的传感器节点包括 Berkeley Motes、SensoriaWNIS、Berkeley Pioc nodes、MIT AMPS、SmartMesh Dust mote、Intel iMote 以及 IntelXscale nodes 等。

3. 无线传感网体系结构

　　无线传感网体系结构由网络通信协议、网络管理技术和应用支撑技术组成,如图 9.3所示。

　　网络通信协议与传统的 TCP/IP 体系结构类似,主要由物理层、数据链路层、网络层、传输层和应用层组成,各层的功能如下。

1)物理层

　　物理层主要负责信号的调制和数据的发送与接收。无线传感网中物理层的设计要根据感知对象的实际情况而定，目前大部分传感器网络主要基于无线电通信，但在某些特殊的情况下也可使用红外线和声波通信。无线电通信要解决的问题主要是无线频段的选择、跳频技术以及扩频技术。无线传感网物理层是决定传感网络的节点数量、能耗及成本的关键环节，是目前无线传感网的主要研究方向之一。其中能耗和成本是无线传感网两个最主要的性能指标，也是物理层协议设计过程中需要重点考虑的问题。

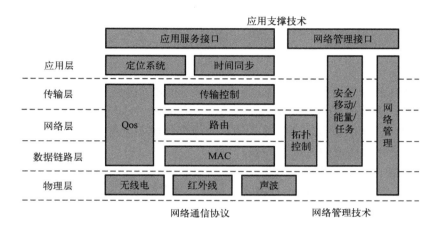

图 9.3　无线传感网体系结构

2) 数据链路层

数据链路层主要负责数据成帧、帧检查、介质访问控制和差错控制等。介质访问控制（Medium Access Control，MAC）协议主要用于为数据的传输建立连接以及在各节点间合理有效地分配网络通信资源；差错控制是为了保证源节点所发出的信息能够准确无误地到达目标节点。介质访问控制方法是否合理与高效直接决定了传感器节点间协调的有效性和对网络拓扑结构的适应性，合理与高效的介质访问控制方法能够有效地减少传感器节点收发控制性数据的比例，进而减少能量损耗。

3) 网络层

网络层路由协议主要负责为网络中任意两个需要通信的节点建立路由路径，传感器网络中大多数节点往往需要经过多次路由才能将数据发送到汇聚节点。路由算法执行效率的高低直接决定了传感器节点收发控制性数据与有效采集数据的比例，设计路由算法时需要重点考虑能耗的问题。

4) 传输层

传输层主要负责数据流的控制和传输，并且以网络层为基础，为应用层提供高质量、高可靠性的数据传输服务。通过路由汇聚节点获取传感器网络的数据，并经互联网、移动网络和卫星等将采集到的数据传送给应用平台。

5) 应用层

应用层主要负责提供面向终端用户使用的各种应用服务，其中包括一系列基于监测任务的应用软件。应用层的任务分配、传感器管理协议和数据广播管理协议是应用层需要解决的三个核心问题。

9.1.4　WSN 的关键技术

近年来，由于一些新兴无线网络通信技术的兴起，无线传感网等也获得了进一步的发展，但要想在实际应用中获得更好的应用效果，还需要深入研究。目前，无线传感网已经在某些领域中获得了初步的应用。为了使无线传感网技术能深入生产生活的各个领域，为社会生活提供更加精彩的应用服务，相关的无线传感网系统技术、应用技术以及安全技术必须要逐步完善才能满足不同应用领域的需求，因此在无线传感网的每个层次都有很多关键技术需要研究。

1．节点功耗

在无线传感网的应用过程中，节点的功耗是一个非常关键而且影响整体应用的关键技术。由于目前传感器节点普遍采用普通电池作为电源，传感器节点能源的使用寿命将决定传感器网络的维护周期。因此，节点功耗问题作为传感器网络的首要和关键问题，对其的研究显得非常重要，这也是本书所优先考虑的问题。

在传感器网络的功耗模型中，主要关注以下内容。

(1)传感器节点中微处理器的运行模式。目前，节点的运行模式主要有休眠模式、工作模式及处于工作和休眠之间的中间模式，其中，休眠模式节点几乎不消耗能量，工作模式节点则一直处于能量消耗状态，而中间模式节点的能量消耗则介于工作模式和休眠模式之间，不同状态的能量消耗区别很大。

(2)在发射功率受限的情况下，探讨发射功率与系统功耗的映射关系。

(3)在不同的模式中，每个功能块的功耗量与哪些参数有关。

(4)传感器节点中的无线调制解调器的最大输出功率和接收灵敏度。

(5)传感器节点从一种运行模式切换到另一种运行模式的功耗及转换时间。

在传感器节点的能量功耗方面，通过结合不同的处理技术可以优化传感器节点的功耗。在节点能源的再生研究方面，为了克服远程无线传感网由于电池工作时间短而影响传感器网络生命周期的问题，美国 Millennial Net 公司将 i-Bean 无线通信技术与新兴公司 Ferro Solutions 的能量获取(Energy Harvesting)技术相结合，研发了一个以感应振荡能量转换器为工作原理的 i-Bean 无线能量发射机。除此之外，该公司还与其他公司合作开发了给传感器节点供应电能的太阳能电池板，但是由于地理位置限制而影响了太阳能电池板使用范围。

在已有能量的节约和优化方面，目前的研究成果基本处于对协议进行改进以对节点的能量消耗进行优化。黄进宏等提出了一种基于网络和节点能量优化的无线传感网自适应组织结构的网络节能协议——ALEP。与一般意义的传统的无线传感网节能协议相比，所提出的节能协议更加充分地考虑到了实际网络环境的应用。该协议将一种高效的能量控制算法引入无线传感网的结构和组网协议中，提高了传感器节点的能量利用率，显著延长了无线传感网的生命周期，增强了网络的健壮性和动态适应性。通过对 ALEP 进行 OPNET 仿真，结果显示 ALEP 与传统的无线传感网节能协议相比，在传送相同容量比特流的条件下传感器节点的能量消耗更少，网络传感数据传输更快捷。

2．网络协议

与传统网络的协议栈相类似，无线传感网络协议层一一对应普通有线网络协议层。目前，相关的研究也主要是结合无线传感网的特点，针对网络层进行协议研究。考虑到无线传感网

络所受到的安全威胁与普通有线网络所受到的安全威胁的类型和原因具有很大的差异，现有的传统的网络安全机制完全不适合资源受限的无线传感网，需要结合无线传感网的特点开发专门的协议。

考虑到无线传感网资源缺乏和"免疫力"差的问题，针对无线传感网协议的研究必须同时关注安全问题。目前的安全协议研究中，一种思想是从维持和协调无线传感网路由安全的角度出发进行网络路由协议技术的设计，寻找尽可能安全的路由协议以保证无线传感网的路由安全。

马祖长在文献中描述了一种叫"有网络安全意识的路由"（SAR）方法，该方法的基本原则是找出网络安全真实情况以及传感器节点之间的关联关系，然后利用这些真实情况数值生成相对安全的路由路径。该方法主要解决了两个问题，即如何保证数据在安全路由路径中传送和路由协议中的信息安全性。李晓维等在文献中指出，可以利用多路径路由算法来改进无线传感网的鲁棒性（Robustness）和数据传输的可靠性，传感数据包通过路由选择算法在多条路径中传输，并且在接收端利用前向纠错技术实现传递数据的重构。但考虑到无线传感网中包含成千上万个传感器节点，并且功能和能量都非常有限，ad-hoc 网络中的路由解决方案一般都不能直接用于无线传感网中，他们提出一种适用于无线传感网的网状多路径路由协议方案。该协议方案应用了选择性向前传送数据包和端到端的前向纠错解码技术，同时，配合适合无线传感网的网状多路径搜索机制，能很大程度上减少网络和节点的信号开销（Signaling Overhead），简化传感器节点的数据存储，增大网络系统的吞吐量，该协议方案相对于普通数据包备份方法或者有限网络信息泛洪（Flooding）法来说，能消耗更少的网络系统能量资源和网络带宽资源，非常适合无线传感网。

无线传感网络协议设计的另一种重要思想是把着重点放在网络的安全协议方面，在此领域也出现了大量的相关研究成果。在相关文献中，研究人员假定无线传感网的任务是为高级政要人员提供相关安全保护工作。在具体的技术和方案实现方面，该方法假定网络基站总是能够正常工作，并且总是处于安全状态。同时，网络基站满足必要的计算和处理速度、储存器空间容量，基站功率满足网络信息加密和路由传输的要求；网络的通信模式是点到点的机制，并通过端到端的加密保证了网络数据传输的安全性，且传感器节点的射频层总能正常工作。上述这些假定由于在很大程度上处于理想状态，因此，该方法在实际应用中具有很大的局限性。

3．拓扑结构

传感网络的组网模式决定了网络的拓扑结构，但为了尽量降低无线传感网的功耗，还需要对节点之间连接关系的时变规律进行更细粒度的控制。目前主要的拓扑控制技术分为空间控制、逻辑控制和时间控制三种。

（1）空间控制是通过控制各个节点的发送功率实现节点连通区域的改变，从而使网络呈现不同的连通动态，达到提高网络容量、控制能耗的目的。

（2）逻辑控制则是通过邻居表将"不理想的"节点排除在外，从而形成更稳固、可靠和强健的拓扑。WSN 技术中，拓扑控制的目的在于实现网络的连通（实现连通或者机会连通），同时保证信息的高效、可靠传输。

（3）时间控制是通过控制每个节点睡眠、工作的占空比以及节点间睡眠起始时间的跳读，让节点交替工作，使网络拓扑在有限的拓扑结构间切换。

4. 节点定位

无线传感网通过自组织的方式构成网络，没有统一和集中的节点管理模式。因此，无线传感网节点管理的本质就是在没有无线基础设施的无线传感网中进行节点查询与定位。在无线传感网中，最简单和最直接的节点查询方式是全局泛洪法，但这不适用于传感器节点能量、计算能力有限的无线传感网，因此在节点查询协议设计过程中应避免使用资源消耗过大的网络信息全局泛洪法。

李建中等提出一种网络网格图 GLS 技术，该技术在应用过程中，节点利用位置服务器保存各自的位置，并将位置信息标记为坐标的方式，同时利用一种基于节点 ID 的算法去更新各自的位置，当无线传感网或者某一个节点需要获取指定 ID 的节点位置时，就利用算法从位置服务器查找目标节点位置。这种方法对于已知网络网格图和节点位置的无线传感网简单有效，但缺点就是在利用位置服务器查找节点位置时比较浪费时间。

5. 组网模式

无线传感网的组网模式主要由基础设施支持、移动终端参与、汇报频度与延迟等因素决定，按照网络结构的不同特点，组网模式可以分为以下几类。

1) 扁平式组网模式

传感网络中所有移动节点的角色类别相同，它们之间的通信和数据交换通过相互协作完成，其中，定向扩散路由就是最经典的这种网络结构。

2) 分簇的层次型组网模式

无线传感网的节点大致可以分为普通传感器节点及用于数据交换和汇聚的簇头节点，通信过程中，普通传感器节点先将数据发送到簇头节点，然后经簇头节点进行信息汇聚后发送到后台。由于簇头节点要进行大量的数据汇聚，因此会消耗更多的能量。如果使用与普通传感器节点相同的节点作为簇头节点，则要定时更换簇头，避免簇头节点过度消耗能源。

3) 网状网组网模式

网状网组网模式就是在由传感器节点形成的网络基础上增加一层固定无线网络，一方面用来采集传感节点数据，另一方面用来实现节点之间的数据通信，以及网内信息的融合处理。

4) 移动汇聚模式

移动汇聚模式是指将移动终端目标区域的传感数据转发到后端服务器。移动汇聚可以提高网络容量，但数据的传递延迟与移动汇聚节点的轨迹相关。如何控制移动终端轨迹和速率是该模式研究的重要目标。

6. 路由技术

WSN 中的数据流向与 Internet 相反，在以太网中，各个终端用户设备主要通过以太网获取数据，而在 WSN 中，各个终端节点设备向网络提供数据信息。因此，在 WSN 网络层协议设计过程中具有独特的要求。由于在 WSN 中对节点功耗有着特殊要求，因此通常的做法是利用 MAC 层的跨层服务进行节点转发、数据流向选择。

另外，WSN 在信息发布过程中一般先要将信息广播给所有的节点，然后由节点进行选择，因此设计高效的数据路由协议也是网络层研究的一个重点。

7. 时间同步技术

无线传感网的绝大部分应用场合都需要时间同步机制。在分布式系统中，不同的节点都有自己的本地时钟。由于不同节点的晶振频率存在一定的偏差，而且温度变化和电磁波干扰等情况都会使时钟产生偏差，即便在某个时刻所有传感器节点都实现了时间同步，也将会在随后的时间逐渐出现偏差。传统网络时间同步机制关注最小化同步误差，不关心计算和通信复杂度等，而无线传感器由于受到成本及能量等方面的诸多约束，在时间同步上必须考虑对硬件的依赖和通信协议的能耗问题。所以目前网络时间协议（Network Time Protocol，NTP）、GPS 等现有时间同步机制不适用于或者不完全适用于无线传感网，需要修改或重新设计时间同步机制来满足无线传感网的要求。

8. 网络安全技术

无线传感网往往是部署在复杂环境中的大规模网络，节点数目众多，为实时数据采集与处理提供了便利。但同时无线传感网一经部署完成后，通过会隔很长的时间周期才进行维护，因此会存在许多不可控制的甚至危险的因素。无线传感网除具有一般无线网络所面临的信息泄露、信息篡改、信息攻击等多种网络威胁外，还面临传感器节点容易被俘获或者被物理操纵等威胁，攻击者通过获取存储在传感器节点中的机密、系统配置信息和传输协议，从而操控整个无线传感网。因此，在进行无线传感网相关协议和算法设计时，网络设计者必须充分考虑无线传感网所有可能面临的安全问题，并把有效的网络与应用安全机制集成到系统设计中。只有这样，才能有效促进无线传感网的广泛应用。

目前对传感器网络安全问题的研究主要分为以下几方面。

（1）密钥管理：由于无线传感网的资源消耗巨大，公用密钥密码系统已经无法应用于整个网络。传统的有线网络可以依赖功能强大的中心服务器以及有线架构便捷地为网络中的每个通信实体进行密钥生成、分发、更新与管理。但如何对于通过无线链路进行信息传输且由资源有限的传感器节点构成的传感器网络进行有效的密钥管理是一个有待解决的难题，因此，寻找一种适合传感器网络特点的密钥管理方案是目前传感器网络安全研究领域的一个基本问题。

（2）认证技术：在无线传感网工作过程中，经常会有新的节点加入，此时对新加入节点的合法性即身份进行认证显得非常重要，另外，传感器网络中的节点之间传输消息时也会涉及认证技术。传统网络的认证技术由于需要耗费较多的资源而无法在传感器网络中得到应用，因此，寻找一种适合无线传感网的认证技术是目前传感器网络安全研究的又一重要问题。

（3）加密技术：由于无线传感网在电源、计算能力、内存容量和易受攻击等方面的局限性，传统的研究认为非对称的公用密钥密码系统由于消耗资源过大而无法在传感器网络中得到应用，另外，也出现了一些将对称加密方法应用在无线传感网中的研究成果，它们应用的前提是基于通信双方的节点拥有预分配的共同密钥，但这有时很难做到，因为节点之间往往是概率性地拥有共同密钥。目前，椭圆曲线加密法（ECC）因为具有某些优点而得到了研究界的重视。总之，传感器网络的加密技术是传感器网络安全研究的一个重要分支。

（4）对抗攻击：传感器网络节点部署之后无人值守、资源有限的特性，使其遭受的攻击范围和形式更加多样化。与常规的网络遭受攻击有所不同，节点经常遭受能源攻击，即针对节点能源的有限性，不以消耗节点的计算资源和存储资源为目的，而是着重消耗节点的能量。攻击者利用侵入节点，向网络注入大量的虚假数据，致使节点，尤其是路由节点，在大量的数据通信中耗尽能量而失效，从而导致整个网络瘫痪。另外，传感器网络还经常遭受到混淆节点合法身份的 Sybil 攻击和拥塞网络的 DOS 泛洪攻击等。因此，为了使传感器网络得到广泛的应用，研究合适的应对攻击的安全技术是传感器网络安全研究的又一重要问题。

(5)安全路由：在设计无线传感网路由协议时，首先，应充分考虑网络中每个节点的能量耗费问题，尽量使得网络中的节点能量都处于相同的消耗速率，这样可以延长整个网络的生命周期；其次，应充分考虑节点之间的负载均衡，通过节点之间的有效配合进行数据的传输和处理，尽量减少网络通信开销；再次，应充分考虑网络的可扩展性和节点的移动性需要，以适应网络的动态性变化；最后，对网络中处于基站传输范围之内的节点应有区别地对待并尽可能使所有节点处于连通状态。拥有上述一些或全部特征的传感器网络路由协议设计是当前传感器网络安全研究的又一重要方向。

9. 数据融合技术

数据融合是将多份数据或信息进行综合，以获得更满足需要的结果的过程。数据融合技术应用在传感器网络中，可以在汇聚数据的过程中减少数据传输量，提高信息的精度和可信度，以及网络收集数据的整体效率。在应用层可以利用分布式数据库技术对采集到的数据进行逐步筛选；网络层的很多路由协议均结合了数据融合机制，以期减少数据传输量；此外，还有研究者提出了独立于其他协议层的数据融合协议层，通过减少 MAC 层的发送冲突和头部开销达到节省能量的目的，同时又不以损失时间性能和信息的完整性为代价。在传感器网络的设计中，只有面向应用需求设计针对性强的数据融合方法，才能最大限度地获益。在整个物联网技术应用过程中，数据融合是车间物联应用过程中的一种关键技术，详细的介绍将在第 11 章中展开。

9.2　WSN 在制造业中的应用分析

9.2.1　制造企业对 WSN 的需求分析

当前在制造企业中，为了降低人力成本，提高生产效率，企业逐渐提高生产过程的信息化和智能化水平，这也成为工业生产的发展趋势。同时，近年来随着普适计算和物联网技术的兴起与发展，以无线传感网为支撑的对物、环境等的感知技术和信息传输技术正逐渐改变人们的生活方式。在工业生产中，工程技术人员尚未使用无线方式在车间现场对车间局部区域、设备等实体对象进行识别和传感信息的读取。从人员监控的角度，工程技术人员也无法被车间现场的环境和设备识别、监控。

1. 现有的车间现场监测能够改善的方面

(1)车间内传感信息利用不足。

车间现场中，传统的利用有线的方式无法监测具体的车间环境、机器设备信息及工程技术人员的信息和状态等多种内在信息。主要表现在：监测节点的数目有限，无法实现全面监控；获取环境内对象的信息有限，无法全面地反映设备和环境的状态；监测节点的覆盖范围具有局限性，无法遍布某些监测死角和特殊监测点。

(2)无法实时感知环境以及设备实时信息和状态的变化。

以往利用传感器对车间数据进行采集时，只是将其用作简单的数据采集工具，采集到的数据最后都交由中心服务器统一处理。但对于现场的操作人员来说，这种方式无法让他们在现场及时感知正在操作或维护设备的运行状态，并且难以满足操作人员与设备之间的交互需

求。利用无线传感网技术可以让现场操作人员及时获取车间的设备状态相关数据，从而对其维护工作将有很大的益处。

（3）缺乏对现场人员、产品的监控和保护。

在传统的生产车间中，对车间人员的监测往往只是记录其进出信息，而对工作人员在车间里面的活动及工作状态无法实现实时监控。但是在实际大型生产车间中，特别是涉及不同级别机密的车间中，不同安全等级的区域只能允许对应安全等级的工作人员进出。另外，对于拥有多种操作等级的生产设备，利用传统监测手段无法判断操作和维护人员是否具有足够的权限。利用无线传感网技术监控车间现场人员的生理状态、操作权限、维护过程，能对现有的生产安全管理提供新的方向和补充。

从以上分析可以看出，我们能够利用无线传感网技术，使车间现场的人员、设备、环境等多种生产要素间具备相互感知、相互查询、相互监控的能力，从而增强生产过程中对车间各种人员、设备、环境等状况的监控。

2．面向车间现场的无线传感网的特点

由于具备成本低、灵活性高和监测范围广等优势，无线传感网在车间设备、环境监测方面的应用得到了较为广泛的关注。然而，面对现代车间现场应用数字化、网络化、智能化的信息化发展趋势，在增强车间现场传感、实体对象相互感知和监控等多项功能的过程中，须注意到面向制造车间现场的无线传感网与传统无线传感网设备、环境监测应用的不同之处，其中最主要的几点如下。

（1）多样性。

面向制造车间现场的无线传感网将面临传感器多样性、节点多样性和实体对象多样性的问题。车间应用中的传感节点不同于早期的传感网络节点（早期的传感网络观点认为，典型的传感网络应由大量同类设备组成，这些设备不管从软件还是硬件角度看都应相同）。第一，由于车间内丰富的场景信息，车间环境内的传感节点大多会携带不同类型的传感器，如温度传感器、湿度传感器、振动传感器、烟雾传感器甚至生理传感器。第二，某些节点可能会承担网络内数据处理、路由或解析抽象应用服务等额外计算任务，需要更强的计算能力。不同种类节点之间建立的联系及其分层或分簇的结构关系，会影响到协议软件设计的复杂程度，给传感网络的管理带来困难。除多样的传感器和节点外，车间现场中还具有人员、设备、环境和产品等多种实体对象。

（2）实体对象间的交互性。

车间环境中存在的人员、产品、设备甚至现场环境，都被看作一个独立的对象。例如，对于应用程序而言，访问一个安装有多个不同类型传感节点的现场设备，访问的并非某个具体的传感数据，而是设备对象的某一个属性或状态。应结合制造车间现场中设备操作和维护的流程，提炼出实体对象信息查询、性能和状态检测、传感器控制管理等一系列典型的实用需求，并通过一种合理的软件方法实现这些对象间的交互功能。以上工作将会涉及中间件和网络协议的相关设计，是 WSN 在车间应用中要解决的一个重点问题。

（3）实体对象的移动性。

在面向制造车间现场的无线传感网中，既有静态的实体对象（如车间内的设备），也有可能会移动的实体对象（如现场人员等），对这些对象进行监控必然要考虑其移动性。在首次网络部署之后，安置在现场人员身上的诸多传感节点会随着人员的移动而改变原先的位置。这种随机的移动会导致相关区域的无线网络拓扑结构的变化。因此，兼顾静态的传感网络基础结构和持续移动的动态网络对象，会带来网络拓扑和数据路由设计的困难。无线传感网研究中，在常用的多跳路由结构中支持设备的移动一直是个难点。

(4) 保密性。

为了保证车间制造数据的保密性要求，车间现场对数据传输的保密性提出了很高的要求，所以结合企业的保密标准，研究 WSN 在车间现场数据传输过程中的保密性是一个关键。

9.2.2　WSN 应用于车间生产现场的优势

如今的工业生产主要依赖铺设有线电缆的方式将传感器布置到生产设备上以获取生产过程、设备运行的监测数据，并通过有线线路将数据传送到监测信息中心进行统一处理。相比这种传统的传感器部署方式，利用无线传感网所具有的微型化、低功耗、易装卸、覆盖范围广等特点进行工业传感器部署，将具有如下优势。

1) 更低的线缆相关成本

无线通信应用于工业生产的一个巨大优势是大大降低了有线线缆铺设和维护的成本。由于工业生产中种类繁多的信号量和不同生产车间复杂的生产环境，在其中铺设通信电缆的花费是相当高的。和有线方式相比，无线方式的部署无论从信号传输媒介的物理成本还是从部署过程中的人力和时间成本来说，代价都低廉得多。

2) 更大的监测覆盖范围

使用有线方式将无法满足实际应用中的特定需求，例如，对于旋转部件的监测、大型油罐或者需要成百上千个监测点的地方，如果能够使用无线网络，将为数据采集带来极大的便利。

3) 灵活性

实际应用中，工程人员可能会频繁地改变电源和信号走线，或者添加新的传感器来适应新的需求。这时候传统的有线方式就显得不够灵活。无线传感网所具有的自组织和自修复的特点就能够很好地满足这种要求。除此之外，在设备安装和维护过程中，无线传感节点可以充当临时的检测装置，方便安装和拆卸。

9.2.3　WSN 在制造业中的应用框架

1. 无线通信行为层次

面向制造车间现场的无线传感网是以车间中部署的无线传感网节点为基本单位，以实体对象间的交互行为作为基本应用需求构建的。如何以节点之间的网络行为(交互行为)为基本元素，合理地实现实体对象间的交互协作行为，是设计该无线传感网时考虑的首要问题。从这个角度，车间现场中的无线通信行为可以分为如下两个层次。

(1) 节点间的通信：包括链路、组网、路由、分簇和传感数据传输等相关任务。

(2) 实体对象间的通信：包括对象间的协调管理、定位、追踪、查询、传感数据收集、错误报告等。

从中可以看到，节点间的通信主要涉及网络协议中的数据链路层、网络层等相关功能以及单个节点间传感数据的传输；而实体对象间的通信则在节点间通信的基础上实现了针对实体对象的多种应用需求。据此，本书结合车间实体对象间应具有的交互功能，对实体对象间的通信进行归类、删减和补充，最终得到车间实体对象间的查询这一最主要的交互功能，并归纳得到实体对象间的设置、监控、传感数据收集等几个重要的基础功能以配合查询的实现。这几个功能在实体对象的多个节点上分布地执行，在车间实体对象层面上隐藏具体的节点间通信细节。

2. 无线传感网功能层次

如图 9.4 所示，根据车间现场中不同层次的网络通信行为，本书将面向制造车间现场的无线传感网大略分为三个层次，分别为传感与网络层、查询层和应用程序。传感与网络层具有数据采集和网络通信功能，用于查询层和应用程序具体逻辑功能的实现。对应用程序和查询层的用户来说，实现对象间交互等功能的底层无线传感网节点间的通信行为是透明的。

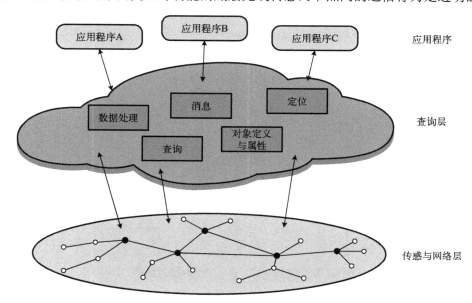

图 9.4　面向制造车间现场的无线传感网功能层次结构

（1）传感与网络层。

传感与网络层由传感器和无线网络组成，实现车间现场中传感数据的采集以及组网、节点间数据通信等功能。其网络结构将针对车间现场中实体对象间的查询等功能进行设计。同时，组成无线网络的无线通信协议栈中采用的路由协议需要考虑到节点的移动性和拓扑结构的动态改变，也要支持多跳网络(Multi-hop Networks)。通信协议应尽可能进行资源有效的设计以应对有限的计算资源。

（2）查询层。

查询层通过传感与网络层中各节点间的通信，分布、协作地实现了车间实体对象之间的查询等功能。在具体实现中，查询层实际上处于嵌入式操作系统中，与底层硬件驱动和网络协议栈一同给上层的应用程序提供接口。整个查询层包括对象定义与属性、查询、数据处理、消息、定位等服务。通过对象定义与属性服务界定了查询层所支持的实体对象类型及其基本信息、传感能力、网络信息等属性信息，并通过查询服务实现不同实体对象间对象属性、传感等各类对象信息的访问。在此基础上，数据处理服务提供了实体对象内的数据存储、收集和融合等功能。此外，查询层还提供了多种消息，用于车间内对象间的相互设置、异常事件提醒和警告。

(3)应用程序。

应用程序利用传感与网络层、查询层提供的功能接口实现并执行相应任务。

车间生产现场无线传感网二级树拓扑结构如图9.5所示,网络中设备1充当主协调器,它负责对全网进行控制,控制着网络的规模。设备2～6为主协调器的子设备,具有路由功能,设备7～9为设备3的终端子设备,设备10和11为设备4的终端子设备。值得注意的是,设备10和设备11的地址来自主协调器1分配给设备4的地址块,而设备7～9的地址直接由设备3进行分配。这就是说,从设备7～9的角度看,此时设备3具有协调器的功能,但从设备1的角度看,设备3只是一个路由器。

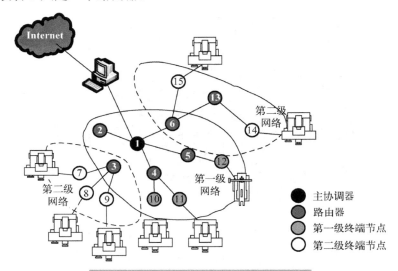

图 9.5　车间生产现场无线传感网拓扑结构

3. 无线节点的分类

对于组成无线网络的无线节点,按功能可分类如下。

(1)传感节点。

传感节点指仅具有传感数据采集和路由功能的节点,通常安装在设备、产品上及车间环境中,或者被现场人员携带。如图9.6所示,不同的对象被装配了不同种类的传感节点,提供包括温度、湿度、烟雾、压力等在内的多种传感能力。

在网络拓扑中,传感节点一般作为某个实体对象的"局域网络"中的成员存在。这里的"局域网络"在本书的网络结构中表现为簇的形式存在。和传统的以数据为中心的网络不同的是,这里的传感节点在应用中会处理双向的数据。同一个簇中的传感节点可以协作完成某项任务,返回数据,或接收外界发来的命令,做出响应。

(2)簇头节点。

簇头节点主要负责簇的管理:包括协调某个设备上或车间某个区域环境中的传感节点的协同任务,并对外汇报任务结果;对外提供对象的基本信息(如设备型号、类型、使用年限等),或获取环境中其他对象的基本信息。此外,由于簇头节点间可形成网状拓扑,簇头节点还可能承担其他簇头数据的路由。

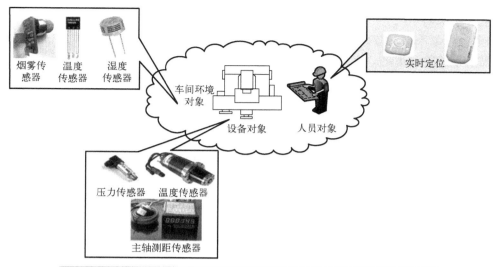

图 9.6　面向制造车间现场的无线传感网中的主要对象及其典型传感功能

（3）无线网关。

无线网关作为整个车间无线传感网的中心，用于连接车间内的主干网络（可能是有线网络或无线局域网（WLAN））和无线传感网。通过有线网络，所有车间无线传感网网内处理（In-networking Process）后的结果及环境、设备、人员和产品等相关的传感信息都将传送至后台监控服务器以显示、处理或保存。另外，无线网关还要承担车间无线传感网和主干网络的协调管理。

9.2.4　WSN 应用技术载体的选择

通常，无线传感网是在无线通信技术的基础之上实现的。作为载体的技术决定了定位系统的基本特性。随着无线通信技术的飞速发展，无线通信不断渗透到日常生活中。目前比较流行的几种无线通信技术有蓝牙、Wi-Fi 和 ZigBee。

1. 蓝牙技术

蓝牙是一种支持设备短距离通信的无线电技术，它的出现要归功于 BlueTooth SIG（蓝牙技术联盟）。BlueTooth SIG 是一家贸易协会，由电信、计算机、汽车制造、工业自动化和网络行业的领先厂商组成。其致力于推动蓝牙无线技术的发展，为短距离连接移动设备制定低成本的无线规范，并将其推向市场。

蓝牙设备工作在全球通用的 2.4GHz 的 ISM（工业、科学、医学）频段上。蓝牙采用分散式网络结构以及快跳频和短包技术，支持点对点及点对多点通信。蓝牙技术主要用于短距离的语音业务和高数据量业务。

1）蓝牙技术的优势

（1）安全性高。蓝牙设备在通信时，工作的频率是不停地同步变化的，也就是常说的跳频通信。通信双方的信息很难被捕获，更谈不上被破解和恶意插入欺骗信息。

（2）易于使用。蓝牙技术是一项即时技术，它不要求固定的基础设施，且易于安装和设置。

2) 蓝牙技术的不足

(1) 通信速率不高。蓝牙设备的信息传输速率较慢，目前最高只能达到 2Mbit/s，有很多的应用需求不能得到满足。

(2) 传输距离短。蓝牙规范最初就是为了短距离通信而设计的，所以它的传输距离比较短，一般不超过 10m。

2. Wi-Fi 技术

Wi-Fi(Wireless Fidelity) 与蓝牙一样，都是短距离的无线通信技术，它也工作在 2.4GHz 的 ISM 频段上。Wi-Fi 技术的传输速率比较高，最高能达到 11Mbit/s，而且电波的覆盖范围比蓝牙要大，可达 50m 左右。Wi-Fi 技术适合移动办公用户使用，具有广阔的市场前景。但是 Wi-Fi 装置很耗能，电池只能维持数个小时，这就要求 Wi-Fi 装置要进行常规充电，使得 Wi-Fi 的应用和推广受到了限制。

早期，Wi-Fi 是 IEEE 820.11b 的别称，能够在数百英尺范围内支持互联网接入的无线电信号。随着技术的发展，以及 IEEE 802.11b、IEEE 802.11g、IEEE 802.11n 等标准的出现，现在整个 IEEE 802.11 标准已被称作 Wi-Fi。

1) 目前在应用的协议标准

(1) IEEE 802.11b：工作频段 2.4GHz，带宽为 83.5MHz，有 13 个信道，使用 DSSS(直接序列扩频) 技术，最大理论通信速率为 11Mbit/s。

(2) IEEE 802.11g：工作频段 2.4GHz，带宽为 83.5MHz，有 13 个信道，使用 OFDM(正交频分复用) 技术，最大理论通信速率为 300Mbit/s。

(3) IEEE 802.11n：工作频段 2.4GHz/5.0GHz，带宽为 83.5MHz/125MHz，有 13/5 个信道，使用 MIMO(多入多出) 技术，最大理论通信速率为 54Mbit/s。

无线宽带通信距离一般在 200m 以内，针对一些特殊的应用场合，加大通信双方设备的输出功率，通信距离可以超过 2km。目前，它主要应用于无线宽带互联网的接入，是在家里、办公室或者旅途中上网的快速、便捷的途径。

2) Wi-Fi 技术的优势

(1) 覆盖广。其无线电波的覆盖范围广，穿透能力强。可以非常方便地为整栋大楼提供无线宽带互联网的接入。

(2) 速度高。Wi-Fi 技术的通信速率非常快，支持 IEEE 802.11n 协议设备的通信速率可以高达 300Mbit/s，能满足人们接入互联网、浏览和下载各类信息的需求。

(3) 门槛低。厂商只要在机场、车站、咖啡店、图书馆等人员较密集的地方设置 "热点"，支持 Wi-Fi 的各种设备(如手机、手提电脑、PDA)都可以通过 Wi-Fi 网络非常方便地高速接入互联网。

3) Wi-Fi 技术的不足

Wi-Fi 技术的不足是安全性不好。由于 Wi-Fi 设备在通信中没有使用跳频等技术，虽然使用了加密协议，但是还是存在被破解的隐患。

3. ZigBee 技术

ZigBee 是基于 IEEE 802.15.4 标准的低功耗个域网协议。根据这个协议规定的技术是一种短距离、低功耗的无线通信技术。这一名称来源于蜜蜂的八字舞，蜜蜂(Bee)靠飞翔和 "嗡嗡"(Zig)地抖动翅膀的 "舞蹈" 来与同伴传递花粉所在的方位信息，也就是说蜜蜂依靠这样的方式构成了群体中的通信网络,其特点是近距离、低成本、自组织、低功耗、低复杂度和低数据传输速率。ZigBee 主要使用于自动控制和远程控制领域,可以嵌入各种设备。简而言之,ZigBee 是一种便宜的、低功耗的近距离无线组网通信技术。

1）ZigBee 的工作频段标准

（1）868MHz：传输速率为 20Kbit/s,适用于欧洲。

（2）915MHz：传输速率为 40Kbit/s,适用于美国。

（3）2.4GHz：传输速率为 250Kbit/s,全球通用。

目前国内都在使用 2.4GHz 的工作频段,其带宽为 5MHz,有 16 个信道。采用 DSSS 方式的 OQPSK 调制技术。而基于 IEEE 802.15.4 的 ZigBee 在室内通常能够达到 30～50m 的作用距离,在室外如果障碍物少,甚至可以达到 100m 的作用距离。

2）ZigBee 技术的优势

与几种无线通信技术相比,ZigBee 通常具有以下几点优势。

（1）自组网。

ZigBee 设备能自动组建通信网络,其他 ZigBee 设备能方便地加入网络并使用网络通信资源。这使得布置基于 ZigBee 的定位系统时无需专门的通信线路铺设,降低了系统应用成本,减小了系统复杂性,为无线定位系统的布置和定位覆盖区域拓展带来了极大方便。

（2）单芯片系统。

ZigBee 芯片是一个集成了无线通信芯片和单片机的系统,只需外接少量元器件就能运行。单芯片系统使定位设备硬件的开发难度降低,设备可靠性增加,易于实现设备的小型化,降低了嵌入其他系统的难度。

（3）低功耗。

ZigBee 芯片对运行和休眠功耗的控制相当出色。低功耗的特性使得无后备电源的定位设备能够长时间工作,可减小定位系统运行维护的工作量,提高系统可靠性。

（4）网络容量大。

每个 ZigBee 网络最多可支持 65535 台设备,也就是说每个 ZigBee 设备可以与另外 254 台设备相连接。

3）ZigBee 技术的不足

当然,ZigBee 技术也存在着一些问题,ZigBee 技术本身是一种为低速通信而设计的规范,它的最高传输速率只有 250Kbit/s,对一些大数据量通信的场合它并不合适,但是这一特点会逐渐改变,一些厂商生产的 ZigBee 芯片目前也突破了这个限制。

ZigBee 并不是用来与 Wi-Fi 或者蓝牙等其他已经存在的标准竞争,它的目标定位于特定的低功耗市场,它有着广阔的应用前景。ZigBee 联盟预言未来的四到五年,平均每个家庭将拥有 50 个 ZigBee 器件,最后将实现每个家庭 150 个。

第 10 章   实时定位技术

近年来，随着物联网的兴起和 RFID 技术的发展，研究者越来越关注 RFID 的定位追踪功能。实时定位技术是一种基于无线通信信号的定位手段，目前最广泛使用的定位手段有 GPS、北斗卫星导航系统（BeiDou Navigation Satellite System，BDS）、Wi-Fi、UWB、ZigBee 等，这些手段可以对室外空间对象实现较高精度的定位，然后在室内领域，由于信号的遮蔽等影响，这些手段通常无法达到可靠的定位精度，因此适用于室内环境的定位技术与系统成为研究热点。本章介绍室内实时定位技术，主要内容包括：①实时定位技术的发展现状，包括不同的定位技术与系统的发展及其应用情况；②实时定位技术常用的定位方法；③针对制造业现场对实时定位技术进行需求分析和难点讨论。

10.1   实时定位技术概述

本节从定义、特点和应用研究现状对实时定位技术进行介绍，通过本节的阅读，读者可以掌握实时定位技术的基本概念和内容。

10.1.1   实时定位系统的定义

随着信息时代的到来，基于位置的服务（Location Based Service，LBS）作为战略性新兴产业已广泛进入人们的生活，正成为国防安全、经济建设、社会生活中不可或缺的部分。要实现基于位置的服务，首先要做的就是实现定位。

定位是指采用一定的测量手段获得某一对象的位置信息，这个位置信息可以是以地球为参照系的坐标，也可以是以房间为参照系的坐标，取决于对位置数据的需求。定位不可避免地涉及三个步骤：①物理测量，采用一定的技术手段进行测量，"众里寻他千百度，蓦然回首，那人却在，灯火阑珊处"，采用了可见光作为观测手段进行定位；"姑苏城外寒山寺，夜半钟声到客船"，采用了声波进行定位测量。②位置计算，选定测量技术，通过测量的参数计算出待定位对象的位置。③数据处理，在定位中，数据处理伴随着定位的整个过程，测量信息与位置信息的转化、定位误差的计算、定位数据的应用等都与数据处理相关。通常所说的定位技术都采用无线信号，因此都叫做无线定位技术。

与人们生活最密切相关的无线定位技术当属 GPS 技术。GPS 是全球定位系统的简称。欧洲的伽利略卫星导航系统、俄罗斯的 GLONASS 和中国的北斗卫星导航系统可统称为 GNSS 定位技术，即全球卫星导航系统定位技术，其定位原理是通过在空间中自由选定的 3 颗卫星作为定位发射端，发射相关信息，由 GNSS 接收端接收信息，计算其到每个卫星的距离，并根据三边定位原理获得 GNSS 接收端的坐标。室外定位主要是通过测量卫星信号进行定位，但是由于建筑物对信号的遮挡作用，GNSS 定位技术在室内显得力不从心，在这种情况下，

室内定位技术成为研究热点。

实时定位技术在这种情况下应运而生。实时定位系统(Real Time Location System，RTLS)是指通过无线通信技术，利用目标的物理特征，在一个特定的空间(室内/室外、局部区域/全球范围)内，在较小的时延内确定目标位置的应用系统。目标的位置信息是通过测量无线电波的物理特性，经过数据过滤、数据融合，利用特定的定位算法计算得到的。目前实时定位系统正变得日益流行，以下是使用实时定位系统的例子。

(1)能够自动有效地追踪识别贵重物品，以保证它们仍在工厂里面，这种对贵重设备、设施的实时定位追踪，可应用于许多场景，如贵重刀具的管理等，可统一称为固定资产管理。

(2)在医院中可以追踪患者和医生。如果没有实时定位系统，在紧急情况下要立刻找到特定的医生或患者都将面临巨大的困难。

(3)可以帮助工人快速找到需要的物料、在制品、刀具等，因为它能告诉工人这些对象的位置信息。

由这几个简单的例子可以看出，实时定位技术可以用在对位置信息有需求的各行各业，如资产管理、人员管理、生产过程管理、仓储物流管理等，以实时定位技术为基础的基于位置的服务极大地丰富了人们的生活，有效地改善了生产管理方式。

10.1.2　实时定位系统的特点

本节从两方面讨论实时定位系统的特点：室内信号的传播特点以及实时定位的特点，下面将具体介绍。

1. 室内信号的传播特点

电磁波在各种特性媒介中的传播机制可能涉及吸收、反射、折射、散射、绕射、导引、多径干涉和多普勒频移等一系列物理过程。这些过程取决于传播的媒介和电磁波的频率。同一媒介对不同频段的电磁波，可表现出极不相同的特性。同一频段的电磁波对于不同的媒介，也表现出极不相同的传播效应。电磁波在无限大的均匀、线性媒介内是沿直线传播的；在不同媒介的分界面会造成电磁波的反射、折射；媒介中的不均匀物体则会造成电磁波的散射；球形地面和障碍物会造成电磁波的绕射。室内的电磁波传播过程显然比室外更加复杂。

室内信号最重要的问题是直达波与非直达波的鉴定。在无线通信中，电磁波的传播可以分为直达波(LOS)和非直达波(NLOS)两种方式。直达波传播是指发射端和接收端在互相可以"看见"的距离内，电磁波直接从发射端达到接收端，呈直线传播，可称为视距传播，可见直达波传播的要求是发射端与接收端之间无障碍物；非直达波传播是当发射端与接收端之间的直达路径被遮挡时，无线信号只能通过反射、折射、绕射等方式到达接收端。直达波传播时，可以根据时间、速度、角度等计算收发双方的距离，得到很高的定位精度，很多定位算法都是假设信号为直达波进行计算的，但是实际上，室内信号更多的是非直达波，由其带来的误差通常表现为信号延迟的增大、信号强度的衰落以及信号到达角度、信号相位差的变化等，NLOS 的误差具有随机性、正值性和独立性，对定位精度的影响不容小视。

在室内无线环境下，无线信号功率小、覆盖面较小、环境变化较大，电磁波的传播环境远比室外空间复杂。一般情况下，房间的四壁、天花板、地板、放置的家具和随机走动的人员会使无线信号通过多条路径到达接收端，形成多径现象。由于到达接收端的各条路径的时间延迟随机变化，接收端合成的信号的幅度和相位都发生随机起伏，造成信号的快速衰落。

2．实时定位的特点

实时定位技术在定位精度、稳健性、安全性及复杂度方面有着自身的特点，具体如下所述。

(1)定位精度：定位精度是实时定位系统最重要的指标，也是研究的重点，几年前的室内定位系统的研究精度还表现为"房间"级别定位，近些年的研究开始追求更高精度的定位，定位技术和定位算法都致力于提高定位精度，目前不同的实时定位技术达到的定位精度不同，有些定位精度为厘米级。更高精度的实时定位系统会带来更大的便利，一旦这些技术得到普及，生产方式会产生巨大的改变。

(2)稳健性：实时定位的困难之一是定位方法的稳健性，这是由室内环境的复杂性和多变性造成的，对于室内环境，定位对象的改变程度往往很大，这就要求实时定位系统具有良好的自适应能力，并且拥有很高的容错性，这样在室内环境不理想的情况下，实时定位系统仍能提供可靠的定位信息。

(3)安全性：所有的定位系统要考虑安全性问题，对于实时定位技术而言，针对的是室内环境，包括企业对象、个人对象，企业对象不愿意企业信息被泄露，个人往往也不愿隐私被公开，这些要求使得实时定位系统必须考虑安全性问题。

(4)复杂度：实时定位系统的应用对象具有小规模的特点，如某个企业、某个车间，因此，实时定位系统的复杂度应该较低。硬件方面，不能使用大规模的硬件设备，最好能利用现有的硬件设备或者稍加改动，这样才能降低使用成本，提高应用率；软件方面，实时定位系统要保持实时性，对定位对象的实时运动过程进行完全捕捉，因此，定位算法不能太复杂。

10.1.3 实时定位技术的研究现状

经过长时间的发展，采用不同的定位方法结合不同特点的定位技术手段，研究者开发了多种定位系统。这些系统根据数据采集方式及感知环境参数方式的不同可以分为红外线定位系统(典型的为 Active Badge 系统)、超声波定位系统(如 Bat 系统)、蓝牙定位系统(如 TOPAZ系统)、Wi-Fi 定位系统(如 RADAR 系统、Nibble 系统)、ZigBee 定位系统、RFID 定位系统、UWB 定位系统(如 Ubisense 系统)、LMS 定位系统等。这些定位系统可分为主动式定位系统和被动式定位系统，采用的定位方法有基于信号到达时间(Time of Arrival，TOA)的定位方法、基于信号到达时间差(Time Difference of Arrival，TDOA)的定位方法、基于信号到达角度(Angle of Arrival，AOA)的定位方法和基于接收信号强度(RSSI)的定位方法等，每种定位方法和系统都具有不同的优缺点和适用范围。

1．基于红外线的定位系统

最早出现的是基于红外线的室内定位技术，红外线是波长介于微波与可见光之间的电磁波。红外线室内定位系统通常由两部分组成：红外线发射器和红外线接收器。一般来说，红外线发射器是网络的固定节点，而红外线接收器安装于待定位对象上，待定位对象移动时，红外线接收器一起移动，通过对红外线进行解析和计算，获得定位目标的实时位置信息。

围绕该技术的主要研究成果有 AT&T 剑桥大学实验室开发的 Active Badge 系统，其定位原理是在待定位对象上安装红外线发射器，并以 15s 为周期发送持续时间为 0.1s 的含有自身ID 的红外调制信号，系统根据是否能收到标识的红外调制信号来判断该目标是否在某个接收器的接收区域内，若能被红外线接收器收到红外调制信号，则认为该定位对象位于此红外线接收区域，可见此系统的定位精度为"区域"级别，并不能满足室内定位的精度要求。除此之外，中国台湾成功大学开发了一套高精度的红外线室内定位系统，定位精度可达毫米级。部分离散制造企业进行装配定位的室内 GPS 也属于红外线定位技术。

采用红外线进行定位的优点有：定位精度高，反应灵敏，成本低廉。然而基于红外线的定位技术的主要缺点有：光线只能直线传播，对被遮挡的物体（即视距外对象）无法实现跟踪定位；红外光在空气中衰减很大，最大感应距离只有 5.3m，稳定工作距离小于 3.2m，只适合短距离传输；容易受到阳光或其他室内光源的干扰，影响红外信号的正常传播。

2．基于超声波技术的定位系统

超声波是指超出人耳听力阈值上限 20kHz 的声波，用于定位系统的超声波的频率一般为40kHz。超声波定位采用的主要方法为反射式测距法：通常将多个超声波接收器布置成阵列形式，如果 3 个以上的超声波接收器接收到目标对象上超声波发生器发出的超声波信号，通过三角或三边算法就可以计算出目标的位置，即根据回波与发射波的时间差计算出待测距离。有的则采用单向测距法。但是，超声波极易受到环境的影响，因此通常很少有仅仅采用超声波作为测量手段的定位系统，往往需要将其与其他方式结合实现混合定位。

典型的基于超声波技术的定位系统有 1999 年 AT&T 剑桥大学实验室开发的 Bat 室内定位系统，作为 Active Badge 系统的后续发展，Bat 系统采用超声波技术与射频技术，利用信号的到达时间（TOA）信息实现三维空间定位，采用多边形定位方法提高精度，定位精度最高可达3cm。2000 年，麻省理工学院提出了一种融合信号到达时间差（TDOA）和信号到达角度（AOA）的被动型系统解决方案——Cricket Compass，该系统可在±40°角内以±5°的误差确定接收信号方向，由于采用被动模式，系统不能独立工作，即其携带部分必须连接到由用户同时携带的计算单元（如 PDA、笔记本电脑）上，由计算单元来计算位置，其平均平面误差为 40～50cm。相比于 Active Badge 系统，Bat 系统与 Cricket Compass 系统的定位精度有较大的提高，且结构简单，但超声波受多径效应和非视距传播影响很大，同时需要大量的底层硬件设施投资，成本过高。2003 年，加利福尼亚大学洛杉矶分校的 AHLos 定位系统可看作 Cricket Compass 系统的改进。

采用超声波技术的优点是：定位精度高、单个器件结构简单。其缺点为：超声波反射、散射现象在室内尤其严重，出现很强的多径效应；同样，超声波在空气中的衰减也很明显。

3．基于蓝牙技术的定位系统

蓝牙是一种目前应用非常广泛的短距离低功耗的无线传输技术。国内外也有利用蓝牙传输特性进行室内定位的研究。通常基于蓝牙技术的定位系统采用两种测量方法，即基于传播时间的测量方法和基于信号衰减的测量方法。比较典型的蓝牙定位系统是 TOPAZ，其定位精度为 2m，系统鲁棒性较差，Kotanen 等使用扩展卡尔曼滤波器搭建了三维蓝牙定位平台，其定位精度为 3.76m。采用蓝牙技术进行室内短距离定位的优点是设备体积小、易于集成在PDA、笔记本电脑以及手机中，且信号传输不受视距影响；缺点是蓝牙定位要求安装蓝牙通信基站，且在待定位对象上配置蓝牙模块，在大空间和大规模室内定位中的成本较高，同时，受到技术制约，蓝牙定位的最高精度要大于 1m。

4．基于 Wi-Fi 技术的定位系统

Wi-Fi 是基于 IEEE 802.11 标准的一种无线局域网（WLAN），具有高带宽、高速率、高覆盖率的特点，信号穿透性强，并且受非直达波（NLOS）的影响极小。在一定的区域内安装适量

的无线基站，根据这些基站获得待定位物体发送的信息（时间和强度），并结合基站所组成的拓扑结构，综合分析，从而确定物体的具体位置。这类系统可以利用现有的无线局域网设备，仅需要增加相应的信息分析服务器就可以完成定位信息的分析，因此，对于 Wi-Fi 定位系统来说，硬件平台已经非常成熟。

基于 Wi-Fi 定位的早期代表为 1998 年 Microsoft 提出的 RADAR 系统，此系统是基于接收信号强度（RSSI）的定位方案，其工作主要分为两个阶段：离线建库阶段，实时定位前，在目标区域内广泛采集样本，构建信号空间的基本信息，生成射电地图；在线定位阶段，实时定位过程中，移动终端收到接入点的信号，存储 RSSI 值，然后通过与已有的射电地图相比较，找出匹配度最大的结果，完成定位，定位精度为 2~3m。此后，很多研究机构陆续研发了多种基于无线局域网的定位系统，如美国马里兰大学的 Horus 系统，该系统在信号空间的建立中引入了概率模型，系统不对全部采样值进行求算术平均或中位数处理，而是形成每个接入点的 RSSI 值在该点的直方图，保存在无线信号强度分布图中，系统定位精度以大于 90%的概率低于 2.1m。加利福尼亚大学洛杉矶分校的 Nibble 系统采用了信噪比作为信号空间的样本，并且采用贝叶斯网络建立信号空间的连续概率分布图。Kontkanen 等引入跟踪辅助定位技术，在此基础上发展了 Ekahau 系统，它融洽了贝叶斯网络、随机复杂度和在线竞争学习，通过中心定位服务器提供定位信息。

采用 Wi-Fi 进行定位的优点是 IEEE 802.11 标准目前得到广泛的应用，因此，基于 Wi-Fi 的定位系统的硬件平台十分方便成熟，缺点是 Wi-Fi 定位系统的能耗较大，定位精度仅能达到米级，无法满足更精准的室内定位要求。

5. 基于 ZigBee 技术的定位系统

ZigBee 是一种低速率无线通信规范，是无线传感网的基础。基于 ZigBee 技术的定位系统通过在移动物体上安装 ZigBee 发射模块，利用 ZigBee 自组网的特性，再通过网关位置和 RSSI 值就能算出移动节点的具体位置。美国 TI 公司推出的 CC2431 芯片能够实现 3~5m 的定位精度。ZigBee 具有低功耗、低成本、抗干扰等优点，但定位精度与位置传感器的拓扑结构有直接关系，且需要主动电源。

6. 基于 RFID 技术的定位系统

RFID 定位系统最早的雏形是由 Pinpoint 公司提出的 3D-ID 室内定位系统，该系统采用了 GPS 的定位策略，系统使用射频环形时间来进行测距，并在已知位置部署阵列天线以实现多边测距，其定位精度达到 1~3m，定位精度较高，其缺点是实施成本高，不利于系统的广泛推广和使用。2000 年出现的 SpotON 系统是 RFID 定位系统的典型，系统采用网络分布的硬件基础结构，通过 RSSI 的比较计算获得标签之间的距离，SpotON 系统采用场景分析方法实现了三维定位，但是基于种种原因，SpotON 系统至今也没有建成。直至 2003 年 LANDMARC 系统的出现才有了可应用的完整的 RFID 定位模型，LANDMARC 系统是由香港科技大学和密歇根大学共同研制的，其系统由 RFID 读写器、参考标签和待定位标签组成，通过比较读写器获取的参考标签的场强向量与待定位标签的场强向量，计算参考标签与待定位标签之间的欧氏距离，并由此选取 k 个距离待定位标签最近的参考标签，采用残差加权算法获得待定位标签的坐标值，由于参考标签和待定位标签处于相同的环境中，可以有效地减少环境影响，其定位均方根误差为 1m，定位效果较好。

7. 基于 UWB 的定位系统

UWB 是一种新的无线载波通信技术，它不采用传统的正弦载波，而是利用纳秒级的非正弦波脉冲传输数据，其所占的频谱范围很宽，可以从数赫兹至数吉赫兹。这样 UWB 系统可以在信噪比很低的情况下工作，并且 UWB 系统发射的功率谱密度也非常低，几乎被湮没在各种电磁干扰和噪声中，故具有功耗低、系统复杂度低、隐秘性好、截获率低、保密性好等优点，能很好地满足现代通信系统对安全性的要求。同时，信号的传输速率高，可达几十 Mbit/s 到几 Gbit/s，并且抗多径衰减能力强，具有很强的穿透能力，理论上能够达到厘米级的定位精度要求。

采用 UWB 技术进行定位的系统有 Ubisense 系统，采用有源 UWB 标签安装于待定位目标上，采用 4 个接收器进行信号的接收，利用 TDOA 和 AOA 算法计算待定位标签的位置信息，其定位精度可达 15cm，但是昂贵的价格限制了其广泛应用。

8. 基于 LMS 技术的定位系统

激光测量系统(LMS)是以发射激光束探测目标位置、速度等特征量的雷达系统。其以快速扫描的形式绘制一定角度内的二维或三维点阵，而后通过数据处理与特征匹配推算出位置信息。一般配合即时定位与地图构建(Simultaneous Localization and Mapping，SLAM)技术实现自主定位，常用于 AGV、叉车等设备。

采用以上几种技术的实时定位系统的区别见表 10.1。

表 10.1　实时定位系统对比表

定位技术	基础设施	典型系统	精确度	优缺点	应用情况
红外线	红外线发射器和红外线接收器	AT&T 剑桥大学实验室开发的 Active Badge 系统	0.4～1m	定位精度高，穿透能力差，视距定位，易受光源影响	空气中衰减严重，仅用于短距离定位
超声波	超声波发射器、超声波接收器	麻省理工学院开发的 Cricket Compass 系统	0.5～1m	定位精度高，信号散射、反射衰减现象严重	用于工业、医疗等领域
蓝牙	IEEE 802.15 标准的短距离无线通信技术	Kotanen 等搭建的三维蓝牙定位平台	1～4m	易于实现，低功耗，自组网，定位精度不高	适用于人员或物体室内粗定位
Wi-Fi	IEEE 802.11 标准的无线局域网	Microsoft 公司的 RADAR 系统、芬兰的 Ekahau 系统	1～20m	功耗大，抗干扰能力差	仅适用于小范围的室内定位
ZigBee	参考节点、网关节点、跟踪节点	TI 公司的系统	3～5m	自组网，低功耗，低成本，定位精度不高	ZigBee 联盟已开发出成熟的定位方案，尚未实现工业应用
RFID	RFID 读写器、RFID 标签	LANDMARC 系统、SpotON 系统	1～3m	定位精度较高，抗干扰能力强，安全性好	煤矿人员定位、仓库管理、交通管理、制造业等
UWB	UWB 主动式标签、UWB 接收器	西门子公司的 Ubisens 系统	30～60cm	低功耗，穿透能力强，抗干扰能力较强，成本高	已实现工业室内环境的应用，尚未得到广泛应用
LMS	激光扫描雷达	SICK(西克)公司的 LMS500 室内型激光扫描雷达	5～50mm	定位精度非常高，主动定位，体积相对较大，成本高	在军用和民用领域日益得到广泛应用

10.1.4　实时定位技术的应用现状

实时定位系统近年来取得了很多研究成果和实际应用，如在运输过程中跟踪货物。RTLS 是对小型电子设备进行实时追踪定位的电子系统。Mitsubishi、Cisco、IBM、Microsoft 等大型公司都在积极参与 RTLS 的相关业务。实时定位系统经过这些年的研究和发展，已经在很多领域开始应用，从医疗部门到制造业，在实时数据极其重要的地方及资产在运输中需要定位的地方，都会出现实时定位系统的应用。

Ekahau 公司的 Wi-Fi 实时定位系统在全球的医疗机构中已经成功实施超过 1000 家，如中国北京地坛医院、中国中医科学院北京广安门中医院、美国加利福尼亚州的国有医院部门、美国佐治亚州的艾森豪威尔陆军医疗中心、美国南卡罗来纳州的棕榈健康中心、美国北卡罗来纳州的医疗保健中心、美国佛罗里达州的杰克逊维尔海军医院等。该系统采用 IEEE 802.11 通信技术，加强对医疗设备、人员及患者的透明管理，可实现对医疗设备及资产的跟踪管理，医护人员遇危时可主动呼叫后台系统，后台系统主动呼叫标签，进一步提高了医疗机构的运作效率和管理水平，并向精细化方向发展。美国陆军使用 RFID 对两套送往维修通信系统的所有部件进行跟踪，他们将实时定位系统应用于托比哈纳军事补给站雷达产品的再制造车间，雷达进入车间之后需要进行拆卸—修补—组装等过程，整个雷达被拆分成不同的组件、部件，然后进入不同的车间进行不同的修补加工过程，这一过程中存在着零件的丢失、替换、挑选等工作。为了实现零件与最初雷达的匹配，将有源 2.4GHz 的 RFID 标签贴于部件上或装运部件的集装箱上，RFID 读写器安置于基地周围，对这些拆分零件进行定位追踪，这样每个零件的具体加工步骤和加工状态都可以得到实时监控，极大地简化了生产任务，提高了生产效率。这项技术的应用已证明是成功的，已节省近 50 万美元。自动化程度很高的汽车制造业也在积极使用实时定位系统，汽车制造商大众汽车斯洛伐克分厂采用实时定位系统(RTLS)对即将出厂的车辆进行最终的检测。完成组装后的车辆进入整理区，进行出厂前的最后质量检查，若发现问题，进行现场维修。检查的类别、顺序因不同车型而异。定位某辆车，引导车辆按次序进行检测，都需要 RTLS 来辅助解决。基于 RTLS 技术的解决方案，不仅助力工人掌握车辆的实时位置数据，而且增大了整理区的虚拟容量。此外，零件数量多、工序复杂的半导体行业也在应用 RTLS 技术进行生产零件的实时定位搜索，从以上案例可以看出，RTLS 通过对制造行业内生产对象的追踪和定位，可以有效地实现生产对象的精细化管理、生产任务的实时监控与动态调整、生产过程的可视化和可控性，可以实现基于时间的生产调度，大大提高了生产效率和管理能力。

当前国内对于实时定位技术的研究主要集中在两个方面：定位算法与定位方案。国内很多学者致力于定位算法精度的提高，定位算法的改进和适合不同场合的定位方案的研究已经取得了一些成果。此外，近几年我国开始涌现出一批从事定位开发的企业，并自主研发出了定位产品。例如，深圳讯流科技有限公司和深圳碧沙科技有限公司联合推出了一款有源实时定位系统，并将其成功应用于加拿大安大略省某医院的医护患者和贵重仪器的定位项目。又如，济南华科电气设备有限公司于 2018 年推出的 KJ725 矿用人员定位管理系统专门为煤矿井下人员而研发，系统无线频率采用 2.4GHz，可以对煤矿井下人员进行实时考勤、管理；能自动、动态、准确统计井下人员的区域分布，为正常的生产调度及事故救援提供依据，还可以统计人员出勤情况、人员井下行踪路线等，能实时了解井下人员的流动情况；了解当前井下人员数量及分布情况；查询任一指定井下人员在当前或指定时刻所处的区域；查询任一指定人员在任一时间段内的活动轨迹；为井下人员或车辆的生产管理、考勤统计、安全保障提供可靠的依据。

10.2　实时定位技术常用的定位方法

在室内实时定位理论中，传统的方法是把所有在 GPS、蜂窝移动定位、雷达等领域中已经得到成功应用的测量信号的到达时间(TOA)、信号到达时间差(TDOA)、信号到达角度(AOA)以及接收信号强度(RSSI)等方法直接应用到室内实时定位系统中，并根据室内定位的实际环境和定位需求进行数据的预处理和定位结果的后处理，这些需要通过参数估计结果进行定位，定位性能和参数的估计精度密切相关，这些方法称为参数化定位方法。然而在复杂的室内环境中，多径、散射、反射等引起的信号的非直达传播是室内信道的主要特征。大量研究表明，参数化定位方法的定位性能往往不太理想，这是因为在严重多径散射情况下，上述参数的估计往往存在较大误差。非参数化定位方法无须进行参数估计，可有效地对抗室内多径传播，在很大程度上提高了定位精度。本节将根据图 10.1 的分类对各种定位方法的定位原理进行介绍。

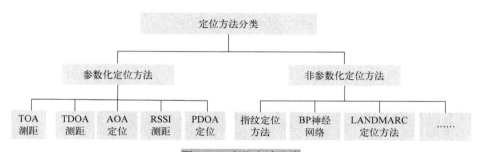

图 10.1　定位方法分类

10.2.1　参数化定位方法

基于测距的定位方法是通过测量目标对象距离检测装置之间的距离来确定目标对象位置的一种定位方法。通常情况下，目标对象被植入电子标签作为定位标记，检测装置是几台坐标已知的固定式 RFID 读写器，测距依据的信号物理特征包括信号到达时间、信号到达时间差、信号到达角度、接收信号强度和信号到达相位差等。

1．信号到达时间

基于信号到达时间(TOA)的测距方法利用目标对象与检测装置之间无线信号的传输时间进行测距。电磁波在空气中的传播速度接近光速 c，由式(10-1)很容易获得特定时间段内电磁波的传输距离，也就是 RFID 检测装置与目标标签的距离，然后利用三角算法即可确定目标对象位置。

$$d_i = c(t_i - t_0) \tag{10-1}$$

其中，t_0 是基站向移动目标发射信号的时间；t_i 是移动目标接收到信号的时间，两者之差为信号的传输时间；c 为光速。

在 TOA 定位方法中，标签位于以读写器为圆心、以读写器与标签之间的距离为半径的圆上。当读写器总数为 u 时，根据 u 个圆的交点即可确定标签的位置，原理图如图 10.2 所示。

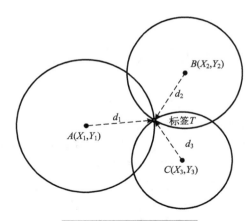

图 10.2　TOA 定位原理图

根据式(10-1)获得标签与读写器之间的距离 $d_i(i=1,2,\cdots,u)$，建立相应的特征方程：

$$\begin{cases} \sqrt{(X_1-x)^2+(Y_1-y)^2}=d_1 \\ \sqrt{(X_2-x)^2+(Y_2-y)^2}=d_2 \\ \qquad\qquad\vdots \\ \sqrt{(X_u-x)^2+(Y_u-y)^2}=d_u \end{cases} \qquad (10\text{-}2)$$

其中，(X_1,Y_1)，(X_2,Y_2)，$\cdots$，(X_u,Y_u) 分别为读写器的坐标。对于理想情况，图 10.2 中的 u 个圆周的交点即为方程(10-2)的唯一解。而在实际情况中，u 个圆周并不交于一点，方程(10-2) 并不是线性方程，因此求解并不容易。目前针对 TOA 测距比较典型的求解算法有 MLS-Prony 算法及 Root-MUSIC 算法，两种算法都是采用了子空间分解的算法，这里不再详细介绍。

理论上来说，通过三个或者三个以上读写器对目标标签的测距值，便可很容易地计算目标对象的位置。通常，TOA 定位方法不但要求发射信号装置与接收信号装置保证高精度同步，并且用于测距的无线信号必须加上时间戳，以便协助检测装置计算距离，与此同时，TOA 定位方法会受到噪声和多径信号的影响。

2. 信号到达时间差

基于信号到达时间差(TDOA)的测距方法通过测量无线信号到达若干个检测装置的时间差进行测距。它是对 TOA 测距的一种改良，与 TOA 测距相比，TDOA 测距不需要保证各个检测装置的时间同步，大大降低了系统的复杂性。TDOA 测距方法以双曲线模型实现目标对象的位置计算，TDOA 的基本原理(图 10.3)分为如下 3 步：

(1)测出两接收天线接收到的信号到达时间差；

(2)将该时间差转为距离，并代入双曲线方程，形成联立双曲线方程组；

(3)利用有效算法求解该联立方程组的解，即可完成定位。

以图 10.3 中的天线 1、2 为焦点的双曲线为例，对式(10-2)进行简单处理可得

$$d_i^2=(X_i-x)^2+(Y_i-y)^2=K_i-2X_ix-2Y_iy+x^2+y^2 \qquad (10\text{-}3)$$

其中

$$K_i=X_i^2+Y_i^2 \qquad (10\text{-}4)$$

R_i 表示读写器，则可用 $d_{i,1}$ 表示待定位标签到第 i 个读写器 R_i 的距离与待定位标签到第 1 个读写器的距离之差：

$$d_{i,1} = ct_{i,1} = d_i - d_1 = \sqrt{(X_i - x)^2 + (Y_i - y)^2} - \sqrt{(X_1 - x)^2 + (Y_1 - y)^2} \tag{10-5}$$

其中，c 为电波传播速度；$t_{i,1}$ 为 TDOA 测得的时间差。可见，TDOA 测距的方法至少需要 3 个读写器，获得 2 个 TDOA 测量值，才能构成双曲线非线性方程组。

$$d_{2,1} = ct_{2,1} = d_2 - d_1 = \sqrt{(X_2 - x)^2 + (Y_2 - y)^2} - \sqrt{(X_1 - x)^2 + (Y_1 - y)^2} \tag{10-6}$$

$$d_{3,1} = ct_{3,1} = d_3 - d_1 = \sqrt{(X_3 - x)^2 + (Y_3 - y)^2} - \sqrt{(X_1 - x)^2 + (Y_1 - y)^2} \tag{10-7}$$

理论上来说，可以通过求解以上非线性方程组得到待定位标签的坐标。根据以上解法得到定位信息，然而实际中，可能会用到最小二乘法等进行求解，此外还有其他算法用于求解 TDOA 双曲线方程组，如 Fang 算法、Chan 算法、Friedlander、球面相交算法等，此处不再详述。

3. 信号到达角度

基于信号到达角度（AOA）的测距也称三角测量，该方法利用阵列天线测量目标对象发射的无线射频信号，通过获得已知移动设备与多个接入点之间的角度进行定位，然后通过三角测量法计算出节点的位置。

AOA 测距是利用方向性天线测量信号的方向信息的，如图 10.4 所示。

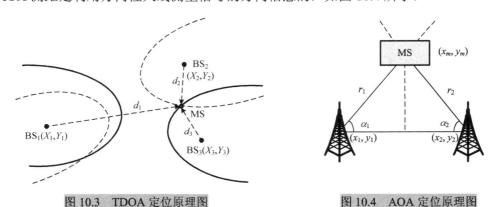

图 10.3　TDOA 定位原理图　　　　　图 10.4　AOA 定位原理图

利用两个信号塔进行 AOA 定位时，移动节点的位置与信号塔的位置关系如下：

$$\begin{bmatrix} x_m \\ y_m \end{bmatrix} = \begin{bmatrix} x_1 \\ y_1 \end{bmatrix} - \begin{bmatrix} r_1 \cos \alpha_1 \\ r_1 \sin \alpha_1 \end{bmatrix} \tag{10-8}$$

$$\begin{bmatrix} x_m \\ y_m \end{bmatrix} = \begin{bmatrix} x_2 \\ y_2 \end{bmatrix} - \begin{bmatrix} r_2 \cos \alpha_2 \\ r_2 \sin \alpha_2 \end{bmatrix} \tag{10-9}$$

其中，(x_1, y_1)，(x_2, y_2)，α_1，α_2 均为已知量，联立式（10-8）和式（10-9）即可求得主动式标签坐标 (x_m, y_m)。只须给出两个参考节点，AOA 定位方法便可实现目标对象的二维定位，基于给出的三个参考节点，即可实现目标对象的三维定位。AOA 定位方法的优点是不需要每一个信号塔都做时间同步，缺点在于需要复杂的硬件设备，对硬件要求较高，定位精度受多径效应影响较大。

4．RSSI 测距

RSSI 即接收信号强度，是指接收机接收到信道带宽上的宽带接收功率，用来判断连接质量以及是否增大广播发送强度。现阶段，无线设备可以容易地获取 RSSI 值，无需额外硬件。但是，信号强度受到多径效应的影响，使用相同频段的设备获得的信号之间会有相互干扰，使得信号强度波动明显，受环境因素影响较大。

RSSI 测距定位一般是已知发射节点的发射信号强度，由接收节点根据收到的信号强度计算出信号的传播损耗，再利用理论和经验模型将传输损耗转化为距离，然后计算出节点的位置。常用的模型为对数距离路径损耗模型，无论是室内还是室外无线信道，平均接收信号功率均随距离的对数衰减，该模型已被广泛使用，室内对数距离路径损耗模型满足式（10-10）：

$$\text{PL (dB)} = \text{PL}(d_0) + 10\gamma \log_{10}\left(\frac{d}{d_0}\right) + X_\sigma \ \text{(dB)} \tag{10-10}$$

其中，d_0 为参考距离，一般取 1m；d 是发射端与接收端的距离；γ 是路径损耗指数，表示路径损耗随距离增长的速率，不同的定位环境有不同的 γ 值；X_σ 是标准差为 σ 的正态随机变量；$\text{PL}(d_0)$ 是参考距离为 d_0 的功率；dB 表示分贝，为功率的单位。

RSSI 测距方法一般是通过计算得到待定位标签到读写器的距离值，然后根据三边算法计算得到待定位标签的位置信息，这种方法的误差来源主要包括环境影响所造成的信号的反射、多径传播、非视距等，一般基于测距的定位方法的定位精度不高，目前也有很多修正算法来提高 RSSI 测距方法的精度，如遮蔽因子的引入，以及自适应迭代方法的应用等，此处不再详述。

5．信号到达相位差

基于信号到达相位差（Phase Difference of Arrival，PDOA）的测距方法主要利用由读写器发出的两种不同频率的载波在接收端产生的相位差进行位置计算。这两种载波在读写器和标签之间的传播速度是相同的，接收端根据频率不同，接收的相位也不相同，读写器就根据这个相位差估算目标标签位置。

基于无源 RFID 标签的反向散射原理，标签会将读写器发射的频率为 f 的一部分载波信号反射回去，因此，如果在读写器端将发射载波与标签反射回来的信号载波进行相干解调，即可得到反射信号的幅度和反映两者距离信息的相位 θ，θ 与 L 的关系可由式（10-11）得到：

$$\theta = 2\beta L = \frac{4\pi L}{\lambda} = \frac{4\pi L f}{c} \tag{10-11}$$

其中，β 为系数；λ 为信号波长；c 为光速；L 为读写器与标签的距离；f 为发射载波信号的频率。

10.2.2 非参数化定位方法

在复杂的室内定位环境下，信号的吸收效应和多径效应严重，信号在传播过程中易发生反射、散射及衍射等现象，从而导致信号的非视距传播，这都将影响参数化定位方法的准确性。非参数化定位方法无须估计信号传播过程中涉及的参数，可有效对抗室内多径传播，在很大程度上提高了室内定位的精度。目前，非参数化定位方法由于在复杂障碍环境中的定位性能优势而越来越受到研究者的关注和重视。

1. 指纹定位方法

指纹定位就是通常所说的基于场景的定位方法，也称为数据库匹配定位，是近年来发展起来的定位技术。指纹定位方法所采用的指纹可能是信号强度、空间谱，甚至是图像指纹等，其原理类似。下面对信号强度指纹定位技术进行介绍。

信号强度指纹定位技术中采用的是 RSSI 方法，最初是采用"距离–损耗"模型，利用得到的 RSSI 进行定位，但是在多径传播严重的室内环境中，这种方法误差较大。现在一般采用信号强度匹配定位方法来有效对抗室内多径现象，可以在一定程度上提高定位精度。信号强度匹配定位方法主要分为以下两个阶段。

(1)场强数据库建立阶段：也称为离线采集阶段，其主要任务就是采集定位区域内各个参考节点的信号特征参数，以最常用到的接收信号强度(RSSI)为例，将指纹信息与特定的位置一一对应，建立信号强度指纹数据库。

(2)在线定位阶段：根据收到的定位目标的实时场强信号，与建库阶段建立的场强数据库进行匹配，得到目标点所在的位置信息，完成定位过程。其主要流程如图 10.5 所示。

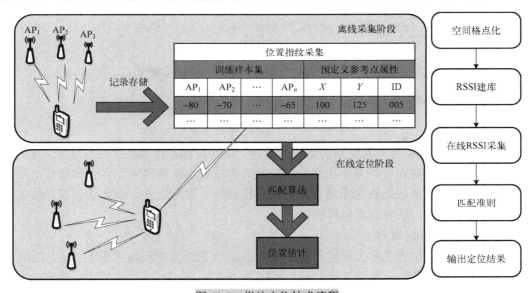

图 10.5　指纹定位技术流程

指纹定位方法中，定位结果在很大程度上受限于样本位置信号库的质量，为了达到较好的定位效果，通常需要建立庞大的数据库，尤其在大面积室内定位时，为了解决这种问题，数据内插是一种有效的解决途径，数据内插方法很多，Kriging 数据内插方法就是一种典型的方法，研究表明，该方法能在较小工作量的前提下较为准确地获得位置数据库信息。

然而，有了位置信息数据库不代表可以实现理想的定位结果，因为在实际定位过程中，采集到的信号强度的随机性特别明显，很容易受到时间、空间、温度、场景等变化的影响。而这种影响是无法通过大量测量值的统计平均从根本上消除的。因此，指纹定位方法在实际场景中的稳定性差、可拓展性弱，目前尚未在大范围工业领域内应用。

2. BP 神经网络

BP 神经网络采用的是并行的网络拓扑结构，包括输入层、隐含层和输出层，数据首先以某种形式进入网络当中，在经过映射函数的作用后，再把隐藏节点的输出信号传递到输出节点，最终给出数据输出结果。

BP 神经网络的算法过程由信息的前向传播和误差的逆向传播两部分组成，如图 10.6 所示。前向传播的过程中，样本数据从输入层进入网络，隐含层负责对输入的样本数据进行逐层处理，并将处理结果逐步导向输出层，这里需要说明一下，前一层的神经元的状态只会影响相邻的神经元的状态，不会跨层影响，接着进入隐含层与输出层的阈值判断阶段，当输出层数据与所期望的输出结果差别较大时，不会输出数据，需要转入逆向传播；逆向传播过程中，主要任务是将期望值与实际网络结果的误差进行分解，并分摊给隐含层的各层神经元，重新计算权重，使得信号的均方根误差最小，接着重新转入前向传播，BP 神经网络就是不断重复以上过程，直到误差满足额定要求，网络训练才能结束，并最终获得一个权系数矩阵。

BP 神经网络拓扑结构图如图 10.6 所示。

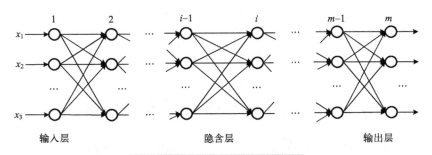

图 10.6　BP 神经网络拓扑结构图

BP 神经网络可以拟合关系复杂的非线性函数，在有足够多样本数据的前提下，预测精度基本符合要求，但也存在着许多不足之处，如学习算法的收敛速度慢、存在局部极小点、隐含层层数及节点数选取缺乏理论指导以及记忆不稳定等。除此之外，该方法需要训练大量样本，以建立映射关系，实时性难以保证。

3. LANDMARC 定位方法

LANDMARC 定位方法是由香港科技大学的 Ni、刘云浩及密歇根大学的 Lau、Patil 等组成的课题组提出的，是当今基于 RSSI 进行 RFID 定位的典型应用。LANDMARC 定位方法的核心思想是引入额外的固定参考标签来帮助位置校准，由于待定位标签受到环境因素的影响，与其邻近的参考标签也会受到相似的影响，因此参考标签作为系统中的参考点比较容易适应环境的动态性，系统通过比较参考标签的信号强度值与待定位标签的信号强度值之间的差异，优选出近邻参考标签，并采用"最近邻距离"权重思想估计出待定位标签的坐标。

其原理图如图 10.7 所示，读写器、参考标签和待定位标签按照一定规则部署，计算过程为：假设定位环境中有 n 个读写器、m 个参考标签、u 个待定位标签。待定位标签 i 的信号强度向量定义为 $\overline{s_i}$，有

$$\overline{s_i} = (s_1, s_2, \cdots, s_n)，\quad i = 1, 2, \cdots, u \tag{10-12}$$

其中，s_n 为待定位标签在第 n 个读写器的信号强度。将参考标签信号强度向量定义为 $\overline{\theta_i}$，有

$$\overline{\theta_i} = (\theta_1, \theta_2, \cdots, \theta_m)，\quad i = 1, 2, \cdots, m \tag{10-13}$$

其中，θ_m 为参考标签在第 m 个读写器的信号强度，对于每一个待定位标签 P，定义其与参考标签之间的场强欧氏距离为

$$E_j = \sqrt{\sum_{i=1}^{n}(\theta_i - s_i)^2} \ , \quad i \in [1,n] \tag{10-14}$$

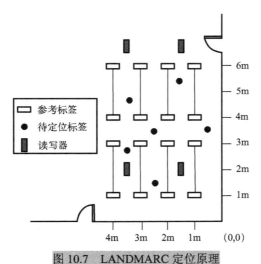

图 10.7　LANDMARC 定位原理

场强欧氏距离越小，表示该参考标签离待定位标签越近。通过计算待定位标签与 m 个参考标签的欧氏距离，组成向量 $\overline{E}$，其中 $\overline{E_i}$ 为

$$\overline{E_i} = (E_1, E_2, \cdots, E_m) \tag{10-15}$$

根据选择的 k 个参考标签计算出相应的权重，计算方法为

$$w_i = \frac{\dfrac{1}{E_i^2}}{\displaystyle\sum_{i=1}^{k}\dfrac{1}{E_i^2}} \tag{10-16}$$

由此，可以计算出待定位标签的坐标位置：

$$(x,y) = \sum_{i=1}^{k} w_i(x_i, y_i) \tag{10-17}$$

LANDMARC 的原型定位系统搭建在长×宽为 9m×4m 的室内环境中，参考标签以横向间隔 1m、纵向间隔 2m 的网格状排布，LANDMARC 的最大误差限制在 2m 以内，均方根误差为 1m。

LANDMARC 系统有三个方面明显的优势。

（1）因为参考标签的成本大大低于读写器的成本，所以降低了整个定位系统的成本。

（2）参考标签和待定位标签处于同样的环境中，因此很多环境因素可以大大抵消。

（3）定位信息比较准确。

但是 LANDMARC 系统存在一定的不足之处。

（1）该系统由邻近的参考标签位置来确定待定位标签的位置，所以，待定位标签的定位精度完全是由邻近参考标签决定的，在该系统中，定位的误差范围理论上被控制在邻近的几个参考标签所组成的多边形范围内，但实际上只有在参考标签均匀分布和周围环境一致的情况下，才能这样理解。

（2）要想获得较高的定位精度，就必须布设高密度的参考标签，这样又会加剧信号之间的碰撞，影响信号的强度。

（3）该系统在确定邻近参考标签的时候，需要计算每一个邻近参考标签与每一个待定位标签之间的欧氏距离，根据欧氏距离的大小来确定邻近参考标签，这样势必会导致大量不必要的计算，增加系统的计算负担。

10.2.3　实时定位准确度评估标准

为准确评价各种定位方法在实际测试环境中的定位性能，需要首先确定评价定位准确度的指标。目前最常用的指标是定位解的估计误差（EE）、均方误差（MSE）、均方根误差（RMSE）、克拉美罗下界（CRLB）、几何精度因子（GDOP）、圆/球误差概率（CEP）、累积分布函数（CDF）等。下面对各评估指标做简要介绍。

1. 估计误差（EE）

估计误差是衡量定位算法对于单个标签的一次定位结果的最常用指标，可以表示为

$$EE = \sqrt{(x - x_0)^2 + (y - y_0)^2} \tag{10-18}$$

其中，(x_0, y_0) 为待定位标签的真实位置坐标；(x, y) 为定位结果。

2. 均方误差（MSE）和均方根误差（RMSE）

另一种常用于评价定位准确度的度量是定位解的均方误差（MSE）。在二维定位估计中，均方误差可表示为

$$MSE = E(x - x_0)^2 + (y - y_0)^2 \tag{10-19}$$

其中，E 表示样本的期望值。均方根误差为

$$RMSE = \sqrt{E[(x - x_0)^2 + (y - y_0)^2]} \tag{10-20}$$

3. 圆/球误差概率（CEP）

估计定位准确度的一种严格且简单的度量是圆误差概率（CEP），CEP 是定位估计器相对于其定位均值的不确定性度量。对于二维定位系统，CEP 定义为偏离圆心概率为 50% 的二维点位离散分布随机向量。如果定位估计器是无偏差的，CEP 即为目标相对真实位置的不确定性度量。如果定位估计器有偏差且以偏差 B 为界，则对于 50% 概率，定位目标的估计位置在距离 B+CEP 内，CEP 为复杂函数，通常用其近似值表示。对于 TDOA 双曲线定位，CEP 近似表示为

$$CEP = 0.75\sqrt{\sigma_x^2 + \sigma_y^2} \tag{10-21}$$

其中，σ_x, σ_y 为二维定位中定位估计位置的方差。

4. 累计分布函数（CDF）

CDF 表示为

$$y = P\ (s < x) \tag{10-22}$$

其中，s 表示定位误差；x 表示定位误差门限值；y 是定位误差小于 x 的累计概率分布。它指误差在某个门限值以下的定位次数占总定位次数的百分比，如 $\mathrm{CDF}(0.71\mathrm{m})=78\%$，表示误差小于 0.71m 的概率为 78%。在室内算法中，通常以 50%的概率或以 80%的概率将估计误差控制在某个范围以内来评估算法的稳定性。

10.3 制造业与实时定位技术

本节阐述制造业与实时定位技术的关系，首先分析离散制造车间对实时定位系统的需求，其次介绍实时定位系统对离散制造车间的意义，最后分析在离散制造车间应用实时定位系统的难点。

10.3.1 离散制造车间实时定位系统需求分析

离散制造车间定位的特殊性表现在以下几个方面：离散制造车间是设计数据和加工状态信息交汇的中心，人员密集，机床设备多种多样，定位环境复杂；加工过程中人员、物料及 AGV 的随机流动性大，定位干扰源复杂多变；离散制造车间的定位对象种类多样，主要包括人员、刀/量具、工装、物料、AGV、机床等；离散制造车间的产品品种多样，每种产品也都有不同的加工工艺流程，根据不同的加工工艺，车间机床布局也要重新设计；产品制造过程不透明，无法实时监控生产状态；零件加工工序之间的信息传递仍依赖于工艺员的人工调度，管理自动化程度低，生产状态信息拥堵，车间生产效率提高空间有限。对于厂房空间比较小、生产类型单一、产品结构简单的离散制造车间来说，忽略实时位置数据对整个生产过程的影响不大。但对于大空间甚至超大空间的离散制造车间来说，精准的实时位置和状态信息是提升生产能力的重要因素。航空航天产品结构复杂，零部件众多，生产环节长，大多数生产车间不仅要兼顾研制型号和批产型号，而且多型号混流生产，这就要求对车间各类物料和配套零部件的实时位置、运输时间、运动路线等数据做到精准管理，否则，就会给生产管理带来许多问题。该类问题是影响我国某航空企业的某型号飞机不断延迟交付的关键问题之一，因此，需要以精准、可靠(抗干扰)、低成本为原则，重点研究大空间离散制造车间在制品、组件、部件、小车等对象的实时定位与跟踪技术。

随着技术的发展，GPS、北斗卫星导航系统、移动基站、Wi-Fi 等室外定位系统的定位精度在不断提高；但在精准室内定位方面，尤其是更为特殊的大空间离散制造车间实时定位方面的研究工作还很少，室内 GPS 等技术还只适用于工位级的定位，很难与物料的电子标识、跟踪等技术相集成，且随着空间的扩大，成本显著增加。此外，传统的定位系统一般遵循请求-应答模式，在请求-应答模式中，用户必须先向服务器提出定位请求，待系统响应后返回定位结果，事实上，这种被动模式的服务系统远远无法满足用户动态的需求。实时定位系统是一种新型的主动模式服务，除可以动态获取用户的位置信息外，它还能够根据自身获得的信息主动实现信息推送，用户按照自己的定位服务需求获取所需信息。本书设计的离散制造车间实时定位系统就是基于位置的自动感知而深入展开的。

　　针对离散制造车间现存的问题，并结合离散制造车间的特殊定位环境，本书设计了离散制造车间实时定位系统，在保证产品质量的基础上，解决以上描述的车间现存问题，提高车间的生产效率，并从车间定位的角度提出提高车间信息化水平的新思路。实时定位系统将实现人员定位、物料流转过程定位、机床设备的布局调整、刀具定位、工装定位以及 AGV 自动导航，实时监控每个零件加工的全生命周期和生产过程中相关要素的位置信息，从而改变传统的车间加工模式。该系统的目标是打造反映离散制造车间各类要素实时位置信息的多维"定位地图"，开发基于位置的相关应用，提高数据分析的效率，提升车间的批量生产能力。

　　离散制造车间实时定位系统的具体功能需求分析如下。

1) 完备的离散制造车间 RFID 数据采集方法

　　本书提出的 RFID 实时定位系统是以读写器采集到的标签 RSSI 值为主要定位依据的，因此，保证离散制造车间 RFID 数据的精确采集是实现感知定位系统的前提条件。宏观上，读写器的读写范围应覆盖整个制造车间的各个工位区域，为了便于管理，可根据车间的实际情况，通过合理部署读写器与参考标签，降低实施成本；细节上，应根据待定位对象的加工工艺特点，合理选择具有特定性能的标签，匹配特定的读写器，并以特定的附着技术实现对象的跟踪标识。

2) 实时定位系统的实时性与准确性

　　不同的定位场合所需的定位效果不同，离散制造车间实时定位系统应该根据定位的实际场景选择合适的定位算法，以满足定位的需要。在定位过程中，可考虑采用 RFID 读写器定位、RFID 标签定位或者读写器和标签混合定位等方式，例如，在工作期间对车间内部人员的定位就可利用读写器定位，将定位区域放宽至其负责的整个作业区域；产品组装时，各个零件的相对位置精度要求较高，应采用基于标签的定位手段进行定位，实现指导生产；工人在庞大的刀具库选用刀具时，最近的方案是先利用读写器定位判断出目标对象的大致区域，然后在此区域内基于标签定位，最终确定刀具位置。这样既可充分利用读写器定位操作简便、实时性高以及成本低等特点；又能最大限度地满足定位精度高的场合需要，实现系统资源的最大利用。

3) 主动推送用户感兴趣的基于位置信息的定位服务

　　车间基础数据是指在生产过程中所涉及的所有制造资源的属性数据，包括机床设备、人员、刀/量具、工装、产品工艺文件、工位生产计划、零件图纸以及质检文件等，它是将定位结果转化为实际意义的基础。基于采集到的 RFID 信号进行定位计算，给出目标对象的地理位置信息，这只是完成了实时定位系统的第一步——定位。实际上，对于实时定位系统的用户，特别是车间的管理者而言，仅仅获得这些孤立的坐标信息依然毫无意义，管理者迫切需要借助位置信息获得其感兴趣的服务。所以实时定位系统的关键在于基于这些地理位置信息，依据预先设定的逻辑准则，能主动向用户推送这些其感兴趣的服务。这些服务需要包括 AGV 的自动导引服务、机床设备布局的在线仿真服务、该逻辑区域范围内机床的空闲状态信息、当前零件的加工进度展示、工人当天的作业完成情况等。

4) 实现 PC 端以及手持式终端跨平台的 Web 访问

　　离散制造车间的内部区域大，为了节约系统成本，采用嵌入式手持终端，从而可以随时随地完成定位请求。在离散制造车间实时定位系统中，手持式终端扮演着多重的角色；手持式终端作为定位请求的客户端，向后台服务器发出定位请求，并完成返回数据的显示；手持

式终端集成了 RFID 读写器,它同样可以参与目标对象的定位,考虑到其天线的读写距离较短,一般用于读写器区域定位;在实时定位服务主动推送的过程中,附着有标签的手持式终端既是服务的发起者也是服务的接收者。

5)建立基于位置信息的预警机制

离散制造车间内部区域之间的隔离性差,人员流动性大,加工设备混杂,突发事件层出不穷,容易出现以下问题:在某一工位,待加工的零件被放置在了已加工区,一旦流转到下一工序,则造成物料浪费;刀具与机床不匹配,工人用非法的刀具在机床上加工,对机床造成损伤;车间的精密检验区等保密区域隔离性不好,安全性差,信息很容易外泄。通过以上问题分析,亟须建立基于位置信息的预警机制,规范车间的行为,提高车间的可控能力。

10.3.2　离散制造车间应用实时定位系统的意义

实时定位系统可以在离散制造车间发挥巨大的作用:提高生产效率,降低成本,甚至改变生产模式。

1)提高车间生产效率

在一般企业中,由 MES 进行机床任务的安排与分配,实现生产规划和调度,但是在这种情况下,无法得知在制品的中间传送过程,导致无法正确控制生产步骤的顺序,造成加工阶段的失误和不必要的搜索行为,甚至工人找不到需要加工的在制品,导致生产任务无法正常进行。研究人员发现,提高车间对象的搜索运输水平可以大大地提高生产效率。有人研究了在半导体生产车间使用 RTLS,发现在制品位置信息的实时定位对于工人提高生产效率具有重要作用,通过分析工人在没有实时定位信息时,查找待加工工件的运动轨迹,即螺旋形运动路线,计算时间消耗成本,并与有可视化的待加工件实时定位信息的直线运动轨迹进行比对,量化了实时定位系统在离散制造过程中的价值,并进一步明确了实时定位系统的精度对搜索时间的影响,定位精度越高,搜索时间越短,进而使得物料等待加工的时间变短,提高了生产效率。

2)优化车间生产线布局

在离散制造车间内,一般按照功能将机床分为不同的工作组,在制品在不同工作组的不同机床之间流转,物料根据不同的工艺安排,可能需要在同一工作组内进行多次加工处理,也可能不需要某个工作组机床的加工。该问题一直是生产调度的经典求解问题,但通常的求解方法较少考虑机床位置对生产效率的影响。可以将实时定位技术引入经典模型中,结合实时定位系统提供的物料位置、速度、距离、时间等数据,对不同工作组之间的间距、同一工作组内机床之间的间距进行系统、全面优化,用于实现车间最为合理的规划布局。

3)可视化调度系统

传统的调度规则或者根据加工时间或者根据最早交货日期,或者两者都考虑,如先进先出(First In First Out,FIFO)规则、最早交货期(Earliest Due Date,EDD)规则等,但是它们存在一些局限。有研究表明实时定位技术会对生产调度产生影响:通过定位系统提供的位置数据流,工艺员可以实时跟踪在制品的生产状态,了解在制品何时达到指定工作站,何时离开工作站,确定每个工作站的工作时间;可以根据待加工产品的位置和车间的实时状态,重新安排制造资源,如人员、设备、原材料、在制品、工具等,实现生产资源的动态调度和规划。和传统的调度规则相比,基于实时定位系统的调度规则能够更好地缩短生产周期、提高机床利用率，同时面对车间的突发状况，如机床故障、原材料不足、订单变更等，基于实时定位系统的调度规则具有更好的适应能力，能及时地调整生产任务，最大限度地解决问题。此外，基于 UWB 的数字化制造车间物料实时配送系统可以根据超宽带无线定位技术实现物料配送小车的实时定位与追踪，进行物料配送小车的路径规划与导航，可以实现数字化制造车间的可视化精确布局，最终达到减少在制品库存、提升物料配送的及时性和准确性、提高车间生产品质的目的。

10.3.3　离散制造车间应用实时定位系统的难点分析

必须研究离散制造车间实时定位系统的以下几个难点。

(1) 将现有基于 RFID 的室内实时定位系统直接应用到离散制造车间存在较大的问题。

制造车间的金属和电磁干扰环境对 RFID 信号的稳定性影响较大；同时，离散制造车间的移动物体遮挡待定位对象，包括人员、物料、小车等，也会对实时定位的准确性造成较大的干扰。通常基于 RFID 的室内实时定位系统较少考虑以上因素，使得定位效率和精度较低。因此，如何对现有室内实时定位技术进行适当的改进，与大空间离散制造车间的特点相适应，是本书需要解决的核心问题之一。

(2) 如何针对大空间离散制造车间的生产管理需求定义合理的车间定位数据模型。

一方面，车间中不同对象对定位参数的要求不同，包括定位精度、采样形式、位置量纲等多个方面，例如，运输小车和物料的定位就有显著区别，前者需要连续定位，实时跟踪位置数据、运行轨迹，但后者只在固定区域流转时发生位置变化，如果也进行连续定位，就会造成数据的冗余和资源浪费；另一方面，要考虑与离散生产过程相结合，如加工工位定位、缓冲区定位、空间坐标定位等。但目前国内外还缺乏面向大空间离散制造车间实时定位数据模型的研究。因此，该部分内容是本书研究的第二个核心问题。

(3) 如何在大空间离散制造车间使用实时位置数据去优化生产线模型参数。

动态对象实时位置数据的采集，无疑将在大空间离散制造车间的生产管理中起到重要的作用。因此，如何将实时位置数据与车间管理中的各类模型进行有机集成，如在大空间离散制造车间的规划设计、生产调度、车间监控等模型中引入实时位置、速度、路线等信息，全面优化生产线规划布局和调度控制方案等方面的研究就非常必要。正如前面所述，目前，国内外关于该方面的研究结果还比较少。

第 11 章　数字孪生车间数据集成技术

11.1　数字孪生车间数据集成体系

数字孪生车间的数据集成可以融合多源异构数据，打通虚实车间交互映射的连接渠道，实现异构要素的互联协调，是数字孪生虚实融合的基础。本章从数字孪生和数字孪生车间的内涵入手，详细论述数字孪生车间的运行模式和数据集成的定义，并通过对数据集成的需求分析，设计基于 OPC UA 的数字孪生车间数据集成体系架构和物理拓扑结构。

11.1.1　数字孪生车间概述

1. 数字孪生与数字孪生车间

数字孪生的概念诞生于 2002 年 Grieves 教授的一门产品全生命周期管理课程。在课上 Grieves 教授定义数字孪生体是一组可以从微观原子水平到宏观几何水平全面描述潜在或实际物理制造产品的虚拟信息结构。在数字孪生概念刚刚提出之时，由于物联感知手段的匮乏以及计算机硬件水平和运算能力的欠缺，难以支撑数字孪生的成功应用，因而数字孪生概念并没有引起国内外学者的强烈反响。而进入 2010 年后，随着美国国防部、美国国家航空航天局（National Aeronautics and Space Administration，NASA）以及美国空军研究实验室成功将数字孪生引入飞行器的全生命周期维护管理之中，数字孪生的潜力逐渐被人们所认识。近年来大数据、虚拟现实等技术的落地，以及物联网技术的兴起，更是极大地推进了数字孪生技术的发展。

在研究数字孪生技术的过程中，数字孪生的内涵也在不断扩充。最开始数字孪生主要聚焦于航空航天领域。NASA 在其 2010 年的报告中提出了"数字孪生体 2027 计划"，其中定义：数字孪生是一个基于物理模型、传感器实时数据和历史信息，综合多物理、多尺度的仿真系统，可以反映真实航天器的全生命周期。美国空军研究实验室认为：数字孪生是一个适应飞行器实体任务需求的全生命周期模型，包含电子、控制、动力等其他子模型。随后数字孪生的概念逐步拓展至产品和零件中。Boschert 等认为：数字孪生是对一个零件、产品或者系统的物理特性和功能特性的全面描述，其中包括当前和未来全生命周期中的有关信息。Kuhn 认为：数字孪生是现实世界中实体的数字表示，它描述了物理对象以及实体服务这类非物理对象，并且对于数字孪生，对应对象是否已经存在或者仅存在于现实世界中是无关紧要的。随着研究的深入，数字孪生的理念也不再限于产品的全生命周期管理，并且逐渐被引入了车间制造环节。Negri 等认为：数字孪生是一个生产系统的虚拟表示，得益于传感器数据采集、智能设备连接、数学模型构建和实时数据处理，该系统可以实现虚拟系统和真实系统之间的融合，并能够运行不同的仿真目标。陶飞等研究了数字孪生在制造车间中的应用方式，提出了数字孪生车间的概念：数字孪生车间是一种基于先进信息技术和制造技术，通过融合物理车间和虚拟车间，实现车间中生产、计划、管理等活动在数字孪生环境中的迭代运行，从而优化车间生产管控的车间运行模式。

从上述定义可知，虽然数字孪生在不同领域中的定义有所差异，但是数字孪生以及数字孪生车间的核心是构建对物理实体的高保真虚拟模型，并通过虚实数据集成实现物理环境和虚拟环境的互联互通与迭代优化，最终达到虚实融合的目的。数字孪生车间相较于传统的车间管理方式，需要具备以下三大能力。

1) 真实映射

虚拟车间是对物理车间高保真的模型化反映，而物理车间是对虚拟车间运行和仿真结果的真实再现。虚实车间通过实时信息交互，相互响应对方的状态变化，最终实现双向真实映射，达到"以实映虚，以虚控实"的效果。

2) 信息融合

数字孪生可对物理车间状态信息进行融合，实现人、机、物、环境等各类生产要素的互联协调，并实时描述车间的生产活动。同时进一步对生产活动进行融合，通过对活动状态信息的分析和挖掘，实现生产活动自身以及生产活动之间的优化运行。

3) 自学习、自演化

虚拟模型需要始终保持对物理实体的忠实映射，同时也需要具备自学习和自演化的能力。在数字孪生车间运行过程中，虚拟模型通过不断累积物理车间采集的数据，不断优化和提高自身的真实度，从而实现制造系统的精准分析和制造过程的实时决策。

2. 数字孪生车间运行模式分析

数字孪生车间的有效运行基于物理车间、虚拟车间和数字孪生服务以及沟通这三者的数字孪生数据和数据交互。

1) 物理车间

物理车间作为数字孪生车间的重要组成部分，是实际的生产作业现场，囊括了车间中物料、工装、人员、AGV、设备、环境等生产要素的客观实体及其在制造过程中的各类生产活动。物理车间需要具备对所有生产要素、生产活动以及由生产要素组成的生产线运行状态的实时感知能力，同时也需要实现对车间中设备、小车的实时控制以及对人员的指令传输和实时指导。

2) 虚拟车间

虚拟车间通过构建虚拟模型实现对物理车间的高度仿真。虚拟模型可以细分为描述生产要素的形状、位置、关系的三维几何模型，描述生产要素内在物理属性和外在生产能力与运行参数的物理模型，描述生产要素之间的行为、规则、运行状态并具备仿真推演能力的逻辑模型，以及实现以上三类模型关联互通的模型级融合体。虚拟模型需要在生产过程中时刻保持与物理车间的高度一致性，并且通过不断累积的生产过程历史数据优化虚拟模型自身，从而达到外观的形似和内部运行机理的神似。

3) 数字孪生服务

在数字孪生车间运行过程中，数字孪生服务既可以看成一个独立的运行模块，实现数字孪生车间在可视化监控、评估、分析、决策等方面的应用；也可以视为物理车间、虚拟车间以及数据交互的重要组成，实现数据的传输、存储、融合并接入传统 MES、ERP 等车间信息管理系统。

4) 数字孪生数据

数字孪生数据是数字孪生车间的驱动。数字孪生数据既包含在各模块中的实时运行数据和历史数据，也包括在模块间传输的数据和控制指令。

5) 数据交互

数据交互是实现数字孪生车间各组成模块之间相互交互的信息传输接口。由于整个数字孪生车间是由多个子系统、多个服务模块以及多个功能应用层次组成的复杂平台，所以数字孪生车间的数据交互模块既需要实现多系统间的集成交互，也需要预留数据接口保证平台功能的可拓展性。

数字孪生车间的运行模式如图 11.1 所示，其根本目的是实现物理车间和虚拟车间之间的互联互通和协调控制。当物理车间运行时，会实时感知生产要素在车间内的运行状态，并将实时状态信息同时传输至虚拟车间和服务模块。虚拟车间对实时数据做出快速响应，使虚拟模型与物理实体保持协调统一，同时逻辑模型根据实时动态数据逐步演化。服务模块则将数据进行融合存储，并通过虚拟模型实现分析决策。另外，利用虚拟模型具备仿真能力的特性，对分析决策结果进行验证，再进行决策反馈，驱动物理车间生产任务的执行，从而实现车间生产的动态调控和迭代优化。

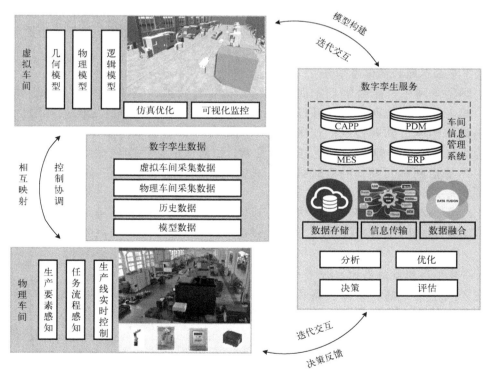

图 11.1 数字孪生车间运行模式

11.1.2 数字孪生车间数据集成需求分析

数字孪生车间是智能制造背景下制造车间全息监控、制造系统精准分析、制造过程实时决策的有效手段。目前数字孪生在车间中的应用方式一般基于对现有制造车间的改造，通过数字孪生技术，连接现有的制造设备和车间信息管理系统以及物联网设备，构建虚实车间的数据交互渠道，从而实现对车间生产管控的实时优化。因此针对数字孪生车间在数据融合和信息传输方面的问题，提出了数字孪生车间数据集成的概念。

数字孪生车间数据集成是融合异构数据、搭建虚实信息交互纽带、驱动虚实融合和数字孪生平台运行的基础。数据集成需要融合车间现场的异构数据，描述车间实时生产状态，实现人、机、物、环境全要素的互联协调，同时统一异构设备的传输协议和数据接口，构建数字孪生车间信息交互渠道和数据存储空间，保持虚实车间真实映射。

结合对数字孪生车间运行模式的分析，可以发现实现数字孪生车间数据集成的主要需求包含以下几方面。

1) 物理车间全要素实时感知

传统的制造车间中，信息感知方式落后，数据采集不准确、不及时，无法囊括车间中所有的生产要素和制造活动，致使管理层无法全面了解车间的运行状况和生产进度，数字孪生系统也缺乏可靠的信息获取渠道。随着制造物联技术的广泛应用，以及射频识别、实时定位、无线传感等物联网关键技术与制造车间的结合越来越紧密，物料、工装、人员、设备、环境等生产要素关键信息的全面采集已经成为可能。应依托制造物联技术，在物理车间中合理布置物联感知设备，多维度地获取车间中各类生产要素的位置、状态等物理信息，从而节约数据记录成本，提高采集效率和准确性，实时追踪生产要素的生产状态，为车间全要素实时感知提供数据支持。

2) 数字孪生车间物理信息融合

数字孪生车间中，融合物理车间的多源异构实时数据、集成车间所有制造要素，是实现人、机、物、环境四大要素互联互通以及虚拟车间和物理车间之间相互融合、协同管控的基础。但制造物联技术的使用使得车间内实时数据的来源变得更为广泛，数据量变得更为庞大，数据传输机制也变得更复杂，如何适应数字孪生车间运行的业务需求，实现从生产要素到车间整体的实时描述，成为困扰制造物联技术在数字孪生环境下有效运用的关键瓶颈。

因此，需要综合考虑车间的数据层次，以物理车间感知数据为基础，集成规约生产要素信息，实现数字孪生车间信息融合。这一过程可以命名为基于物理数据的数字孪生车间信息融合。

3) 数字孪生车间多源异构数据统一传输

物理车间中各类物联感知设备和生产加工设备存在硬件和软件的多源异构特征，传输协议和数据接口存在互异性。由于缺乏通用的数据传输协议，每个数据应用模块为了连接不同的数据采集设备，都需要独立开发专用的驱动程序，使得系统结构复杂、开发成本极高。因此需要在数字孪生车间中构建统一的数据传输协议，从采集端就将多源数据进行集成，使得物理车间、虚拟车间以及数字孪生服务之间的连接采用标准的数据传输接口。

4) 高实时性的虚实车间真实映射

衡量数字孪生车间数据集成的一大性能指标就是物理车间和虚拟车间信息相互映射的实时性和真实性。影响映射实时性的因素主要来自物理实体和与其对应的虚拟模型之间的通信延迟，而影响真实性的因素主要来自虚拟模型和物理信息模型之间的匹配程度。因此对于数

字孪生车间的高实时性要求，需要从传输通信的角度减少信息传递的时滞，而对于真实性要求，则应该用统一的建模形式保证虚实模型的一致性。

11.1.3　数字孪生车间数据集成框架

1. 体系架构

基于数字孪生车间运行模式和虚实融合的要求，设计了如图 11.2 所示的数字孪生车间数据集成体系架构。该架构根据数字孪生的体系结构分为物理车间、数据交互、虚拟车间和应用服务四大模块。基于这四大模块，面向数字孪生数据集成的需求设计了感知层、处理层、传输存储层和模型层四个功能层级。

为了实现对物理车间内全要素、全生命周期各类生产活动的全面感知，物理车间中需要包含实现生产要素信息采集的感知层和实现数字孪生车间物理信息融合的处理层。数据交互模块是实现数字孪生车间虚实交互的信息纽带，因此在数据交互模块中需要构建传输存储层，其主要目的是实现物理车间和虚拟车间之间数据的实时传递以及历史数据的及时存储和提取。虚拟车间是对物理车间的模型化反映，模型层在其中的主要功能在于构建几何模型、物理模型和逻辑模型这三类模型，并实现真实映射。应用服务模块是基于物理车间、数据交互和虚拟车间以及这三者构建的数字孪生平台而建立的一种应用体系。可以通过应用软件、移动终端等形式来满足不同工作场景、不同业务环境、不同应用目的的需求，实现车间全息监控、质量评估与诊断、生产自适应调度、生产进度预测等功能。

1) 感知层

感知层为数字孪生车间数据集成体系架构的最底层，通过在车间现场部署 RFID、传感器、UWB 等各类物联感知设备，以及接入数控机床、PLC、工业机器人等各类加工与控制设备，实现对车间内各生产要素的数据采集，确保对人、机、物、环境等多源异构数据的实时可靠获取。对于物联感知设备，目前数控机床、PLC 以及工业机器人大多直接支持 OPC UA 或者采用串口、以太网等通信方式接入数据，现有各类环境传感器可以通过 PLC 或者串口直接获取实时数据，而 RFID 设备多采用基于 TCP/IP 的中间件技术，UWB 设备采用 WebSocket 或者 MQTT（Message Queuing Telemetry Transport）等即时传输协议。因此，可以实现车间现场所有物联感知设备的数据采集。

2) 处理层

处理层的主要目的是处理感知层采集而来的生产要素数据，实现数字孪生车间的物理信息融合。首先对车间现场感知的静态数据和动态数据进行预处理，消除原始数据中的冗余和重复。其次为满足数字孪生车间规约融合多源异构采集数据，实现生产要素和制造资源的集成协同和互联控制的业务需求，采用分层式融合的策略，在数据级融合阶段进行生产要素单元级融合，而在特征级融合阶段则进一步化为空间尺度融合和车间级融合两个层级。对于生产要素单元级融合，以每个生产要素作为单元，对经过冗余处理的数据进行中间事件匹配；同时引入原始数据和生产要素控制方法，采用混合式融合方案，构建与生产制造过程直接相关的生产要素单元数据集。对于空间尺度融合，基于生产要素单元数据集，提取生产要素的位置信息，以空间尺度构建空间对象立方体模型。对于车间级融合，是在空间尺度融合的基础上，提取有关工艺、任务、流程的信息，对整个制造车间进行描述，从而实现车间级的信息融合。

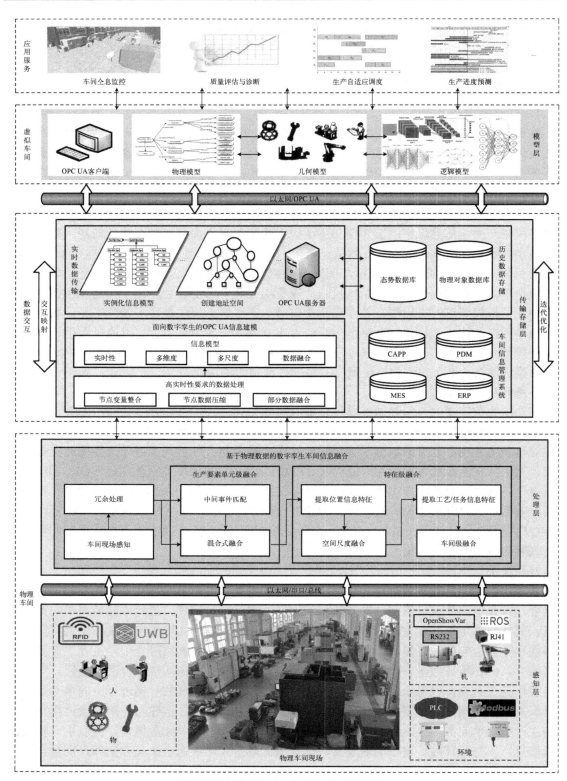

图 11.2 数字孪生车间数据集成体系架构

3）传输存储层

传输存储层是实现数字孪生车间数据集成的核心功能层级，通过数据的连接实现虚实车间的交互映射和迭代优化，并且接入 MES、ERP 等车间信息管理系统。传输存储层的两大关键任务分别是实现物理车间和虚拟车间之间数据的实时相互传输和对象的及时控制，以及存储完整的数据采集历史信息和用于构建虚拟模型的虚拟模型数据。由于整个数字孪生体系的采集识别方法多样、数据来源广泛、数据采集的传输协议和数据接口往往各不相同，应采用 OPC UA 协议整合异构设备和异构数据，建立生产要素之间的互联互通关系，为数字孪生车间的数据传输建立统一的通信架构。首先，依据 OPC UA 建模和传输的特点，针对提高数据交互实时性的目的，对数据节点进行适当的合并和压缩处理，并基于物理信息融合完成对车间现场和车间内生产要素的信息建模。其次，对信息模型进行实例化，构建 OPC UA 服务器，并创建地址空间以实现虚实数据的实时相互传输。同时，开放数据通信接口，实现与 MES、ERP、CAPP、PDM 等车间管理系统的信息共享。另外，针对数据存储的需求，构建态势数据库和物理对象数据库，分别存储虚实车间采集的历史数据信息以及虚拟车间的几何模型和对应的物理模型。

4）模型层

模型层是数字孪生车间中的物理实体在虚拟车间的表现形式，它通过虚拟模型从几何形状、物理属性以及行为规则三个方面描述了物理实体。虚拟模型的构建源自传输存储层的数据支持，需要保持与物理信息融合结果的一致性。几何模型和物理模型通过获取物理对象数据库中的模型数据，以及通过 OPC UA 客户端接入的实时采集数据，在模型层实现模型的重构。逻辑模型则源于态势数据库以及当前实时的物理车间和虚拟车间采集数据，面向不同的服务目标，基于仿真和大数据的方式描述整个车间的行为、规则，通过自学习、自演化使得虚拟车间具备评估、优化和决策能力。

2．物理拓扑

数字孪生车间运行的基础是基于制造物联设备的车间现场信息感知以及基于 OPC UA 服务器的虚实信息传输。为了在制造车间现场搭建数字孪生环境，需要部署相应的物联设备和传感网络，数字孪生车间物理拓扑如图 11.3 所示。

为实现车间中所有生产要素的物联感知，需要根据车间的物理布局合理部署 RFID 设备、UWB 基站、各类环境传感器和电子看板，同时根据车间工位需求接入设备。RFID 设备包含读写器、天线和标签，通过将 RFID 标签和人员、物料、小车等实物进行绑定，并在车间中的工位、大门等关键节点部署 RFID 读写器和天线，可以实现对车间各类实物生产数据及车间生产状态数据的实时采集。每个 RFID 读写器和天线都需要与其部署的区域进行绑定，根据天线的感知范围和读写距离，可以对车间进行区域划分，实现运行逻辑的提取。相较于 RFID 的区域感知能力，UWB 可以实现精度更高、范围更广的实时定位。通过在整个车间内部署 UWB 基站，可以获取工装、工具、人员以及 AGV 的精确坐标数据，从而为后续的全息监控、实时调度、动态导航等功能服务提供数据基础。车间内的环境传感器分为两类：一类是监测整个车间环境的传感器；另一类是部署在工位、设备等关键节点上，用于监测特定信息的传感器。通过传感器的精细部署，可以实现对车间无死角的环境信息监测。对于车间中的设备，需要针对设备的接口属性，按不同的传输方式接入设备运行数据和控制方法。另外，在每个工位均配备电子看板，实现信息自推送，方便工人的访问和查阅。

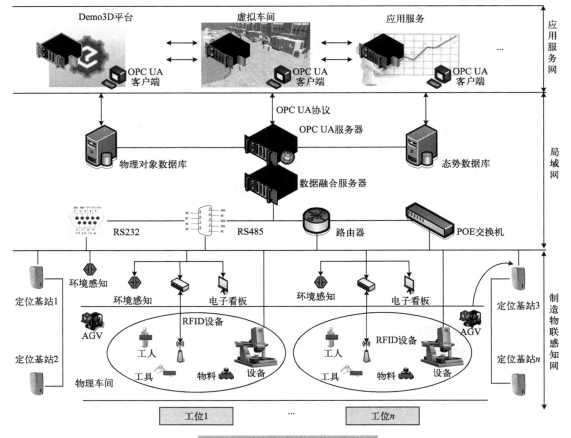

图 11.3　数字孪生车间物理拓扑图

通过交换机、路由器以及串口等数据通信组网方式，实现车间中的各感知模块与 OPC UA 服务器的连接，并打通数据融合服务器、OPC UA 服务器、态势数据库以及物理对象数据库之间的链路，构建车间局域网。OPC UA 服务器通过数据融合服务器接入不同物理车间采集的原始数据，在实现信息融合的同时，完成对 WebSocket、MQTT、Modbus 以及 RFID 传输协议等应用层协议的集成封装，实现数字孪生系统中协议的统一。

数字孪生车间的应用服务和虚拟车间模块均搭建于应用服务网之上，可通过 OPC UA 客户端和连接数据库共享采集数据和历史数据。从而实现数据接口和传输协议的统一，整合规约传输数据，实现虚实车间的高效连接，并且降低数字孪生系统和各功能模块的开发难度。

11.2　基于物理数据的数字孪生车间信息融合技术

随着对数字孪生车间研究的逐步深入，物理车间中生产要素关键信息全面采集、异构要素之间互联协同、异构数据高效集成传输、人-机-物-环境四大要素感知融合等困难，已经成为困扰数字孪生技术在制造车间中全面落地的关键瓶颈。针对这些问题，提出了基于物理数据的数字孪生车间信息融合的概念，即集成融合物理车间中各类生产要素的实时感知数据，

实时描述车间中的全部生产活动，从而实现全要素的互联协同与精准管控。这一过程可以简称为物理信息融合。但是目前关于物理信息融合的研究仍然十分有限，本节将多源信息融合理论引入物理信息融合过程中，采用分层式融合的策略，在数据级融合和特征级融合两个层级的基础上继续细分为冗余处理、单元级融合、空间尺度融合以及车间级融合四个步骤，最终完成了整个物理车间从生产要素到车间任务的信息融合和生产活动详细描述。

11.2.1　数字孪生车间物理信息融合结构

1．多源信息融合方法

由于目前对于数字孪生车间物理信息融合的研究仍处于起步阶段，物理信息融合的结构和方法可以借鉴现在已经非常成熟的多源信息融合理论。多源信息融合理论中，根据融合对象不同和外界环境要求，多源信息融合一般可以划分为集中式融合、分布式融合、混合式融合、分层式融合四类通用处理结构。

1）集中式融合结构

集中式融合如图 11.4 所示，是将多源数据在预处理之后统一传递至融合中心进行处理。这种融合处理方式可以有效利用全部的采集信息，几乎不存在信息损失，融合效果较好，但对数据传输的要求较高，融合中心数据处理的复杂程度较高，处理效率和可靠性也会受到影响。

图 11.4　集中式融合

2）分布式融合结构

分布式融合如图 11.5 所示，是将集中式融合中融合中心的部分功能下移至采集节点，在预处理之后先进行一定的融合操作，然后再传输至融合中心。分布式融合虽然会造成部分数据丢失，影响融合效果，但是处理效率和可靠性相较集中式融合大大提高，同时对数据传输的要求也大幅降低。

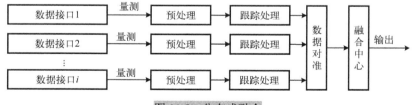

图 11.5　分布式融合

3）混合式融合结构

混合式融合是对集中式融合和分布式融合两种结构的整合，既在数据采集节点处对原始数据进行部分融合处理，也将原始数据传输至融合中心。混合式融合既能保证完整的采集信息传递和较好的融合效果，也可以获得较高的处理效率和可靠性，但是会产生大量的数据传输，造成信道壅塞。混合式融合如图 11.6 所示。

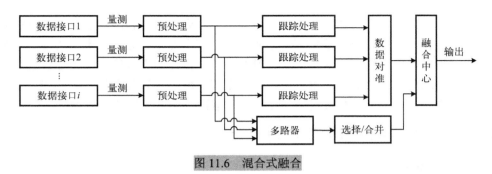

图 11.6　混合式融合

4)分层式融合结构

在分层式融合结构中，融合过程按照数据的抽象层次可以划分为数据级融合、特征级融合和决策级融合三个层级。分层式融合的每个融合层级都可以视为一个融合中心，都可以按照前述三种融合结构进行融合处理，分层式融合如图 11.7 所示。数据级融合的输入一般是多个传感器采集的原始数据，可以直接进行特征的提取。特征级融合的输入可以来自数据级融合的结果，也可以来自其他提取特征的信息采集源或者前一次特征融合的结果，其输出可以进一步进行决策。决策级融合的输入为特征级融合的结果或者其他系统决策信息，其输出结果为最终的融合决策。

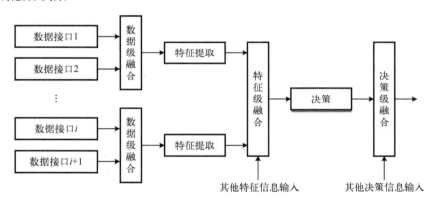

图 11.7　分层式融合

2.　物理信息融合结构设计

对于数字孪生车间的物理信息融合，既要保证物理车间中物联网采集数据的集成规约，也要实现车间内人、机、物、环境四大要素之间的互联互通以及制造资源的有效协同，还需要对车间中的所有生产活动进行精确刻画。这三大问题可以归结为实现物理车间内多源异构数据的实时融合及生产要素的有效关联和控制。由于制造物联技术仍具有局限性，目前无法获取丰富而立体的数据，并不能直接采用传统的多传感器融合算法。为此针对车间中数据的异构性和生产活动的复杂性，选用了分层式融合结构。

依据信息融合的抽象层次划分，在数字孪生环境中，针对多源异构实时数据融合问题，可以通过数据级融合，将车间内的生产要素作为融合单元，规约集成异构数据，构建每个生产要素单元的数据模型，并最大限度地消除数据冗余。通过特征级融合，可以抽取各个生产要素单元中的特征信息，并通过此特征信息关联原本孤立感知的生产要素个体，特征级融合是进一步压缩信息，实现人、机、物、环境四大要素互联互通的重要保障。数据级融合和特征级融合是物理信息融合的重要组成部分，而决策级融合是更高层次的数据融合，其融合结果将直接影响系统的决策水平，因此对于数字孪生车间，需要将决策级融合置于服务环节中，以适应不同的决策目标。

为此，本书构建了如图 11.8 所示的车间物理信息融合结构。针对融合生产要素的目的，将制造物联网环境中采集而来的多源异构数据实时传输至处理层，采用分层式融合的策略，在数据级融合层级上，对数字孪生车间中生产要素单元进行实时数据融合，本书称为单元级融合；而对于特征级融合，则细分为空间尺度融合和车间级融合两个层级。整个信息融合结构建立在对于采集数据的冗余处理上；而单元级融合构建了以事件为基础的生产要素数据单元；空间尺度融合通过提取生产要素单元中的位置空间信息来实现生产要素的关联，并通过构建空间尺度模型形成生产服务节点；车间级融合则是依据生产计划和任务进一步融合空间尺度数据模型，从而实现对物理车间的结构和生产任务的描述，实现对车间中车间级的有效管控。

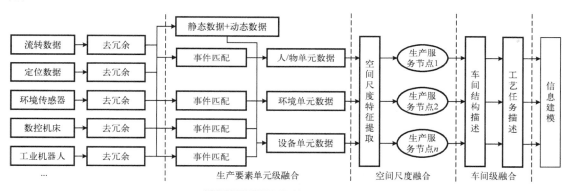

图 11.8　车间物理信息融合结构

11.2.2　实时采集数据冗余处理

在物理车间的实时数据采集和传输过程中不可避免地会产生大量的信息冗余，例如，对于附着有 RFID 标签的在制品，在进入某一工位后传感器会不断采集该在制品的状态信息，产生大量信息，组成类似的 RFID 数据。因此如何消除数据冗余，清除原始数据中的噪声，并保持数据的准确性、完整性和一致性，是提高数据利用率和系统计算效率、减小传输信道壅塞、实现实时数据融合的首要问题。

处理实时数据冗余的实质是清除采集的无效数据，并在不影响数字孪生真实映射的条件下，尽可能缩减数据采集和传输粒度。为此，需首先基于数据的相关度融合无效数据，尽可能减少数据传输中的冗余信息。另外，数字孪生车间的采集方式多样，实时数据具有多源异构性，针对不同的采集方式应选用不同的去冗余方式。由 RFID、环境传感器以及设备中采集而来的数据多是按时序变换的状态信息，具有大量的重复信息，而由 UWB 设备采集而来的数据则是按一定时间粒度产生的具有一定随机性的位置坐标。因此本书对以 RFID、环境传感器和设备数据为代表的状态信息以及以 UWB 数据为代表的位置数据采用不同的冗余处理方法。

1. 状态信息冗余处理

在物理车间中，RFID、环境传感器以及各类设备数据皆以数据流的形式展现，可以分别由式(11-1)～式(11-3)描述：

$$E_t^{\mathrm{rfid}} = <\mathrm{TID}, \mathrm{Re\_Ant}, t> \tag{11-1}$$

$$E_t^{\mathrm{sensor}} = <\mathrm{SID}, \mathrm{Range}, \mathrm{Data}, t> \tag{11-2}$$

$$E_t^{\mathrm{eq}} = <\mathrm{EID}, \mathrm{Area}, \mathrm{State}, t> \tag{11-3}$$

其中，TID 为 RFID 标签的唯一编码；Re_Ant 为 RFID 读写器和天线编号，而通过查询天线的部署区域，Re_Ant 也可以反映出该读写器天线能够感应的空间范围；SID 为环境传感器的编号；Range 表示环境传感器的感知范围；Data 表示环境传感器数据；EID 表示设备编号；Area 表示设备所在区域；State 表示设备状态的数据集合；t 为数据采集时间。

将这三类公式中的某一状态信息定义为 state，并用 Loc 表示位置信息，则这三类数据可以统一描述为

$$E_t = <\mathrm{ID}, \mathrm{Loc}, \sum \mathrm{state}, t> \tag{11-4}$$

对于某一数据采集设备，在 $[t, t+\Delta t]$ 时间段内，会产生若干形如 $<\mathrm{ID}, \mathrm{Loc}, \sum \mathrm{state}, t>$ 的原始数据。如果在这一时间段内，没有发生状态变化，那么这些原始数据中，只有在 t 和 $t+\Delta t$ 时刻，即该状态的起止时刻的数据具有意义。而在 $(t, t+\Delta t)$ 时间段内的数据为无效数据。对此类冗余数据的处理流程如图 11.9 所示，首先通过数据 ID 搜索出当前的状态 $\mathrm{state}_{\mathrm{ID}}$。然后比较 state 和 $\mathrm{state}_{\mathrm{ID}}$，如果两状态相同且 t 和 t_{ID} 之差小于数字孪生系统设定的最小时间采集粒度 Δt_g，则将这条数据定义为冗余数据，否则进行数据更新。

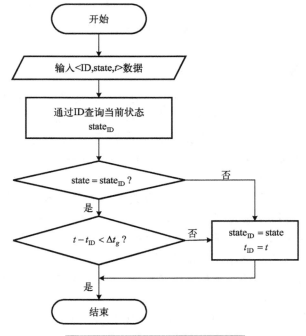

图 11.9　状态信息冗余处理流程图

2．位置数据冗余处理

物理车间位置数据的采集方法以 UWB 方式为主。UWB 设备可以用于采集人员、物料等生产要素的实时位置坐标数据，可以描述为

$$E_t^{\text{uwb}} = <\text{UID}, \text{Loc}, t> \tag{11-5}$$

其中，UID 为 UWB 标签 ID 号；Loc $=(x, y)$ 为位置坐标数据；t 为数据采集时间。

由于 UWB 硬件设备的精度问题，以及车间环境中金属设备和金属材料对 UWB 信号的干扰，定位坐标存在 10～1000mm 的漂移误差。例如，当附着有 UWB 标签的某物料被放入库房后，实际处于静止不动的状态，但由于坐标漂移，该物料的位置信息不会保持不变，而是不断产生在真实坐标位置附近的大量冗余信息。另外，采用 UWB 标识的人员、物料、小车等在大多车间中按照直线或者近似于直线行进，所以当实物在正常流转时，与直线有较大偏离的位置坐标也是冗余信息。

1）漂移数据

针对漂移数据，选用最小邻域的方式去除冗余，即将属于最小邻域范围内的点判定为冗余点，如图 11.10 所示。如果在 t 时刻获取到一组 UWB 数据 $<\text{UID}, \text{Loc}, t>$，那么可以通过 UID 查找当前位置状态 Loc_{UID}。设定最小邻域为 $d_{\min} = c(t - t_{\text{UID}})$，$c$ 为时间系数，表示最小邻域与时间差值正相关。设定 Loc_{UID} 与 Loc 之间的距离 D 为

$$D = \sqrt{(\text{Loc}_{\text{UID}}.x - \text{Loc}.x)^2 - (\text{Loc}_{\text{UID}}.y - \text{Loc}.y)^2}$$

如果满足 $D < d_{\min}$，那么可以认为标签没有移动，数据 $<\text{UID}, \text{Loc}, t>$ 为冗余数据。否则更新当前位置状态，即 $\text{Loc}_{\text{UID}} = \text{Loc}$。

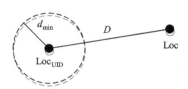

图 11.10　最小邻域示意图

2）偏离数据

针对偏离数据，使用改进的垂直距离去冗余算法约简冗余数据。垂直距离去冗余算法的原理为：设定最小垂距判定的阈值 $D_{\min}$，如果某一位置数据 Loc_i 与其前后两点连线 $\overline{\text{Loc}_{i-1}\text{Loc}_{i+1}}$ 之间的距离小于阈值 $D_{\min}$，则此位置点为冗余点，否则保留当前定位点，具体如图 11.11 所示。为适应 UWB 实时数据流，本书对垂直距离去冗余算法进行改进。由于 UWB 基站采集数据的时间粒度为 1/64～1/32s，绝大多数情况下，远小于数字孪生系统设定的最小时间采集粒度 Δt_g。所以在初始阶段可以输入两条 UWB 数据 $<\text{UID}_i, \text{Loc}_i, t_i>$ 和 $<\text{UID}_{i+1}, \text{Loc}_{i+1}, t_{i+1}>$。查询当前的 UWB 位置状态 Loc_{UID}，对 Loc_{UID}、Loc_i 和 Loc_{i+1} 这三个坐标点采用垂直距离去冗余算法，同时改进垂直距离阈值 $D_{\min} = k|\text{Loc}_{\text{UID}}\text{Loc}_{i+1}|$。如果判定 Loc_i 为冗余点，则令 $\text{Loc}_{\text{UID}} = \text{Loc}_{i+1}$，再输入两条新数据；否则令 $\text{Loc}_{\text{UID}} = \text{Loc}_i$，并只输入一条新数据。

综合对数据漂移和数据偏离的处理方法，UWB 数据去冗余的流程如图 11.12 所示。图中 Loc_{UID} 表示通过 UWB 数据中的标签编号查询到的此标签当前的位置坐标状态；n 代表最新获

取到的 UWB 数据；$n+1$ 表示再获取一条新 UWB 数据；$n+2$ 表示再获取两条新 UWB 数据，在现有 UWB 设备环境下，n 和 $n+1$ 两个时刻的时间差极小。具体流程中，首先进行数据漂移判断，去除原始 UWB 数据中的漂移冗余，然后获取两个最新坐标点，按照改进的垂直距离去冗余算法消除偏离数据。

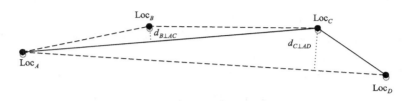

图 11.11　垂直距离判断方法

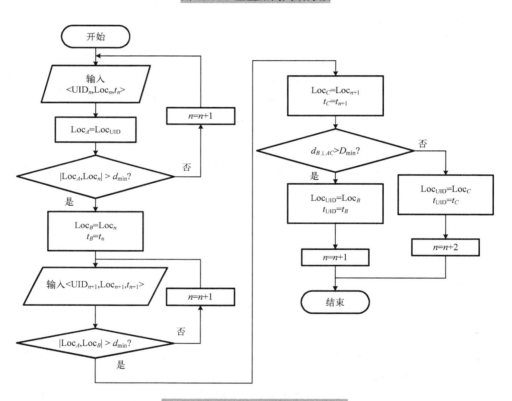

图 11.12　位置数据冗余处理流程图

　　为验证算法的有效性，在布有 UWB 基站的环境下进行测试。测试时附着有标签的小车沿直线依次经过预设的 10 个点，同时输出冗余处理前后的位置数据流，比较输出的数据量，并于 UWB 演示系统中绘制实时轨迹，如图 11.13 所示。

　　整个实验历经约 62s，处理前后收到的位置数据量分别为 307 条和 189 条，处理后消除了约 40% 的数据冗余。而图 11.13 所示的实时轨迹显示，冗余处理前后的运动轨迹基本一致，冗余处理后曲线相对平整，并且与实际路线的偏差值在理论误差范围（1000mm）以内，处理后的数据可以满足精度需求。

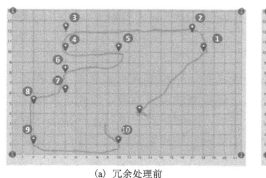

(a) 冗余处理前

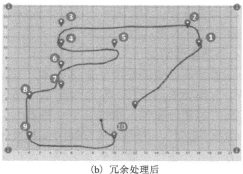

(b) 冗余处理后

图 11.13　位置数据冗余处理前后对比图

11.2.3　生产要素单元级融合

单元级融合是指针对单一生产要素，融合物联网多源设备采集而来的多维度数据，构建生产要素实时数据单元。这一数据单元需要全方面描述该生产要素当前的生产状态，即既需要涵盖采集而来的数据信息，也需要包含控制生产要素运行的方法。单元级融合是空间尺度融合和车间级融合的基础，是实现虚拟车间和物理车间相互映射与相互操作的保障。

1. 混合式融合策略

虚拟车间和物理车间的交互，既需要获取物理车间的实时数据直接驱动虚拟车间几何模型的镜像运动并刻画虚拟模型的物理属性和特征，也需要对原始数据进行进一步的融合演化以推动逻辑模型进行后续的分析决策。由于这两方面的需求，在单元级融合这一层面上选用混合式融合策略。

车间中某一生产要素的所有制造行为产生的原始数据可以划分为静态数据集和动态数据集两类，分别涵盖生产要素的静态属性和实时状态。静态数据和动态数据来自感知层的原始数据和一些对原始数据的附加解释，传统的数据采集系统通常直接将这两类数据传送给应用系统。而简单的原始数据流不能直接满足数字孪生车间的要求，仍然需要在数据传输阶段先期处理成为中间事件才可以驱动数字孪生车间的执行。由于虚拟车间的需要，对原始数据采用混合式融合方案，首先输入经过冗余处理的原始数据，用于直接驱动虚拟模型的运动，实现对物理车间的真实映射；同时进行事件匹配，进一步将原始数据实时融合，产生中间事件和该单元生产过程的数据，以推动后续的仿真、分析和预测行为；并且通过构建方法函数刻画生产要素的控制、驱动方法。单元级的实时数据可形式化地描述为

$$PF_i = \{St_i + Dy_i + In_i + Me_i + t_i\} \tag{11-6}$$

其中，PF_i 表示物理车间中的某一生产要素；St_i 表示该生产要素静态数据的集合，一般是实物和人员以及设备的静态属性，如物料编码、工人 ID、标签 ID 以及模型 ID 等；Dy_i 表示该生产要素动态数据的集合，是由车间中各种制造行为产生的实时位置和状态，如实物坐标、RFID 读取时间、机床主轴转速等；In_i 则表示该生产要素中间事件的集合，是为了适应物理车间工艺流程规范与数字孪生车间的业务需求，由静态数据和动态数据经过进一步处理生成的一系列与实际制造过程有关的数据，如实物在工位上的加工时间、离开时间、生产加工进

度以及异常事件等；Me_i 表示生产要素控制方法的集合，用于描述机器人、PLC 这类控制设备的控制方法；t_i 表示数据采集时间。

2. 中间事件定义

中间事件是对原始数据的直接处理，可以代表单个或一组生产要素的生产状态，用以描述车间中各类要素的生产过程。中间事件是生产过程数据的组成部分，既包含传统的进入、停留、离开等简单事件，也包括生产要素的生产进度、故障以及异常等生产状态。在进行虚实车间数据交互时，优先处理每类信息要素的原始数据，将原始数据通过事件匹配产生中间事件，并融合产生生产要素单元模型，这是实现数据集成并驱动后续仿真、分析、预测的重要基础。

本书综合简单事件，定义了以下三种中间事件。

1) 流转事件 (Logistics Event，LE)

流转事件描述车间中生产要素在车间中进入和离开某一区域的过程，可以表示为 $< ID_i, Loc, tin_i, ts_i, tout_i >$，其中，$ID_i$ 表示在流转过程中的某生产要素的标识 ID；Loc 表示生产要素经过的区域；tin_i 表示进入的时间；ts_i 表示停留的时间；$tout_i$ 表示离开的时间，当该生产要素还处于此区域中时，$tout_i$ 将为空值。

2) 生产状态事件 (Production Status Event，PSE)

生产状态事件描述车间中在制品或者制造设备的生产过程，可以表示为 $< ID_i, Loc, tb_i, ts_i, Sch_i, te_i >$，其中，$ID_i$ 表示在生产过程中的某生产要素的标识 ID；Loc 表示此生产过程发生的区域；tb_i 表示开始时间；ts_i 表示持续的时间；Sch_i 表示当前生产进度；te_i 表示结束时间。

3) 异常事件 (Anomalous Event，AE)

异常事件描述车间中生产要素的各类异常状态，可以表示为 $< ID_i, Loc, AnInfo_i, tb_i, ts_i, te_i >$，其中，$ID_i$ 表示发生异常的某生产要素的标识 ID；Loc 表示异常发生的区域；$AnInfo_i$ 表示异常信息；tb_i 表示异常开始时间；ts_i 表示持续的时间；te_i 表示异常结束时间。

3. 基于 RETE 算法的中间事件匹配

RETE 算法是 Forgy 在 1982 年提出的一种快速匹配算法，目前仍广泛应用于大部分的规则引擎之中。RETE 算法通过增加规则缓存避免了相同条件重复判断的情况，虽然会在一定程度上增大内存使用，但由于其匹配的高效性，非常适用于对数据传输实时性要求极高的数字孪生环境。

RETE 在拉丁语中是网络的意思，其核心思想是构建 RETE 规则匹配网络，当输入事实进入 RETE 网络之后，该事实会不断和网络中的节点进行匹配，并触发相应的路线规则，如果满足网络中的所有规则，就会传递至网络终端节点并产生结果。在进行中间事件匹配时，将经过冗余处理的原始数据流作为输入，通过中间事件规则构建 RETE 网络，便可以通过 RETE 算法取得中间事件结果。

RETE 网络包含根节点 (Root Node，RN)、α 节点 (Alpha Node，αN)、β 节点 (Beta Node，βN) 以及终端节点 (Terminal Node，TN)。RN 和 TN 分别是 RETE 网络的输入对象——工作记忆元件 (Working Memory Element，WME) 入口和匹配事件输出口。αN 通常用于匹配字面上的条件，如判断输入 RFID 数据中的 TID 是否与 αN 中的条件匹配，在每个 αN 中包含一个 α 储存器 (α Memory)，用于存储成功匹配当前 αN 的所有 WME。另外，还存在一种特殊的 α 节点，称为类型节点(Type Node)，一般用来判别数据的类型。βN 具备两个输入端口，用于比较两个输入对象中的信息，每个 βN 中包含一个 β 储存器(β Memory)，用于存储所有符合此 βN 规则的 WME 列表。一般将 βN 的两个输入称为左边输入和右边输入，左边输入通常为前一级 βN 的 β 储存器或者 αN 的 α 储存器，而右边输入为前一级 αN 的 α 储存器。αN 和 βN 的区别在于 αN 只涉及一个 WME 中的条件匹配，而 βN 则是多个 WME 之间的条件与条件之间的比较。一般在 RETE 算法中先构建以 αN 为主的 α 网络，再构建以 βN 为主的 β 网络，β 网络的输出为 TN。

由于原始的 RETE 算法无法实现事件的时序操作，而在中间事件匹配过程中存在大量与时序相关的规则关系。目前针对这一问题往往将时间转化为一个变量属性，但这种方法会大大增加规则描述的困难程度，并影响 RETE 网络的匹配效率和匹配精度。因此本书在构建 β 网络时增加了一个顶级节点，在该节点中包含一个会不断产生当前时间的函数 NowTime()，并将当前时间存储到该节点的 α 储存器中。

一个简单的 RETE 网络如图 11.14 所示。本书利用此网络来描述物料 m 在工位 A 上的流转事件匹配过程。物料流转事件的匹配规则可以理解为：

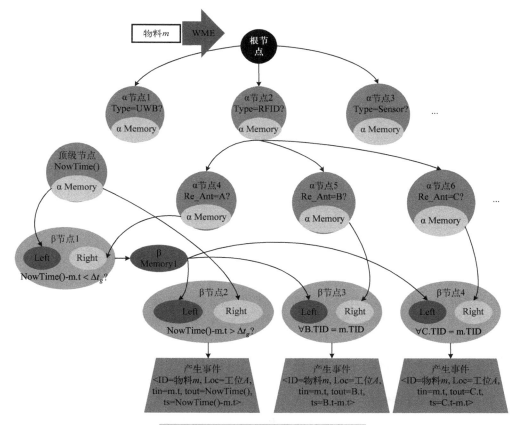

图 11.14　RETE 中间事件匹配算法简图

(1) 物料 m 被部署于工位 A 的天线感知→记录进入时间；

(2) 物料 m 在最小时间采集粒度 Δt_g 的时间段内没有在工位 A 的读取记录→产生事件<ID=

物料 m, Loc=工位 A, tin=m.t, ts=NowTime()−m.t, tout=NowTime()>，其中 NowTime 表示最新时间；m.t 表示物料 m 被读到的时间。

（3）物料 m 被其他区域的天线读取到→产生事件<ID=物料 m, Loc=工位 A, tin=m.t, ts=B.t−m.t, tout=B.t >，B.t 表示在 B 区域的读取时间。

图 11.14 所示的网络中包含 6 个 α 节点和 4 个 β 节点，以及一个顶级节点，B 和 C 表示其他工位。当有关物料 m 的 WME 输入根节点时，会先判别数据类型，进入对应 RFID 数据的 α 节点 2 中。然后通过 Re_Ant 判定应该进入的工位，并将匹配成功的结果存入对应节点的 α 储存器中。同时将顶级节点和 α 节点 4 中 α 储存器的 WME 传入 β 节点 1，判断是否是新被读取的一条数据，如果匹配条件成功，则产生一条包含物料 m 信息的 token，并存入 β 储存器 1 中。最后将 β 储存器 1 中的 token 分别和 α 节点 5、α 节点 6 以及顶级节点中 α 储存器的 WME 匹配，如果匹配成功则产生物料 m 在工位 A 上的流转事件。

为了验证 RETE 中间事件匹配算法的有效性，基于 Esper 事件流处理引擎，进行了算法测试。Esper 引擎是 RETE 算法的一种实现框架，其操作步骤如图 11.15 所示。

图 11.15　Esper 引擎操作步骤

EPL 语句可以刻画匹配的事件规则，针对图 11.14 所示的流转事件，需要先描述进入工位 A、离开工位 A、进入工位 B 等简单事件，其次根据简单事件的描述，定义一个流转事件，EPL 语句的定义见表 11.1。

表 11.1　EPL 语句定义

事件名称	EPL 语句
物料 m 进入工位 A	Select ID, Loc，ArrivedTime from ArrivedWorkstationsA group by ID
物料 m 离开工位 A	Select ID, Loc，LeftTime from LeftWorkstationsA group by ID
物料 m 进入工位 B	Select ID, Loc，ArrivedTime from ArrivedWorkstationsB group by ID
物料 m 在工位 A 流转	Select from ws1_to_ws2.ID from pattern [everyfromws1_to_ws2= LeftWorkstations1-> Arrived Workstations2(ID=fromws1_to_ws2.ID) when timer:within(Δt_g)]

然后依据 EPL 语句分别注册对应的 Statement，Statement 相当于 RETE 算法中的节点。最后通过生成监听器，即可实现 RETE 算法的事件匹配过程，生成中间事件。为检验此方法的有效性，以流转事件作为算法匹配目标，在一个具备 10 个工位的实验车间中进行测试实验。每组实验设置 5 个流转标签，每个流转标签随机经过五个工位，每个工位停留 10s，工位间的流转时间随机处于[5s, 90s]，同时将 Δt_g 设置为 10s。一共进行三组实验，共检查了 75 个流转事件，正确率达 100%。

4. 基于中间事件的单元级融合

在定义了中间事件之后，可以配合原始数据在混合式融合结构下，基于中间事件对人、机、物、环境四类要素的关键信息进行融合。由于人员和物料在车间中的感知方式相似，本书将这二者归结为同一类融合单元。此外，由于虚实车间之间相互映射的要求，对于车间内的生产要素，不仅要传输物理车间的现场实时数据，还需要描述其控制接口和操作方法。

1) 人/物数据融合

在物理车间中，人员和物料的实时数据采集有赖于 RFID 和 UWB 等感知与定位技术。RFID 作为一种自动识别技术，通过附着标签对物体进行实时远距离的识别和跟踪，可以实现对人员、物料等生产要素的实时感知和对相关生产数据的实时采集。但 RFID 设备大规模部署成本较高、定位精度有限，大多部署于工位、库房、大门等关键节点，需辅以 UWB 技术实现物理车间全方位覆盖和高精度的坐标数据采集。通过对 RFID 和 UWB 数据的融合处理，人员和物料的实时数据则可以形式化地描述为

$$PF_i^{p/m} = \{St_i^{p/m} + Dy_i^{p/m} + In_i^{p/m} + t_i^{p/m}\} \tag{11-7}$$

$$St_i^{p/m} = \{Attr_i^{p/m} + Task_i^{p/m}\} \tag{11-8}$$

$$Dy_i^{p/m} = \{Loc_i^{p/m} + R\_state_i^{p/m}\} \tag{11-9}$$

$$In_i^{p/m} = \{Area_i^{p/m} + P\_state_i^{p/m} + A\_state_i^{p/m}\} \tag{11-10}$$

其中，$Attr_i^{p/m}$ 表示属性数据集，包含标签 ID、生产要素 ID、生产要素名称、模型 ID 等；$Task_i^{p/m}$ 表示与生产计划相关的数据集，包含订单号、计划号、批次等；$Loc_i^{p/m}$ 表示实时位置坐标数据集；$R\_state_i^{p/m}$ 表示 RFID 状态数据集，包括读写器 IP、天线编号、信号强度等；$Area_i^{p/m}$ 表示所在区域数据集，包括区域编号、到达时间、停留时间等；$P\_state_i^{p/m}$ 表示生产状态数据集；$A\_state_i^{p/m}$ 表示异常状态数据集。

2) 设备数据融合

物理车间中设备的实时数据需要涵盖设备基本属性、工作运行参数以及现场生产数据等信息，可以形式化地描述为

$$PF_i^{ep} = \{St_i^{ep} + Dy_i^{ep} + In_i^{ep} + t_i^{ep}\} \tag{11-11}$$

$$St_i^{ep} = \{Attr_i^{ep} + Area_i^{ep}\} \tag{11-12}$$

$$Dy_i^{ep} = \{Analog_i^{ep} + E\_state_i^{ep} + Operator_i^{ep} + WIP_i^{ep}\} \tag{11-13}$$

$$In_i^{ep} = \{P\_state_i^{ep} + A\_state_i^{ep}\} \tag{11-14}$$

其中，$Attr_i^{ep}$ 表示设备的属性信息集，包括设备的编号、名称、维护信息等；$Area_i^{ep}$ 表示设备所在的区域数据集；$Analog_i^{ep}$ 表示设备的模拟量数据集，包括主轴转速、功率、电流以及自由度运动参数等；$E\_state_i^{ep}$ 表示设备状态数据集，包括主轴停启、通电、程序状态以及当前刀具号、数控程序号等；$Operator_i^{ep}$ 表示设备操作人员数据集；WIP_i^{ep} 表示在制品数据集；$P\_state_i^{ep}$ 表示生产状态数据集，包括加工工时、进度以及故障信息等；$A\_state_i^{ep}$ 表示异常信息数据集。

3) 环境数据融合

物理车间中的环境传感器可以将感知信息转换为数字信号。环境数据可形式化地描述为

$$PF_i^{en} = \{St_i^{en} + Dy_i^{en} + In_i^{en} + t_i^{en}\} \tag{11-15}$$

$$St_i^{en} = \{Attr_i^{en} + Range_i^{en}\} \tag{11-16}$$

$$Dy_i^{en} = \{Data_i^{en}\} \tag{11-17}$$

$$\text{In}_i^{en} = \{A\_state_i^{en}\} \tag{11-18}$$

其中，Attr_i^{en} 表示环境传感器的属性数据集，包括编号、名称、感知区域、读数单位等；Range_i^{en} 表示环境传感器检测的范围；Data_i^{en} 表示读数数据集；$A\_state_i^{en}$ 表示异常状态数据集。

11.2.4　生产要素特征级融合

特征级融合的目的是在单元级融合的基础上进一步提取生产要素数据单元中的关键特征，依据关键特征进行更高层次的融合。本书分别以生产要素的位置信息以及组织关系和所属的生产计划作为关键特征，进行空间尺度融合和车间级融合。

1. 空间尺度融合

通过提取各生产要素单元的位置信息特征，从空间尺度融合各生产要素，构建生产服务节点（Production Service Node，PSN），即将生产要素在车间中的活动进行抽象，形成以位置为特征的多个服务节点，这种服务节点不只是工位、缓存区这类固定的生产区域，也可能是由位置关系临时组成的动态节点。例如，对于某一次物流过程，可以通过 AGV、托盘、物料的坐标数据确立这三者在运输过程中的关联状态，构建流动生产服务节点；对于某一次加工过程，可以通过数控机床所在的工位位置、半成品位置、操作人员位置以及环境传感器的感知区域实现此工位的人-机-物-环境的协同互融，构建工位生产服务节点；而对于库房空间，可以通过库房位置、库房管理员坐标以及库存实物位置构建缓存生产服务节点。

每个生产服务节点在物理车间中均可以视为一个空间对象。空间对象中包含此空间中的生产对象成员和成员在此空间中的生产活动。由于空间对象中的生产活动可以以生产要素的中间事件进行描述，因此对于空间对象，可以提取单元级数据中的坐标、区域、位置，以一定的范围作为关联条件，构建基于空间尺度的实时数据模型：

$$\text{PSN}_i = \left\{o_{id} + \text{Loc}_i + \sum \text{PF}_i + \sum E_i\right\} \tag{11-19}$$

其中，PSN_i 为某一空间对象刻画的生产服务节点；o_{id} 为此空间对象的唯一标识；Loc_i 为此空间对象的位置特征；$\sum \text{PF}_i$ 为此空间对象包含的生产要素单元级数据集合；$\sum E_i$ 为此空间对象中的生产活动事件集合。在此基础上可以构建空间对象在车间二维空间中的立方体模型，如图 11.16 所示。

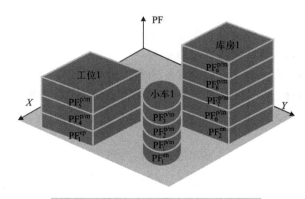

图 11.16　生产服务节点空间立方体模型

图 11.16 描绘了物理车间中工位、小车、库房这三种生产服务节点的空间立方体模型。通

过构建空间对象立方体模型，将生产要素的单元级数据通过空间尺度有机地组织起来，使车间空间可以有效地划分为多个空间对象。

由于不同时刻生产服务节点中的空间对象成员以及生产服务节点本身都会实时变化，物理车间中的生产服务节点具有根据实际生产状态动态变化的特征。通过监测每个生产服务节点中所有单元以及单元中数据的变化，可以反映出整个空间对象内在的关联关系，为后续的数据挖掘、精准分析和实时决策创造了条件。

2. 车间级融合

车间级融合是在空间尺度融合和单元级融合的基础上，经过进一步提取车间生产任务特征，进行车间内的元素组合，完成对整个物理车间的动态描述。车间级融合需要完成两大任务：其一是描述生产服务节点之间的关系，反映车间的真实情况；其二是依据生产任务、计划实时描述物理车间的逻辑关系，当虚拟车间对生产任务进行动态调整时，物理车间即可相应地发生状态变化。

按照空间尺度融合的结果，可以认为物理车间由空间对象构成的多个生产服务节点以及生产服务节点之间的活动组成。对于生产服务节点，为了便于表现不同节点的区别特性，将生产服务节点分为流动生产服务节点（LPSN）、工位生产服务节点（WPSN）和缓存生产服务节点（BPSN）。而生产服务节点之间的生产活动在实际车间中表现为物流服务，因此可以针对每一类配送路线构建物流路线（Logistics Route，LR）网络来描述生产服务节点之间的活动形式。于是整个物理车间结构可以描述为

$$PW_{st} = \left\{ \sum LPSN + \sum WPSN + \sum BPSN + \sum LR \right\} \tag{11-20}$$

其中，PW_{st} 表示物理车间结构；$\sum LPSN$、$\sum WPSN$、$\sum BPSN$、$\sum LR$ 分别表示车间中 LPSN、WPSN、BPSN 和 LR 的集合。由于 PSN 的动态特性，物理车间（PW）中生产服务节点的空间关系也存在变化，包括空间位置固定的 WPSN 和 BPSN 以及会动态变化的 LPSN 和 LR。

对于生产服务节点之间的逻辑关系，可以通过生产制造任务来描述。某在制品的工艺任务信息 TaskInfo 可以通过其流转过的生产服务单元表示。例如，一个需要从半成品仓库开始，经过两个加工单元，再回到半成品仓库的机加零部件的工艺任务可以描述为

$$TaskInfo = <BPSN_1, LPSN_1, WPSN_1, LPSN_2, WPSN_2, LPSN_3, BPSN_1> \tag{11-21}$$

其中，LPSN 需要根据其起始和目标节点规划物流路线。

从而物理车间可以描述为

$$PW = \left\{ PW_{st} + \sum TaskInfo \right\} \tag{11-22}$$

以一个具备 6 个工位，每个工位对应 1 处缓存区、2 个仓库缓存区和 3 台 AGV，并且具备 5 个生产加工任务的制造车间为例，可以构建如图 11.17 所示的车间结构。那么此车间可以形式化地描述为

$$PW = \left\{ \sum_{i=1}^{3} LPSN_i + \sum_{n=1}^{6} WPSN_n + \sum_{m=1}^{8} BPSN_m + \sum LR + \sum_{k=1}^{5} TaskInfo_k \right\} \tag{11-23}$$

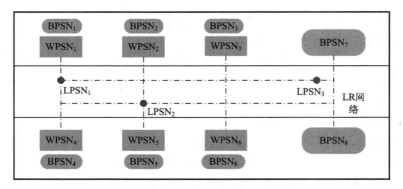

图 11.17　车间级融合车间结构图

通过车间级融合，既可以实现对车间结构的真实反映，以构成数字孪生的数据集成，也由于进行了任务逻辑的描述，使得物理信息融合模型可以依据车间计划、任务进行动态响应，另外，虚拟车间也可以按照融合层次结构对物理车间进行精准控制。

第 12 章　离散制造车间生产瓶颈识别和预测方法

12.1　离散制造车间生产瓶颈识别方法

本章提出一种新的瓶颈定义方法。该定义依赖于车间实时生产状态信息，这些信息可以由实时定位系统进行采集，能够表征车间真实的生产状态。由于该定义下的瓶颈指数计算同时需要所计算时刻前后的信息，因此历史的瓶颈指数可以被直接计算；而实时的瓶颈指数计算则受限于未来信息无法获取，需要一种额外的瓶颈识别方法。为此，使用深度神经网络（DNN）建立车间实时生产状态与瓶颈指数之间的关系，实现实时的瓶颈识别。

12.1.1　基于实时定位的离散制造车间生产瓶颈定义

为了解决传统的离散制造车间生产瓶颈定义的实时性差、无法表征车间真实状态的问题，本书以在制品为主要研究对象，依据实时定位系统采集的车间生产状态信息，关注在制品在各个工位间的流转情况，并根据工位的实时负载计算瓶颈度。

1．离散制造车间特征假设

本书对离散制造车间进行如下假设。

（1）订单数量大但产能有限，订单组成变化大，产品品种多、批量小。

（2）每个工位能且仅能完成一道工序，相同工序的不同工位可以完全互换。

（3）每个工位有独立的入缓存区，同一工序共享一个出缓存区，缓存区容量有限。

（4）在制品进入工位入缓存区后，不再进行转运，直至当前工序完成。

（5）在制品存在优先级划分，相同优先级情况下遵循 FIFO 规则，不同优先级情况下则优先级高的在制品优先享有生产资源。

（6）每个工位都有质检环节，出现废品时直接进行报废处理，出现不合格产品时需返工处理，返工时按正常物流方式返回至原工位重新加工。

（7）转运车用于车间中的物流流转，当出缓存区满足转运条件时，车辆执行转运任务。

（8）机器以一定的概率发生故障，发生故障时将引起当前工位停工。

2．实时定位环境下的生产瓶颈定义

一方面，考虑在制品生产的连续性，若车间的生产完全连续，在制品无须经历等待过程，除必要的加工时间和流转时间外将不再损耗任何时间。然而离散制造车间的加工工艺复杂，订单组成变化大，在制品品种多、批量小，需要设置缓存区以保证加工过程的连续性，因此工件的等待状态是普遍存在的。另一方面，整个生产任务以最后一个在制品的完工时间作为结束。若各个工位承载的任务量分布不合理，某些工位的排队时间远超出其他工位，更容易成为车间的生产瓶颈。

实际上，仅使用排队时间作为衡量生产瓶颈的依据是不严谨的，这是由于工位的生产负荷不同导致排队时间不同；此外，订单组成变化频繁，相同工位在不同时间的生产负荷也不相同。由排队论可知，对于某时刻下的一个确定的在制品，其在进入某道工序时应更倾向于进入排队时间短的工位。实际生产过程中，在制品需依照生产计划进入指定的工位执行生产任务，两者间存在的差异将导致工位的负载不均衡逐渐积累，并最终演化为生产瓶颈。因此，本书使用排队时间作为基本依据，建立车间排队概率模型，来描述当前时刻排队队列状态的合理性程度。

为方便叙述，瓶颈数学模型所使用的符号见表 12.1。

表 12.1　瓶颈数学模型符号列表

符号	意义及说明
p	工序编号，$p \in P = \{1, 2, \cdots, p_{\max}\}$
m_p	工序 p 包含的工位数量
S_{pi}	工序 p 中工位的编号，$i \in I_p = \{1, 2, \cdots, m_p\}$
C_{pi}	S_{pi} 入缓存区容量
l_{pi}	S_{pi} 入缓存区队列长度，$0 \leqslant l_{pi} \leqslant C_{pi}$
WP_{pi}^k	S_{pi} 入缓存区队列中第 k 个待加工工件，$k \in K = \{1, 2, \cdots, l_{pi}\}$
$t_{pi}^{\theta, k}$	θ 时刻，工件 WP_{pi}^k 在进入工序 p 时，若进入工位 S_{pi}，其在工位 S_{pi} 入缓存区中的排队时间，$i \in I_p$
$\sigma_{pi}^{\theta, k}$	θ 时刻，工件 WP_{pi}^k 进入工位 S_{pi} 的合理性程度
$\mathrm{BN}_{pi}^{\theta}$	θ 时刻，工位 S_{pi} 的瓶颈指数

基于上述理论，定义实时定位环境下离散制造车间的生产瓶颈如下。

定义 12.1（合理性程度）　θ 时刻，工件 WP_{pi}^k 进入工位 S_{pi} 的合理性程度 $\sigma_{pi}^{\theta, k}$ 为

$$\sigma_{pi}^{\theta, k} = \left[(t_{pi}^{\theta, k} + 1) \sum_{j=1}^{m_p} (t_{pj}^{\theta, k} + 1)^{-1} \right]^{-1} \tag{12-1}$$

定义 12.2（瓶颈指数）　θ 时刻，工位 S_{pi} 的瓶颈指数 $\mathrm{BN}_{pi}^{\theta}$ 为

$$\mathrm{BN}_{pi}^{\theta} = -\lg \frac{\prod\limits_{i=1}^{l_{pi}} \sigma_{pi}^{\theta, k}}{m_p^{-l_{pi}}} \tag{12-2}$$

定义 12.3（点瓶颈）　θ 时刻，若工位 S_{pi} 满足

$$\mathrm{BN}_{pi}^{\theta} \geqslant \mathrm{BN}_{p'i'}^{\theta}, \quad p' \in P, \quad i' \in I_{p'} \tag{12-3}$$

则称 S_{pi} 为 θ 时刻的点瓶颈。式中，$\mathrm{BN}_{p'i'}^{\theta}$ 表示其他任意工位的瓶颈指数；$I_{p'}$ 表示所有工序的总工位数量。

定义 12.4（生产瓶颈）　在一个时域 ΔT 中，记工位 S_{pi} 为点瓶颈的时长为 T_{BN}^{pi}。若工位 S_{pi} 满足

$$\frac{T_{\mathrm{BN}}^{pi}}{\Delta T} > \eta, \quad 0 < \eta < 1 \tag{12-4}$$

则称 S_{pi} 为该车间在 ΔT 内的生产瓶颈。

首先，式(12-1)定义了工件按照生产计划进入指定加工工位的合理性程度。根据离散车间特征描述，在制品在转运任务执行后不可变更目的地，因此离开前道工序的出缓存区即为在制品流转的关键决策点；相同工序的不同工位具有完全互换性，在制品在进入某道工序时进入的工位可以被等价替代。由于生产计划和实际生产任务的执行过程通常具有一定的偏差，在制品受限于生产计划而不能在流转决策点实时响应车间状态变化，所以在制品加工路线不合理，车间生产资源分配不均衡。为了描述在制品依照生产计划进入指定工位在当前车间生产状态下的合理性程度，使用了基于排队队列等待时间的概率模型。在每个转运的决策点，在制品应该以更大的概率进入排队时间相对较短的工位。

和式(12-1)中的定义相比，直接使用排队时间或队列长度来描述在制品进入工位的合理性程度固然更简单，但不可忽视的是，离散制造车间多品种、小批量的生产模式导致各个工序之间的生产负荷具有较大差异，这些差异将导致生产负荷较大的工序中的工位更容易产生缓存区堆积，在制品排队时间或队列长度长。而当订单配比、产品加工工艺路线等生产条件发生变化时，某些生产负荷大的工位可能转化为生产负荷小的工位，反之亦然。基于排队时间的概率模型可以有效地解决生产负荷对在制品流转合理性的影响，使不同工序之间的瓶颈程度比较成为可能。式中的 $t_{pj}^{o,k}+1$ 是为了避免在制品进入工位时由于无排队时间而导致分母为 0。

其次，式(12-2)对工位的瓶颈指数给出了明确的定义。考虑到每个在制品进入工位时的合理性程度都是确定的，而当某个工位中的在制品以较不合理的概率进入该工位的情况发生较多时，可以认为该工位的瓶颈程度较高。因此，工位的瓶颈指数应当由工位中所有待加工在制品的转运合理性程度共同决定。同时，在不考虑生产计划的前提下，该工序负载均衡的理想表现应为各个工位的排队时间相同，即在制品应当以相同概率进入该工序的任意工位。

式(12-2)中分母的设置正是为了避免不同工序的机器数量不同对在制品转运合理性程度带来的影响。在实验中观察到式(12-2)的底数部分数值跨度较大，数量级从 $10^{-20}\sim10^{2}$，且该值越小表示瓶颈程度越高，对该部分取以 10 为底的负对数，一方面降低了数量级，另一方面使瓶颈指数与工位的瓶颈程度呈正相关关系。

再次，式(12-3)定义了实时定位环境下离散制造车间生产的点瓶颈。受限于实时定位系统本身具有极细粒度的时间离散特征，生产瓶颈也需要离散化的定义。实时定位环境下的车间生产状态是以时间为主键的一系列车间生产要素状态的关联信息，为了保证瓶颈对车间生产状态描述的实时性和真实性，瓶颈应该具有建立在确切时间点上的定义。在某一时刻，瓶颈指数最大的工位即为瓶颈工位，称为点瓶颈，以区分传统的建立在时间段上的瓶颈概念。

最后，考虑到点瓶颈本身并不具有任何优化意义，离散化的点瓶颈仍然需要在一个时域内综合考察。事实上，上述定义中的点瓶颈是普遍存在的，而点瓶颈通常与实时定位系统的采样保持同样极细的粒度，这使得在一个资源配置相对合理的车间生产现场，点瓶颈将会出现可预见的持续时间短、频繁转移等现象。此时，针对这些点瓶颈的消除措施可能尚未被施行，瓶颈已经自动消除或转移，不具备优化意义。与之相反，如果某工位在一个时域内成为点瓶颈的时长占比超过了某一阈值，则可以认为在一个时域内进入该工位的在制品都有着不同程度的资源配置不合理的情况。式(12-4)对这一思路给出了定量化的描述。

3. 生产瓶颈计算流程

由上述定义可知，生产瓶颈的计算依赖车间中各工位各时间点的入缓存区的在制品排队序列，而这些数据可以从实时定位系统和 MES 中获取，进而整合为离散制造车间生产状态模型，为生产瓶颈的计算提供数据基础。

根据定义 12.1 和定义 12.2，为计算 θ 时刻车间中所有工位的瓶颈指数，如图 12.1 所示，本书结合离散制造车间生产状态模型特点，设计如下算法流程步骤。

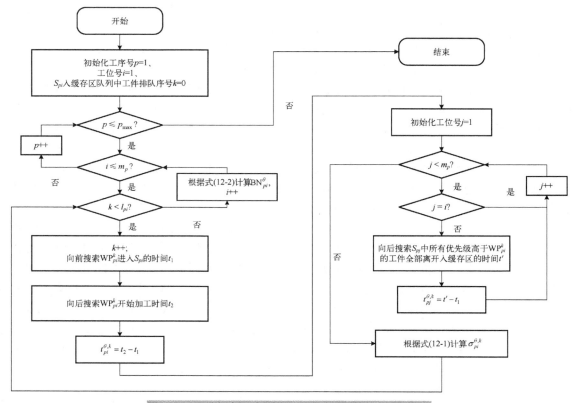

图 12.1　θ 时刻车间中所有工位瓶颈指数的计算流程图

步骤 1　初始化工序号 $p=1$、工位号 $i=1$ 及 S_{pi} 入缓存区队列中工件排队序号 $k=0$。

步骤 2　遍历所有工序，执行步骤 3；遍历后程序终止。

步骤 3　遍历当前工序的所有工位，执行步骤 4；遍历后，令 $p=p+1$ 并返回步骤 2。

步骤 4　遍历当前工位中所有入缓存区中正在等待加工的在制品，执行步骤 5；遍历后计算瓶颈指数 $\mathrm{BN}_{pi}^{\theta}$，令 $i=i+1$ 并返回步骤 3。

步骤 5　根据当前在制品的唯一编号，从时刻 θ 开始向前搜索车间生产状态，直至当前在制品第一次出现在当前工位中，记录起始时间 t_1。

步骤 6　根据当前在制品的唯一编号，从时刻 θ 开始向后搜索车间生产状态，直至当前在制品在当前工位的状态变为加工中，记录结束时间 t_2。

步骤 7　计算当前在制品在当前工位的实际等待时间 t_2-t_1。

步骤 8　为计算当前在制品在其最近的转运决策点时进入其他工位的等待时间，初始化工位号 $j=1$。

步骤 9　再次遍历当前工序的所有工位，执行步骤 10；遍历后计算 $\sigma_{pi}^{\theta,k}$，并返回步骤 4。

步骤 10　再次遍历时的新工位号若与原工位号一致，返回步骤 9；否则执行步骤 11。

步骤 11　假设 t_1 时刻当前在制品进入新工位，依照车间生产优先级的相关设定，当前在制品应出现在待加工队列中一个确定的位置，从 t_1 时刻开始向后搜索车间生产状态，直至所有排队次序在当前在制品前的工件全部离开入缓存区，记录时间 t'。

步骤 12　计算当前在制品在其他工位的假设等待时间 $t' - t_1$，并返回步骤 9。

步骤 4 中得到的所有 $\mathrm{BN}_{pi}^{\theta}$ 即为 θ 时刻车间中所有工位的瓶颈指数。

上述计算方法中的所有数据均来源于实时采集的车间生产数据，真实表征了车间生产状态。然而，该计算方法只能用来计算历史的离散制造车间生产瓶颈。对于任意确定时刻，计算某待加工在制品进入其所在工位的合理性程度时，都需要该时刻后一段时延的生产状态信息。对该时刻来说，此在制品的真实等待时间是未知信息，其在最邻近决策点进入其他工位的假设等待时间同样是未知信息，这些需要在时间维度上向后搜索才能获取的信息使得实时计算瓶颈指数具有较大的困难。

事实上，尽管可以通过累加待加工队列中在制品的计划加工时间来代替目标在制品的实际等待时间，但这一做法与本书致力于真实反映车间生产状态的总体思路相背离，因此，需要一种既能反映车间真实生产状态，又能解决未来信息无法获取的实时瓶颈指数计算方法。为此，本章提出基于 DNN 的离散制造车间生产瓶颈识别方法，如 12.1.4 节所述。

12.1.2　基于实时定位的离散制造车间生产状态数学模型

离散制造过程监控关注各类制造资源是否依照生产计划在规定时间内完成相应的生产任务；而实时定位系统所产生的时空数据流，则有效地提供了对象、时间、位置等基本信息。生产过程信息融合位置信息共同描述了车间的生产状态。因此，应建立实时定位环境下的离散制造车间生产状态数学模型，为后续挖掘生产信息和生产瓶颈之间的关系做铺垫。

基于 UWB 的实时定位系统通过在人员、在制品、转运车上附着电子标签，能够实现对车间中生产要素位置和状态信息的实时监控。车间生产要素物理位置的变更与生产流程的执行过程紧密相关。一方面，在制品物理位置的变更可以用来验证生产流程的正确性，并自动记录生产环节的状态变更；另一方面，生产流程约束了物理位置变更条件和范围。而电子标签作为生产要素的唯一标识，能够关联 MES、ERP 等系统中的工艺过程、加工序列等信息。因此，以在制品的电子标签编号为主键，以实时位置信息为主要信息，构建离散制造车间生产状态的多源关联数据模型。

（1）记 θ 时刻在制品状态 wp_st 为

$$\mathrm{wp\_st}_{\theta} = \left\langle \mathrm{pid}, x_p, y_p, \mathrm{procid}, \mathrm{plan}, \mathrm{priority} \right\rangle \tag{12-5}$$

其中，pid 表示在制品编号；(x_p, y_p) 表示在制品在车间中的位置坐标；procid 表示在制品当前工序号；plan 表示生产计划（即工件加工的时间和工位编号序列）；priority 表示在制品生产优先级。

（2）记 θ 时刻转运车状态 v_st 为

$$\mathrm{v\_st}_{\theta} = \left\langle \mathrm{vid}, x_v, y_v, \{\mathrm{pid}\} \right\rangle \tag{12-6}$$

其中，vid 表示转运车编号；(x_v, y_v) 表示转运车在车间中的位置坐标；{pid} 表示转运车中正在执行转运任务的在制品编号集合。

(3)将 θ 时刻车间整体的运转情况 ws_st 表示为以时间为主键的所有在制品和转运车的状态集合，记为

$$\text{ws\_st}_{\theta} = \left\langle \{\text{wp\_st}_{\theta}^1, \text{wp\_st}_{\theta}^2, \cdots, \text{wp\_st}_{\theta}^u\}, \{\text{v\_st}_{\theta}^1, \text{v\_st}_{\theta}^2, \cdots, \text{v\_st}_{\theta}^v\}, \theta \right\rangle \tag{12-7}$$

其中，u 表示在制品数量；v 表示转运车数量。

在式(12-5)描述的在制品生产状态模型中，涵盖了状态为待加工、加工中、待转运的所有在制品。在制品处于这些状态时，意味着在制品的物理位置应该对应工位的入缓存区、加工工位、出缓存区。除位置信息外，在制品当前工序号、生产计划、生产优先级等信息作为后续生产的依据，对在制品后续的状态变化和位置变化也有着直接的影响。因此，使用该模型不仅能对在制品当前生产状态进行准确的描述，更关联了后续的生产环节，为后续瓶颈识别和预测提供了信息基础。

除式(12-5)所示的模型中所包含的在制品生产状态外，还有一种在制品正处于转运中的状态尚未被描述。因此，式(12-6)将转运车和处于转运中的在制品集合起来建立了一对多的映射关系，进而通过获取转运车位置坐标而代替转运状态下的在制品信息。从本质上来说，对转运车状态的描述是对转运状态下的在制品状态的特殊描述。

式(12-7)将车间中的全部在制品状态和转运车状态以时间为主键关联起来，是为了建立严格时序化的车间状态模型。事实上，除在制品和转运车外，车间中的生产要素还包括人员、工具、工装、机器等，这些生产要素也都和生产过程有着密切的关系，对生产活动有重要影响。由于本章研究的是实时定位环境下的离散制造车间生产瓶颈识别和预测，更加关注在制品在整个车间的物理空间中的流转情况，因此在车间生产状态模型的构建中暂不考虑上述因素。

12.1.3 原始数据预处理

车间生产状态信息模型中的数据依赖于实时定位系统、MES 等的信息采集和关联整合。实时定位系统的信息采集脉冲通常为亚秒级，可以产生大量的实时定位数据流。然而，对车间生产状态的描述着重关注生产状态的变化，这种变化需要经历一段时间，因此需要从原始的实时定位数据流中每隔一定的时间进行采样。实时定位系统自身受非规则扰动影响，误差浮动大，会产生随机漂移现象，使得信息采集点处的误差无法评估。此外，由信号丢失带来的定位盲点同样也是不可避免的。粗粒度、离散化的采样方法将会严重放大由实时定位系统的随机漂移和定位盲点带来的影响。因此，需要对原始的定位数据进行预处理，并在此基础上将其他车间生产状态模型中需要的信息进行整合。

1. 定位数据预处理

在数据平滑处理上，中值滤波算法是一种时间复杂度低、平滑效果较好的算法。中值滤波算法是在最小绝对误差准则下的最优滤波方法，其基本思想是用目标点邻域窗口内数据的中值代替目标点的观测值，以消除孤立的噪声点。由于车间生产状态信息所需定位数据的采集脉冲远大于定位系统自身数据产生的间隔，因此可以在定位数据采集点处直接使用该点邻近的定位数据中值作为采集结果，即

$$\begin{cases} X(t) = \text{med}\{x(\theta)\} \\ Y(t) = \text{med}\{y(\theta)\} \end{cases} \quad (\theta \in [t-\alpha, t+\alpha]) \tag{12-8}$$

其中，t 为采样时刻；$X(t)$、$Y(t)$ 表示处理后的坐标；$x(\theta)$、$y(\theta)$ 表示原始坐标；$[t-\alpha, t+\alpha]$ 表示预设的 t 时刻的邻域时间窗。

2. 数据整合

车间生产状态信息模型中包含的全部信息如下：实时定位系统中 UWB 高精度定位模块记录电子标签和在制品、转运车唯一标识之间的绑定关系，以及转运车和转运在制品序列的绑定关系，同时通过解算电子标签的位置坐标实现在制品、转运车位置坐标的获取；RFID 状态感知模块采集在制品当前工序号；MES、ERP 等系统提供和在制品自身状态属性相关的生产计划信息以及生产优先级。考虑到生产计划信息和生产优先级属于静态信息，可以使用数据库中间表的方式进行信息集成，而静态信息在较长时间内均处于可重用状态，故可以使用缓存技术进行备份，以提高信息整合效率；在制品当前工序号则属于动态信息，为保证信息的实时性，同时保证在采样点处不会出现被定位资源丢失的情况，可以使用 MQ（Message Queue，消息队列）技术，对在制品的所有状态变更进行信息推送。

按照预先设定好的采样脉冲，使用定时器执行采样操作。首先，MQ 客户端处理消息，获取当前车间工位中所有在制品的唯一编码，通过表述性状态传递（Representational State Transfer，REST）API 查询标签绑定关系，进而查询位置坐标信息；同时查询数据库中间表，以在制品唯一编码为主键查询生产计划信息和生产优先级信息并进行缓存备份。然后，将所采集的数据合并输出为车间生产状态模型，完成数据整合。

12.1.4　基于 DNN 的离散制造车间生产瓶颈识别方法

离散制造车间生产瓶颈识别方法指通过深度神经网络建立某时刻车间实时状态和车间中所有工位瓶颈指数之间的关系。因此，首先应分析车间的历史数据。12.1.1 节详述了生产瓶颈的计算流程和方法，可以通过车间历史生产状态信息计算对应时刻各工位的瓶颈指数，然后利用 DNN 进行模型训练。模型训练完成后，将车间实时状态数据作为网络模型的输入，输出即为各工位的实时瓶颈指数，实现了生产瓶颈的识别。

考虑到本书所定义的离散制造车间生产瓶颈主要对象为在制品，关注车间中所有在制品的流转情况，而 12.1.2 节所述的车间生产状态模型准确描述了待加工、加工中、待转运、转运中四种状态下的在制品信息，覆盖了在制品在车间中流转的全生命周期，因此可以使用车间生产状态模型数据作为瓶颈识别方法的输入。传统的基于事件的信息采集方法无法实时获取在制品转运进度，在制品从离开上一道工序直至进入下一道工序的过程中存在信息缺失，而实时定位系统可以采集处在转运中的在制品信息，很好地填补了这一空白。

按照 12.1.2 节中构建的离散制造车间生产状态信息模型，用 12.1.3 节中的方法采集、处理并整合原始数据，建立 θ 时刻车间实际生产状态与各个工位瓶颈指数之间的关系。如图 12.2 所示，将车间生产状态信息作为输入，经过多个隐含层训练，最终将所有工位的瓶颈指数作为输出。

尽管式（12-2）中通过取负对数大大降低了原始计算得到的瓶颈指数量级跨度，在利用深度神经网络求解生产瓶颈的过程中，为了使各个特征维度对目标函数的影响权重一致，提高迭代求解的收敛速度，应对瓶颈指数进行归一化处理。本书采用最大-最小归一化方法，通过线性变换将特征分布在给定的范围 [-1,1]，转换函数为

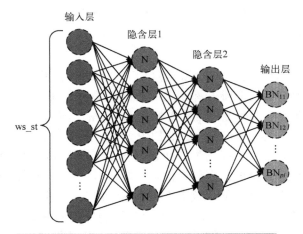

图 12.2　基于 DNN 的生产瓶颈识别方法网络结构

$$X_{norm} = \frac{X - X_{min}}{X_{max} - X_{min}} \qquad (12\text{-}9)$$

其中，X_{norm} 为归一化数据；X 为特征数据；X_{max} 为数据中的最大值；X_{min} 为数据中的最小值。

为了避免训练过程中出现过拟合现象，提高训练效率，可以使用 Dropout 方法。在每个训练批次中以一定的概率随机隐藏部分神经元，直至训练完成。该方法使得训练的模型对某些局部特征的依赖性减弱，提高了模型的泛化性。

12.2　离散制造过程生产瓶颈预测方法

12.1 节探讨了实时定位环境下离散制造车间生产瓶颈的定义、计算方法、识别方法，帮助发掘车间历史的和当前的生产瓶颈单元，对车间生产优化有重要的价值。本章在前面内容的基础上，提出基于长短期记忆神经网络的离散制造过程生产瓶颈预测方法，为预防瓶颈发生提供了可能。

12.2.1　离散制造过程生产瓶颈预测原理

1. 生产瓶颈预测技术路线

在车间的实际生产管理过程中，仅仅做到及时发现瓶颈并针对已经出现的瓶颈问题制定相应的反馈策略是不够的。从问题出现到问题解决，往往需要经历一定的时间，在这段时间内，车间的生产活动已然受到了瓶颈问题的影响。事实上，如果能够在瓶颈尚未出现时预测到瓶颈现象的发生，并采取一定的调度策略预防瓶颈的出现，那么对车间实际生产活动的影响是最小的。

瓶颈漂移现象是解决瓶颈问题时不可忽视的一个问题。一般来说，随着时间的推移，生产瓶颈和各工位的瓶颈指数并不是一成不变的，某些非瓶颈工位可能由于生产扰动的积累逐渐向瓶颈工位转移，而瓶颈工位也可能依赖车间重调度或其他优化方式降低对车间生产活动的影响。瓶颈漂移现象就是瓶颈工位在不同时刻的不同生产环境下的变化规律，对生产瓶颈进行预测也正是利用了瓶颈的时变规律。离散制造过程生产瓶颈预测技术路线如图 12.3 所示。

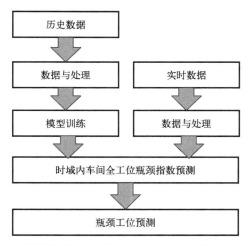

图 12.3　离散制造过程生产瓶颈预测技术路线

首先采集车间历史生产状态信息和所有工位的历史瓶颈指数，利用长短期记忆神经网络分析车间生产状态信息协同作用下的瓶颈指数时变规律。模型训练完成后，将实时数据作为该网络的输入，对一个时域内车间中所有工位的瓶颈指数进行预测。最后根据式(12-9)确定在给定时域内是否会出现瓶颈以及瓶颈出现的位置。

2．长短期记忆神经网络原理

长短期记忆神经网络是循环神经网络(Recurrent Neural Network，RNN)的一个特例。传统的 RNN 通过在同一层的神经元之间建立权连接，解决了普通神经网络无法保持学习效果持久性的问题。由于 RNN 的隐含层结构简单，在循环的过程中对历史信息保持相同的学习策略，缺少信息筛选的方法，因此往往导致长期记忆失效，即训练过程中产生梯度消失或梯度爆炸的现象。为了解决这个问题，Hochreiter 等提出了一种长短期记忆神经网络，这种网络对传统 RNN 隐含层的内部结构改动较大，设计了遗忘门、输入门和输出门，可以有效地记住较长期信息，有效地解决了长期依赖问题。LSTM 的循环单元内部结构如图 12.4 所示。

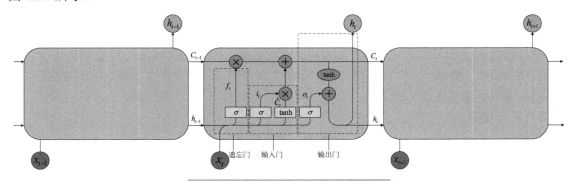

图 12.4　LSTM 的循环单元内部结构图

1）遗忘门

神经元状态更新时，当前状态并不对全部历史信息进行利用，而是需要进行一定的筛选。σ 层的输出是一个所有元素值介于 [0,1] 的向量，表示对历史信息的保留情况。其中，0 表示没有信息保留，1 表示所有信息都可以保留。遗忘门通过 σ 层来实现状态更新时信息的取舍，具体计算方法如下：

$$f_t = \sigma(W_f \cdot [h_{t-1}, x_t] + b_f) \tag{12-10}$$

其中，W_f 为遗忘门的权量；b_f 为遗忘门的偏置。

2）输入门

同样的，神经元状态更新时，对新信息也需要进行一定的筛选。新信息的筛选通常分为两部分：σ 层负责选择需要更新的信息的类别；tanh 层负责生成更新内容。综合这两部分，输入门实现了对更新信息的选择，具体计算方法如下：

$$\begin{cases} i_t = \sigma(W_i \cdot [h_{t-1}, x_t] + b_i) \\ \tilde{C}_t = \tanh(W_C \cdot [h_{t-1}, x_t] + b_C) \end{cases} \tag{12-11}$$

其中，W_i 为输入门的权重；b_i 为输入门的偏置；$\tilde{C}_t$ 为用来更新的信息；W_C 为用来更新的信息的权重；b_C 为用来更新的信息的偏置。

更新信息选择完成后，结合遗忘门所保留的历史信息，进行神经元的状态更新：

$$C_t = f_t \times C_{t-1} + i_t \times \tilde{C}_t \tag{12-12}$$

其中，C_t 表示 t 时刻神经元的状态。

3）输出门

基于更新后的神经元状态，计算输出值。同样需要 σ 层对输出的内容进行筛选，再使用 tanh 函数对筛选后的内容进行处理，最终得到输出结果：

$$\begin{cases} o_t = \sigma(W_o \cdot [h_{t-1}, x_t] + b_o) \\ h_t = o_t \times \tanh(C_t) \end{cases} \tag{12-13}$$

其中，W_o 为输入门的权重；b_o 为输入门的偏置。

12.2.2　基于长短期记忆神经网络的离散制造过程生产瓶颈预测方法

1. 输入和输出

依据上述 LSTM 神经网络原理，对离散制造过程生产瓶颈进行预测。考虑到在 12.1.4 节所述的瓶颈识别方法中，使用 DNN 方法建立了车间实时生产状态和各工位瓶颈指数之间的关系，为了使预测结果更准确，同样应当考虑到车间历史生产状态的变化对瓶颈指数变化规律的影响，因此，将车间历史生产状态作为辅助输入数据，加入 LSTM 网络模型的训练中。本书以瓶颈指数为主要输入，以车间历史生产状态为辅助信息，对一个时域 ΔT 内的瓶颈指数进行预测，输入和输出序列见表 12.2。

2. 算法过程

和传统的 RNN 相比，LSTM 能有效地避免梯度消失、梯度爆炸、长期记忆能力不足等问题，从而有效地学习和利用长时序信息。但受限于复杂环境和生产计划等约束，在进行瓶颈预测时，应充分利用上述离散制造车间辅助信息。结合本书所描述的离散制造车间生产环境，基于 LSTM 的瓶颈预测网络结构如图 12.5 所示，图中 h_b、h_w 和 h 表示对应的隐藏向量。

表 12.2　瓶颈预测的输入和输出序列

	时序	离散制造车间辅助信息	瓶颈指数
输入	$\theta - \Delta T'$	ws_st$_{\theta - \Delta T'}$	$\{\mathrm{BN}_{pi}^{\theta - \Delta T'}, p \in P, i \in I_p\}$
	…	…	…
	$\theta - \delta$	ws_st$_{\theta - \delta}$	$\{\mathrm{BN}_{pi}^{\theta - \delta}, p \in P, i \in I_p\}$
	θ	ws_st$_{\theta}$	$\{\mathrm{BN}_{pi}^{\theta}, p \in P, i \in I_p\}$
输出	$\theta + \delta$		$\{\mathrm{BN}_{pi}^{\theta + \delta}, p \in P, i \in I_p\}$
	…		…
	$\theta + \Delta T$		$\{\mathrm{BN}_{pi}^{\theta + \Delta T}, p \in P, i \in I_p\}$

注：δ 表示车间生产状态采样脉冲间隔；$\Delta T'$ 表示序列输入的最大时间差值。

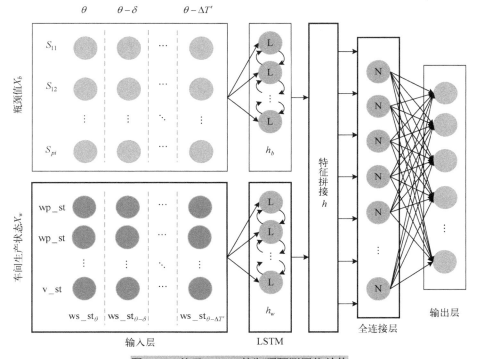

图 12.5　基于 LSTM 的瓶颈预测网络结构

LSTM 层的输入张量由瓶颈值 X_b 和车间生产状态 X_w 构成。

首先，LSTM 层将输入转化为隐藏向量：

$$\begin{cases} h_b^t = G(x_b, h_b^{t-1}) \\ h_w^t = G(x_w, h_w^{t-1}) \end{cases} \tag{12-14}$$

其次，对并行的两个 LSTM 隐含层进行特征拼接：

$$h^t = [h_b^t \mid h_w^t] \tag{12-15}$$

其中，h_b^t、h_w^t、h^t 表示 t 时刻的对应的隐藏向量。

再次，全连接层对隐藏特征进行进一步提取：

$$u = F_1(h^t) \tag{12-16}$$

其中，F_1 为全连接层的转移函数。

最后，由于连续的多工位瓶颈值预测属于多变量回归问题，输出层为如下的线性回归过程：

$$\tilde{y} = w \cdot F_2(u) + b \tag{12-17}$$

其中，w 和 b 为线性回归的权重和偏差系数；F_2 为输出层的转移函数。

训练过程中，预测值和真实值将产生误差。对于确定的成本函数，可以通过调整权重和偏差系数使误差最小。使用均方差作为成本函数：

$$J(\rho) = \frac{1}{m} \sum_{i=1}^{m} (F(x_i) - y_i)^2 \tag{12-18}$$

其中，ρ 为模型参数；m 为样本容量；F 为模型函数。回归过程中，使用 Adam 优化器更新网络参数。Adam 优化器适用于不稳定的目标函数，自适应更新学习率。Adam 优化器的策略如下。

(1) 计算 t 时间步的梯度：

$$g_t = \nabla_t J(\theta_t) \tag{12-19}$$

(2) 计算梯度和梯度平方的指数移动平均数：

$$\begin{cases} m_t = \beta_1 m_{t-1} + (1-\beta_1)g_t \\ v_t = \beta_2 v_{t-1} + (1-\beta_2)g_t^2 \end{cases} \tag{12-20}$$

其中，β 为指数衰减率，用来控制权重分配。

(3) 由于 m_0 和 v_0 初始化为 0 会导致 m_t 和 v_t 偏向于 0，故需要对 m_t 和 v_t 进行偏差纠正：

$$\begin{cases} \hat{m}_t = \dfrac{m_t}{1-\beta_1^t} \\ \hat{v}_t = \dfrac{v_t}{1-\beta_2^t} \end{cases} \tag{12-21}$$

(4) 更新参数：

$$\theta_t = \theta_{t-1} - \alpha \frac{\hat{m}_t}{\sqrt{\hat{v}_t} + \varepsilon} \tag{12-22}$$

其中，α 为初始学习率，$\varepsilon = 10^{-8}$ 以避免分母为 0。

第 13 章 基于实时定位技术的动态调度

车间生产调度及优化是企业提高生产效率和生产柔性的关键因素之一。调度问题一般定义为：在一定的约束条件下，为了实现某个或某几个性能指标的优化，对一些资源进行时间、任务上的分配。从最初研究具有两台机器的流水车间调度问题开始，已经有越来越多的研究人员对更为复杂的调度问题进行探究。生产调度为制造系统的执行提供了基础，其优化技术更是现代先进生产管理的核心。

本章主要内容如下。

(1)基于 RFID 的动态调度方案。

(2)基于 RFID 的最小时间成本的动态调度算法。

13.1 动态调度技术概述

传统的生产调度研究方法是静态调度，它假设在一定的理想条件下进行生产安排，不考虑生产过程中出现的干扰。而实际生产过程中，尤其是离散制造环境下，生产条件是复杂多变的，因此动态调度是必要的。在离散制造过程中，一些无法预料的生产动态事件的出现常常使实际生产不能按照原来的生产调度方案进行，而动态调度能及时进行生产方案调整，降低不利因素对制造系统性能的影响，提高生产效率及应对突发状况的能力。离散制造过程中的干扰一般涉及订单、生产数据和生产能力等，如紧急订单、零件报废或者返工、机器故障等。动态调度问题具有多约束性、离散性、计算复杂性、不确定性、多目标性等特点，因此构建的动态调度模型需要适应实际离散制造环境的这些特点。然而，我们很难用传统的整数规划方法来解决动态调度的实际问题。但是，随着计算机技术的快速发展，人工智能等为动态调度的研究提供了新思路，同时也为动态调度在生产过程中的实现奠定了基础。

动态调度是指在不可知的动态事件出现的情况下继续执行原调度方案(由静态调度结果分解而成)，可能会出现不合理的结果，或者不可能正常地执行，此时要求车间调度系统能及时调整原调度方案，把对系统性能的影响降到最低，同时还应保证原方案和新方案之间合理地衔接，保证实时生产的高效性及其对系统扰动反应的灵活性。

传统的调度研究在考虑一系列调度任务时假定在最初便具有所需要的全部信息，一般采用静态调度方法。但是生产过程中存在着种种不确定因素，因此使用动态调度方法将使结果更符合实际情况。

动态调度必须满足两方面的要求：首先，调度的变化必须反映生产线的实时信息；其次，必须在短时间内完成调度变化以免耽误实际操作。

目前主要有以下 3 种方法解决动态实时调度问题。

1. 人工智能(AI)方法

人工智能方法主要是利用专家系统、智能体技术等，通过一些智能算法，如遗传算法、粒子群算法、蚁群算法等，通过模拟、推理等方式为生产决策提供支持，使人们能够依据制造过程的实际情况制定出更合适的动态调度方案。

分布式计算与人工智能的结合便于解决分布式的复杂问题，所以出现了分布式人工智能(Distributed Artificial Intelligence，DAI)这一研究领域。最近几年对分布式人工智能的基础研究及其在制造中的应用研究表明，分布式人工智能中的多智能体系统(Multi-agent System，MAX)理论致力于解决数据、控制、专家知识、资源等分布问题，为智能制造系统的实现提供了可行性技术支持，并成为制造领域中的研究热点之一。

人工智能和专家系统方法能够解决一些调度问题，其根据系统的当前状态和给定的优化目标，对知识库进行搜索，选择最优的调度策略，使得调度决策具有一定的智能性。但这种方法也存在一些缺点，例如，它在解决问题的范围大小方面受到限制，而且收集人的经验及认知过程的建模是很困难的，开发周期长，成本高。

2. 仿真方法

由于实际的离散制造系统是非常复杂的，很难通过一个准确的数学模型来描述它，因此仿真方法为我们提供了一种手段，通过仿真模型来对实际的制造系统性能、状态进行评估分析，以此支持制造系统的实时动态调度。此方法在设计、运行制造系统方面非常有效，而且它能用作制造系统实时调度的支持系统。但是基于仿真方法的实时支持系统也存在一些问题，例如，在某些情况下仿真方法要花太多的时间来运行，并且从某种情况出发而建立的仿真方法不能用于另一种情况，即当环境变化时，需要根据变化了的环境重新建造模型、重新进行实验以找到合适的规则集。

3. 人机交互方法

综合考虑实时生产的多种复杂因素，人机交互策略和手段显得尤为重要。采用人机交互方法进行动态调度，能很好地发挥人的认知作用。通过人机交互界面下达调度计划，或者根据实时的监控信息和人的主观经验，对制造信息系统的调度计划进行适当的修改，人可以在系统中充当动态调度的辅助角色。在这样的系统中，人可以充分实现自动辅助功能的操作过程。但人机交互方法对人的经验、素质要求比较高。

目前对于离散事件的生产调度研究，不是采用某一种方法，而是采用两种或两种以上的方法，其中一部分采用人机交互与仿真相结合的方法。从研究内容和实验结果来看，采用人机交互与仿真相结合的方法简单易行。该方法使用计算机处理常规的、可预见的任务，而让人处理非常规的、不确定的行为，通过恰当平衡人和计算机的工作，不仅可以提高调度的效率，而且可以使调度更符合车间的动态环境。由于分布式计算与人工智能两者的结合能解决分布式的、复杂的问题，所以若能将人工智能等机器学习方法应用到调度优化中，可使代理具有更高的智能，这一领域成为目前关于动态调度的研究重点。

13.2　基于 RFID 的动态调度方案

RFID 技术在发展，但实际的应用却还很受限。最大的挑战在于如何将 RFID 信息用于生产调度，提高决策性能。近几年，研究人员致力于基于 RFID 信息的动态调度研究，结合实际生产，提出了不同的动态调度方案。

13.2.1　基于最小化成本的动态调度优化

韩国成均馆大学的 Gwon 等在研究汽车制造行业的混合产品装配线系统问题时，结合 RFID 技术，提出了动态物料的调度优化规则。由于其规模、复杂性和过程的不确定性，汽车制造系统的管理和控制非常具有挑战性。随着最近新技术在制造过程中的应用，如 RFID 技术，实时信息通过 IT 基础设施在制造系统中变得可获得。预计基于 RFID 的实时信息将增加决策的及时性和效率，大大减少不确定性。反过来，将提高工作效率和质量。他们提出了一种先进的 RFID 应用，用于汽车装配线过程，具体地说是动态物料调度。该应用是独特先进的，在应用中，集成了 RFID 技术与一个实时的决策支持系统以确保汽车零部件到混合产品装配线的准确性和高效交付。在该应用中，他们将问题描述为一个混合整数规划模型，提出了一个融合可用的 RFID 信息的启发式算法，评估了基于场景分析的 RFID 价值。

在汽车制造的混合产品装配线中，来自生产车间的信息需要被用于调度和控制微观层面的生产过程。然而，到目前为止，这一重要信息录入/转移一般还是手工完成，这使得时间延误和人为错误的出现概率较高。为了解决这些问题，采用 RFID 技术进行生产过程信息采集。在此基础上，研究装配生产线的物料调度优化。

调度优化目标为最小化三种成本，即车间运输成本、库存维持成本和故障成本，目标公式为

$$C = \min\left(C_v \sum_{t=1}^{m} V_t + C_I \sum_{i=1}^{n} \sum_{t=1}^{m} I_{i,t} + C_B \sum_{t=1}^{m} B_t \right) \tag{13-1}$$

其中，C_v 为车间运输成本权重；C_I 为库存维持成本权重；C_B 为故障成本权重；V_t 为第 t 个车间运输成本；$I_{i,t}$ 为第 t 个库存维持成本；B_t 为第 t 个故障成本。另外，给出相关约束条件，考虑装配生产线的动态库存、装配线故障问题、库存冗余和运输车辆数目限制等条件。

此外，提出一种调度启发式算法，实时响应生产环境的动态变化并及时做出决策。调度启发式算法流程图如图 13.1 所示。该算法的主要目标是最小化运输成本和故障成本。为了实现这一目标，该算法确定了①从所有运输手推车中指定手推车进行操作；②手推车操作的调度；③装配线旁库存的运输路线；④被运送零部件的类型。

混合产品装配线由不同的工作站组成，工作站装配不同的零部件以形成不同类型的产品。零件在相应的装配生产线被组装成成品。零件类型和它相应的消费率在每个工作站都是不同的。装配生产线由两个子系统支持和控制：RFID 监控系统和决策支持系统。

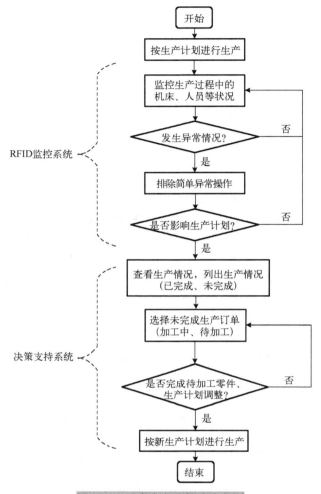

图 13.1　调度启发式算法流程图

13.2.2　基于遗传算法的随机生产物料需求动态调度

　　香港理工大学的 Poon 等研究了车间生产中的物料需求动态调度问题。如今，在实际的生产环境中，车间管理员面临着许多不可预知的风险。这些不可预知的风险不仅包括有关物料补充的紧迫需求，而且增加了在准备物料库存方面的难度。研究人员提出了一个实时生产作业决策支持系统(RPODS)，用于解决随机生产物料需求问题。除此之外，采用 RFID 技术监控生产和仓库的实时状态，并应用遗传算法(Genetic Algorithm，GA)制定可行解来处理这些随机生产物料需求问题。RPODS 的能力在一个模具制造公司中已被证明。在车间和仓库中，减少随机生产物料需求问题的影响和提高生产力都能被实现。

　　在按订单制造的生产环境中，产品往往是客制化的，生产过程基于接收的客户订单开始。为了满足客户的需求和实现准时交货，同时解决多个客户的订单，并在生产开始前分配给它们适当的机器和生产资源，这些都是必需的。因此，生产调度和规划是一个重要的流程，以避免生产过程的延迟并提高生产性能来满足客户的需要。RPODS 用于解决随机生产物料需求问题，图 13.2 显示了 RPODS 的架构框架，这是一个三层系统。第一层是数据采集层，用于捕获生产作业信息。第二层是数据存储层，采集的信息被系统地存储在中央数据库中。第三层是数据处理层，用于分配不同的物料需求订单和物料搬运设备。

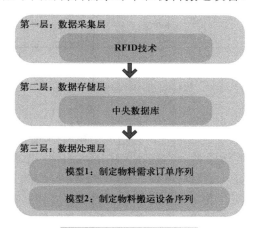

图 13.2　RPODS 架构框架

数据处理层的目的是生成一个可行的整理序列，来解决生产车间的随机生产物料需求问题。两个基于遗传算法的模块包含在这一层中。前一模块优化叉车的工作序列，而后一模块确定顺序，将叉车分配给不同的工作。

【模型 1】制定物料需求订单序列。

在这个模型中，第一层中采集的生产数据被转换成一个有序的序列，代表了物料需求订单 O_N 在 N 个作业区。初始的订单序列通过先到先服务的策略生成，结构如图 13.3 所示。

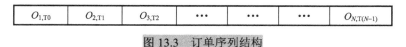

图 13.3　订单序列结构

此外，当物料搬运设备开始处理序列中第一个订单时，该时间被记录并存储在时间记录集 T_s 中。然后序列被传递给模型 2 来迭代计算订单完成时间，该完成时间被存储在时间记录集 T_f 中。根据完成时间，可以确定作业区的修改时间，评估生产车间的生产力。

在这个模型中，采用旨在评价订单序列完成的快慢程度的适应度函数，评估染色体。适应度值越小，染色体能在越短的时间里处理生产物料需求订单，提出的适应度函数为

$$f \leqslant \min \sum_{i=1}^{a} (T_f^i - T_s^i) \tag{13-2}$$

其中，T_f^i 为优化结束时间；T_s^i 为优化开始时间；a 为染色体总个数。

在订单排序时，令染色体产生突变，随机选择一个两点变异算子，交换订单序列中相同长度的两个群。禁止选择包含相同元素的群或元素有重叠的群。交换变异机制如图 13.4 所示。

通过交换变异生成一个新的订单序列。然后这个序列被传递给模型 2 来计算订单新的完成时间，重新计算生产车间的生产力。如果新的生产力增加了，则新的订单序列将代替原来的序列。通过迭代执行交换变异操作，确定最满意的生产力序列。当生产力不再提高时，交换变异停止。

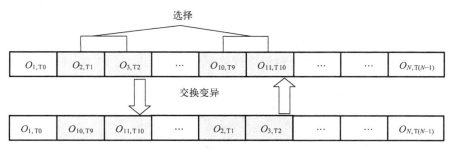

图 13.4   交换变异机制

【模型 2】制定物料搬运设备序列。

当时间记录集 T_s 从模型 1 发送过来时，构造一个物料序列来代表为一个特定订单分配的物料搬运设备。有 n 项物料搬运设备，它们在 T_s 中的可用性 $\{A\}$ 定义为 $\{A\} = \{A_1, A_2, \cdots, A_n\}$。根据可用性在递归升序中构造初始物料序列。物料序列结构如图 13.5 所示。类似于模型 1，为了缩短物料序列的完成时间，发生交换变异。新的物料序列只在它的完成时间少于父物料序列时才被接受。编译过程是重复的，直到完成时间没有改善。

M_1	A_1	M_2	A_2	...	M_{k-1}	A_n	M_k	A_1

图 13.5   物料序列结构

13.2.3 k 阶混流车间实时先进的生产计划与调度

香港大学的 Zhong 在博士论文中提出了一种用于 k 阶混流车间的基于 RFID 的实时先进的生产计划与调度，制定了实时生产计划与调度模型，适用于基于 RFID 的普适制造环境。该模型使用了几个关键的概念，如混流车间调度(HFS)，利用实时工作池和决策原理集成生产计划和调度。因此，生产决策是一个实时调度问题。

如何利用采集到的 RFID 实时数据来支持实时的车间调度是关键。将 k 阶混流车间作为研究对象，k 阶混流车间调度包括 n 个工作，它们在 k 个阶段（$k \geq 2$）被处理。每个阶段 k 有 $M_k \geq 1$ 台机床，它们具有相同的功能，能够并行处理工作。每台机床的缓冲容量假设是无限制的，这样机床可以连续地处理工作。加工工作遵循流程：阶段 1→阶段 2→···→阶段 k。一个工作可能跳过任意数量的阶段，但至少有一个阶段必须进行。混流调度在大多数情况下是 NP-hard 问题，理论上在一些特殊属性和优先关系下能被解决。

实时工作池用于促进在一个基于 RFID 的车间内的实时调度决策。图 13.6 显示了实时工作池的原理，它使用三种类型的工作池用于决策。生产订单池用于长期规划，针对阶段的工作池用于中期调度，针对单台机床的工作池用于日常任务。

实时工作池的工作机理遵循两个步骤：第一步，生产订单池的序列按临界比标准或客户优先级排序，并将它们释放到工作池用于给定阶段 1 的具体工作轮班；第二步，阶段 1 的工作池根据多样化的调度规则按顺序排好工作，并释放工作到不同的单台机床的工作池中。在释放处理中采用两种方法：第一种是手动操作，车间主管通过拖放编辑可以安排具体的工作给特定的机器操作员；第二种是基于 RFID 的事件驱动机制，机器操作员使用他们的员工卡来获取工作。

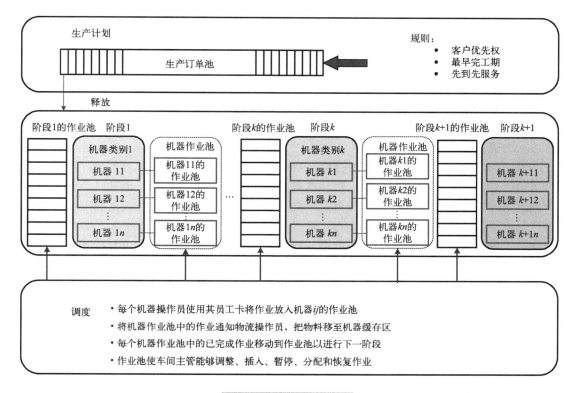

图 13.6　实时工作池原理

在生产计划中，一个生产订单集 $PO = \{PO_1, PO_2, \cdots, PO_n\}$ 以一个合适的和最佳的方式排序，满足一些目标，如总延迟 $\sum$ Tardiness 等。这里考虑了刀具转换时间（CT），因为在混流车间中，不同的产品根据它们的材料需要不同的刀具进行处理。这个转换时间很大程度上影响了产品的总处理时间。当考虑生产计划时，CT 占了总处理时间的一定比例。生产计划水平下，目标函数为

$$\min \sum_{i=1}^{n}(F_i - d_i) + \eta \text{CT} \tag{13-3}$$

其中，F_i 为第 i 个延迟结束时间；d_i 为第 i 个延迟开始时间；η 为刀具转换时间权重。

在计划阶段，考虑了总延迟时间最小和花在刀具转换上的时间。

在生产调度中，一个工作集 $J = \{J_1, J_2, \cdots, J_n\}$ 被排序。工作是从生产订单集中分离的，每个生产订单分为几个工作。这意味着来自一个特定的生产订单的工作具有相同的优先级、到期日和产品类别，工作在多个阶段的实时工作池中被管理。最重要的问题是阶段 1，因为下面的阶段（阶段 2，3，···，k）基于的是阶段 1 的完成与实时 RFID 信息，以及多种多样的调度规则。生产调度水平下，目标函数为

$$\max \sum_{i=1}^{k}\sum_{j=1}^{n} U_{ij} \tag{13-4}$$

其中，U_{ij} 为每个阶段机器的利用率；n 为机械总数量。

在调度阶段，目标函数考虑了最大化每个阶段机器的利用率。

13.2.4 基于蚁群算法的最小化工位辅助费用的动态调度

广东工业大学的杨周辉研究了生产监控系统的数据流和数据结构，针对混流装配线上由于多种产品在作业时间上存在差异而导致装配线生产不平衡的问题，提出了一种最小化工位辅助费用的排产优化模型，并采用蚁群算法对此优化模型进行求解。在汽车混流装配线生产监控系统中，采用 RFID 技术采集生产信息，以最小化工位辅助费用为目标，进行装配线动态调度，从而提高生产效率。

RFID 实时采集数据包括零部件的标签数据、读写器编码、设备的状态数据、工位人员数据、工位生产状态数据、工时数据、现场物料数据、售后采集数据等。通过排产的生产效率比不经过排产的生产效率高很多。混流装配是在总装车间的同一条生产线上装配多种不同型号的产品，不同的产品在作业时间上存在很大差异而导致装配线生产不平衡。要想在设计阶段实现有效的平衡是很难做到的。因此要想提高生产效率就必须对生产进行排产，以尽可能优化的方式进行投产。在 JIT 的装配生产线上，当工人不能在规定工作范围内完成任务时，必须停止传送带，直至该任务完成，以免不合格的产品流向下一个操作工位，经常的停机将影响生产计划的按时完成、破坏生产的连续性等。因此提出的最小化工位辅助费用的排产优化模型，可以保证生产的连续性，同时基于 RFID 的汽车混流装配线生产监控系统也将随时记录各个工位的工时，使工艺人员能够及时地发现瓶颈工序，并对以后的装配工艺进行及时的调整，从而使装配线更加优化，减少生产过程中经常停机造成的生产不顺畅，从而提高装配效率，保证生产计划能够按时完成。

最小化工位辅助费用的目标函数为

$$P = \min h \sum_{i=1}^{m} \sum_{j=1}^{J} w_j p_{i,j} \tag{13-5}$$

其中，$p_{i,j}$ 为在一个排序的序列中 i 产品在 j 工位的超负荷时间；w_j 为 $p_{i,j}$ 的权重。

为了确保在装配过程中的一个最小生产循环内，每个产品都被安排在序列中的某个位置，产品的序列 d_m 需满足式(13-6)和式(13-7)：

$$d_m = \sum_{j=1}^{J} x_{ij} \tag{13-6}$$

$$x_{ij} = \begin{cases} 1, & \text{在工位 } j \text{ 装配的是 } i \text{ 产品} \\ 0, & \text{否则} \end{cases} \tag{13-7}$$

式(13-7)是一个选择函数，因为在混流装配的过程中，每种型号车的工艺结构有很大的差别，有的型号的车可能在某些工位不需要进行装配，可以直接跳过，当一个排序序列中的 i 产品需要在 j 工位进行装配时，值取 1，否则为 0。

蚁群算法是一种用来在图中寻找优化路径的概率型技术。它是一种模拟进化算法，初步的研究表明该算法具有许多优良的性质。以汽车装配企业为研究对象，在公司总装车间的同一条装配线上要同时装配不同型号的汽车，各种不同型号的汽车在结构和设计上有一定的差异。其中各工位的工时是通过安装在总装车间的 RFID 读写器对相同工序的工时进行多次采集后取其平均值而确定的，并用蚁群算法解决混流装配车间的装配生产排序问题，该装配车间是典型的混流装配车间。

13.3　基于 RFID 的最小时间成本的动态调度算法

离散制造企业生产常常面临产品型号多、交付时间严格、质量要求高等问题。因此，对生产过程的监控要求极为严格。物联网技术为实现复杂产品生产过程透明化提供了可能，其中 RFID 技术更是生产监控的核心技术，为生产过程中的动态调度提供了实时信息支持。

13.3.1　基于 RFID 的实时离散制造环境

许多离散制造企业运作的车间具有功能布局的特点，也就是说，在某一个区域具有类似功能的机器被放置在一起。实施 RFID 策略的离散制造环境将不同于一般的制造业车间，如服装制造业。参考离散制造车间的布局，选择五种典型加工方法：车、铣、刨、磨、钳。一般来说，零件需要经过一系列的操作处理。这些操作可能发生在相同的或不同的物理位置。每个工位机器按照它们的功能分组聚集放置。在所有操作完成后进行质量检验。最后，合格的零件被放在指定区域。

此外，每个工位配置一个半成品区，作为存储区，为到来的零件提供等待的区域(即等待区)。换句话说，来到某工位的零件来自原材料存储区或者其他工位。根据生产计划，零件被移动到指定工位，如果它们到达了错误的工位，系统将给出警告。在这个工位的操作完成后，零件被放置在临时存放区，然后被有序地移动到下一个指定的工位。工位的等候区可以有多个零件，然而在某一时刻，一个工位被加工的零件只能有一个。

图 13.7 提供了 RFID 解决方案的离散制造车间布局。因为离散制造过程的加工路线是固定的，RFID 读写器主要被部署在关键节点，如车间大门和工位。这些读写器与服务器相连在同一个工作网络中。RFID 读写器将读取所有进入相应读写器阅读范围内的标签。标签携带有相关生产要素的重要信息，为生产过程中的控制管理提供实时状态数据。通过 RFID 采集系统，可以实时获得生产要素的位置、状态信息。

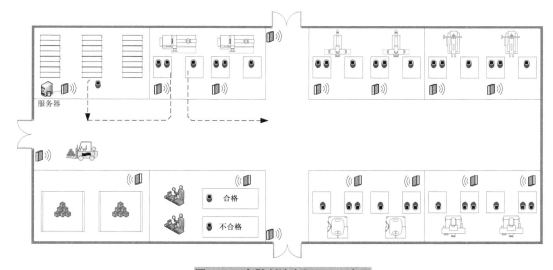

图 13.7　离散制造车间 RFID 布局

传统上，调度计划由生产计划员制定并发放到车间。每当生产发生问题时，生产过程的一些信息不能及时、有效地传达给车间管理员，以致无法及时应对问题，影响生产计划的正常进行。这通常会对产品生产周期产生负面影响。在这种生产背景下，将 RFID 技术实施到车间中，使离散制造过程变得具有可见性，因此能使生产过程可控。

在离散制造过程中，影响生产调度的常见动态事件可分为三大类，具体见图 13.8。实际的制造环境非常复杂，这些动态事件往往不单独出现，它们互相影响。本书对此进行简化，选取其中几项典型的动态事件，并只考虑单一的动态事件对离散制造系统的影响。

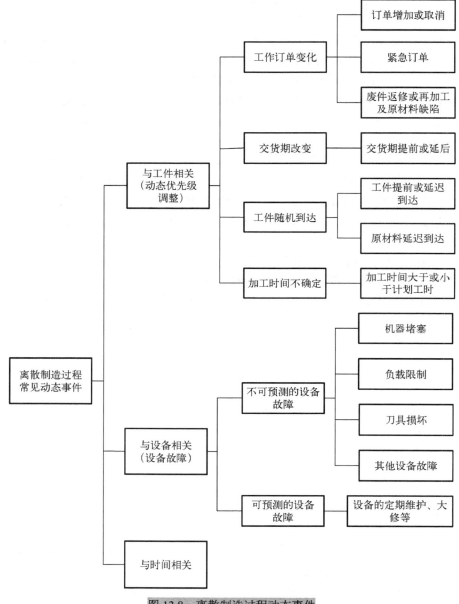

图 13.8 离散制造过程动态事件

13.3.2　基于 RFID 的离散制造动态调度模型

在基于 RFID 的实时普适制造环境中，可以通过 RFID 技术识别各种人员、机器、物料等，实现把不确定的情况转换为确定性调度。此外，当 RFID 系统实时感知、追踪原因、反映实时情况时，动态调度需要在一个较短的时间间隔内完成，调度的复杂性需要在很短的操作时间内降低，最终实现离散制造过程的动态调度。

离散制造的动态调度生产系统描述如下。

在生产计划中，生产订单表示为集合 $PO = \{PO_1, PO_2, \cdots, PO_n\}$，它们以一个最佳方式进行优先级排序。在动态调度阶段，生产车间具有 m 台机器 $\{M_1, M_2, \cdots, M_m\}$、$n$ 个工件 $\{J_1, J_2, \cdots, J_n\}$，每个工件的工序数不大于 m，它们的工艺路线是由工件自身的生产要求预先确定的。

在加工过程中，待加工的工件动态到达目标加工工位，已加工的工件前往下一个目的地。因此，在动态调度阶段，工件的加工状态实时变化，这使得它们的剩余工序数也随之实时改变。工件 J_i 具有若干道工序，设 O_{ij} 为 J_i 在机器 M_j 上的工序，$m_i(m_i \leqslant m)$ 表示工件 $J_i(1 \leqslant i \leqslant n)$ 在生产过程中的实时工序数。工件生产向量 μ_i 代表工件 J_i 在加工过程中需要停留并进行加工的机器，即工件 J_i 的生产作业计划。所有工件生产向量组成生产向量矩阵：

$$\begin{bmatrix} \mu_i(1) & \cdots & \mu_i(m) \\ \vdots & \ddots & \vdots \\ \mu_n(1) & \cdots & \mu_n(m) \end{bmatrix}$$

其中，$\mu_i(k) = j(1 \leqslant k \leqslant m)$，表明工件 J_i 的第 k 道工序在机器 M_j 上进行。

在离散制造过程中，通过 RFID 技术进行加工信息采集。设 T_{Rs}^{ij} 为 RFID 读写器采集到的工件 J_i 的工序 O_{ij} 在机器 M_j 上的开始加工时间，T_{Rf}^{ij} 为 RFID 读写器采集到的工件 J_i 的工序 O_{ij} 在机器 M_j 上的加工结束时间。通过比较生产过程中工件的实际完成时间与计划完成时间的差别，分析生产是处于延迟还是超前状态。

在离散制造过程中，不同工作订单的处理优先级是不同的，因此生产调度安排需要基于这一点。这里，规定了离散制造的工作任务优先级规则。

（1）基于订单的规则：一个订单被分成几批，每一批代表一个工作任务，每批任务的优先级是相同的。

（2）基于原材料的规则：不同的工作任务如果使用相同的原材料，则它们的优先级是相同的，这一规则是为了避免刀具的频繁更换，因为更换刀具是耗时的一种制造操作。

（3）基于批次的规则：工作任务数量少于一定程度时会被合并，因为可能有废品或返工物品。考虑它们的优先级有两种情况：一种是工作任务来自同一个订单；另一种是工作任务来自不同的订单，但使用相同的原材料。它们的优先级遵循：前者优先级相同，后者选择优先级高的级别作为这一批合并任务的优先级。

（4）基于级联订单的规则：互相关联的工作任务必须被同时处理，因此它们的优先级相同。

为了简化模型，提出车间调度的几个假设条件，见表 13.1。

表 13.1　车间调度假设条件

条件序号	假设条件说明
1	每个工件的加工工艺是固定的
2	机器加工工件的时间是一定的
3	只有上一道工序加工完成后才能开始下一道工序
4	一台机器一次加工一个工件，同一时间一个工件不能被多台机器加工
5	任意工件在某个机器上的加工过程不能中断(除非机器故障)
6	缓冲区溢出不会发生在任何一个工位
7	每个工位的工件从该工位的缓冲区到机器的运输时间可以被忽略
8	考虑工件加工由于原材料不同而导致的刀具转换耗费时间
9	动态调度模型允许手动干预调度

13.3.3　基于 RFID 的离散制造过程动态调度规则

不同于流程制造，离散制造的过程在本质上是不连续的。不同的产品具有不同的生产流程。每个进程可以单独启动或者停止，可以以不同的生产速度运作。图 13.9 简略地表示了一个零件在离散制造过程中的生产周期。物体通常由手推车运送到加工的目标位置。它们的生产轨迹是预先确定的。根据生产计划，它们首先被放在一个特定工位等待加工。当在这个工位的加工完成后，它们将被运输到下一个工位。经过一系列的过程加工之后，它们应该被检测，以确定是否合格。合格的物品存储在仓库中。否则，它们必须返工或报废。从一个零件在离散制造过程中的生产周期可以看出，从原材料到最终产品的物理流和信息流是非常复杂的，因此过程的实时监控能给车间管理员提供更为详细和直观的生产过程信息。过程的可视化对提高生产效率和质量具有重要意义。作为一种自动识别技术，RFID 显示了它在离散生产过程监控中的潜能。

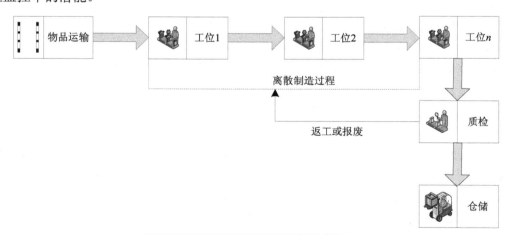

图 13.9　离散制造过程中的零件生产周期

在初期制订生产计划时，尽管生产计划员已经充分考虑了车间的生产能力和生产状态，往往还是会因为一些不可预料的事件而造成实际生产情况与生产计划偏离。当发生偏离时，就需要采取相关措施，使实际生产情况符合生产计划的要求，或者修改生产计划使之适应新

情况，这就是生产过程监控问题。实施生产过程监控需要三个条件：以生产计划为标准；获得实际生产情况与生产计划偏离的信息；通过动态调度纠正这种偏差。

对生产过程中的对象进行实时监控，从而获得与生产相关的工件、设备、人员等的动态信息，为提高生产效率提供信息支持。图 13.10 显示了一个序列图，展示了产品监控系统中的工作流。换句话说，它显示了系统模块如何互相协作以监控和搜索制造过程中的产品。

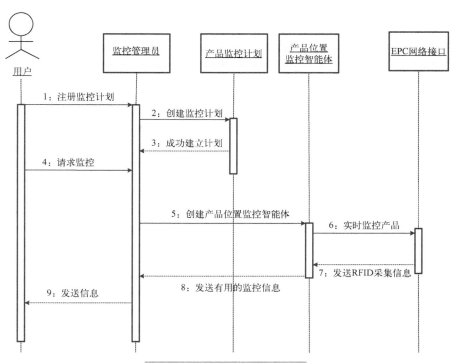

图 13.10　产品监控系统工作流

RFID 技术的采用可以实时反映生产状态信息，监控生产情况是否与调度计划发生偏离。例如，对机床的实时监控序列如图 13.11 所示。为了监控生产、应对紧急突发情况，提出一个基于 RFID 的可视性动态调度规则(RFID-based Visibility Dynamic Scheduling Rule，RVDS)，图 13.12 显示了这一规则的流程。在离散制造生产过程中，为了获得生产过程信息，将 RFID 设备部署在车间现场，其可以提供对所有生产要素的唯一识别。生产者利用 RFID 技术可以实时监控生产状况，及时处理紧急情况或者合理调整生产调度计划。如图 13.12 所示，首先将 RFID 系统初始化，实现部署和参数化设置。然后，将 RFID 读写器连接到车间网络以监控周围的信息。连接时必须检查 RFID 读写器是否成功连接。如果某个 RFID 读写器发生故障，系统就会提供故障诊断，工作人员将会检查相应的设备。故障排除后，RFID 系统运行正常。根据生产计划，工人加工产品。生产计划通常是按照客户优先级或临界比标准制定的。RFID 读写器开始监控生产状况，如果生产存在异常情况，工人将先排除一些简单的、不影响生产计划的异常。如果生产计划受到了影响，就应该进行计划的动态调整，也就是需要完成车间动态调度。我们对一些生产问题进行了讨论，第一个常见的问题就是紧急订单，这对

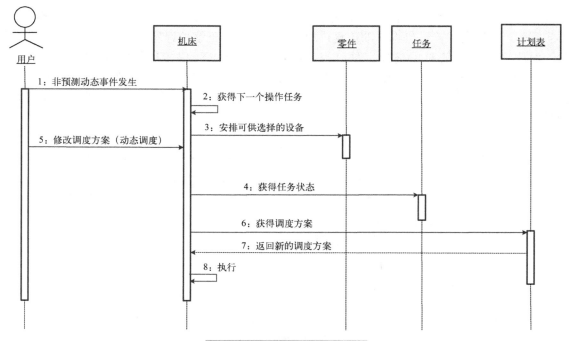

图 13.11　机床实时监控序列图

于生产制造商来说是非常重要的。如何按时交货是企业赢得信誉的关键。当紧急订单发生时，客户优先级将被设置给这些订单。第二个问题是生产过程中可能由于机器故障等而出现长时间等待的订单，那么这些订单将会获得优先考虑。第三个问题是生产延迟的情况。这种情况下，优先级将会被赋予给生产延迟的订单，常常会采用 EDD 规则确定优先级。在生产订单优先级调整完后，生产计划员可以查询此时的生产进度，列出已完成或未完成的产品情况。他们会选择尚未完成的生产订单，并实现基于优先级的车间生产动态调度。常用于生产调度的目标有最小化加工成本、最大化机器利用率、最小化生产周期等。本书提出的动态调度规则的主要目标函数是最小化时间成本，目标函数如下。

$$C(t) = \min\left(C_T \sum_{t=1}^{m} T_t + C_W \sum_{w=1}^{n} T_w + C_{CT} \sum_{ct=1}^{j} T_{ct} + C_P \sum_{p=1}^{k} T_p + C_B \sum_{b=1}^{l} T_b \right) \tag{13-8}$$

约束条件为

$$x_{ij} = \begin{cases} 1, & \text{在制品}i\text{在工位}j\text{加工} \\ 0, & \text{其他} \end{cases} \tag{13-9}$$

$$T_{Rs}^{ij} \leqslant T_{Ps}^{ij} \tag{13-10}$$

$$T_{Rf}^{ij} \leqslant T_{Pf}^{ij} \tag{13-11}$$

$$\sum_{i=1}^{n} \sum_{j=1}^{m} x_{ij} T_{Rf}^{ij} \leqslant \sum_{i=1}^{n} T_f^i \tag{13-12}$$

其中，各个字母表示的含义见表 13.2。

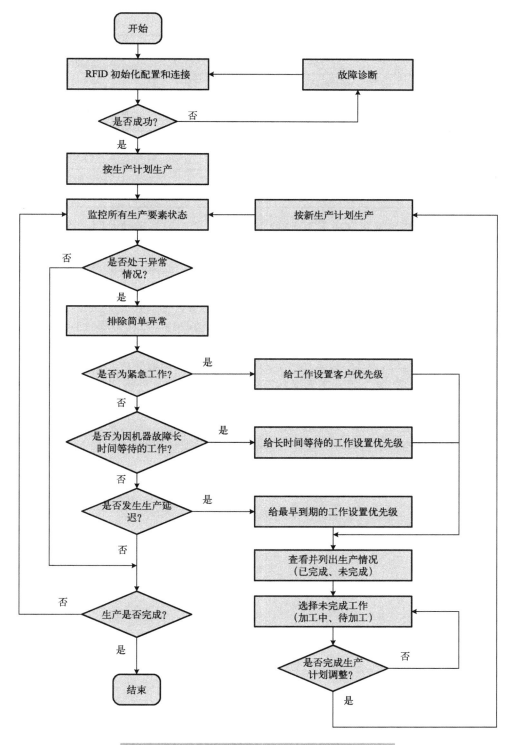

图 13.12　基于 RFID 的可视性动态调度规则(RVDS)

表 13.2 字母含义

字母	含义	字母	含义
T_t	运输时间	C_T	运输时间的单位成本
T_w	等待时间	C_W	等待时间的单位成本
T_{ct}	刀具转换时间	C_{CT}	刀具转换时间的单位成本
T_p	加工时间	C_P	加工时间的单位成本
T_b	故障时间	C_B	故障时间的单位成本
T_{Rs}	RFID 开始时间	T_{Rf}	RFID 结束时间
T_{Ps}	加工开始时间	T_{Pf}	加工开始时间
T_f	订单截止时间		

等待时间和刀具转换时间取决于生产规划和调度。考虑刀具转换时间是因为不同的产品根据它们的材料需要不同的刀具进行处理。这是很耗时的，且极大地影响了生产周期。运输时间取决于物料运输设备序列。加工时间通常被视为常数。故障时间是一个不确定的因素。因此，刀具转换时间和等待时间被认为是最小化时间成本的关键。

方程(13-13)是一个选择函数。很明显，不同的在制品具有不同的加工处理步骤。如果在制品 i 需要在工位 j 加工，那么函数值为 1，否则为 0。方程(13-14)和方程(13-15)表明，RFID 读写器采集到的开始时间和结束时间应该不晚于计划时间。这意味着基于 RFID 的实时生产活动能够被按时执行。方程(13-16)显示生产订单可以在截止日期前完成，确保产品交付。

当新的生产计划制定完之后，工人又基于这个新的生产计划处理产品。在断开 RFID 读写器之前，系统将一直监控生产过程。应急响应和适当的措施可以确保生产安全和效率。RFID 系统可以识别在制品是否到达一个特定的工位以及它们的状态。因此来自在制品的物理流和信息流变得可见和可控。来自 RFID 系统中的信息可以反馈给其他系统(如 MES、ERP 等)，以便生产计划员及时调整调度。

第 14 章　制造物联安全技术

本章首先介绍制造业的安全要求，然后阐述物联网安全特征与面临的安全威胁，针对所面临的安全威胁，最后介绍物联网安全机制。

14.1　制造业的安全要求

本书的安全问题主要涉及三个方面。

(1)物联网技术本身涉及安全漏洞，物联网安全层接协议如图 14.1 所示，在本书中，将结合国家军用标准和国家保密技术要求和技术标准，对本书所涉及的器件的选型、器件的安全测试、技术屏蔽以及信息加密技术方面进行研究。

①严格按照国家军用标准规定的安全保密技术指标，在符合国家军用标准安全保密认证的产品中选择元器件。

②建立完善、全面、科学的器件安全测试平台，对国家军用标准安全保密中没有涉及的器件进行安全测试和筛选。

③对一些非常必要的且不满足安全保密要求的器件进行技术屏蔽，使之满足安全保密的要求。

④研究专门的信号传输协议，建立严格电子标签注册、登记制度，防止外来电子标签入侵；对物联网中的数据传输架构进行加密设置，并在读写器接入内部局域网的过程中设置安全层接(SSL)协议。

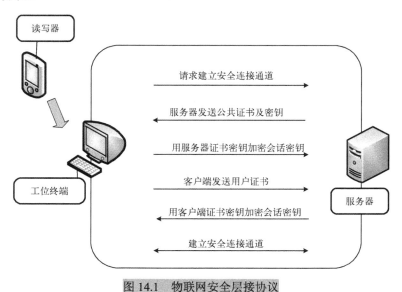

图 14.1　物联网安全层接协议

(2)对现场制造数据库进行安全管理，保障车间现场数据的安全性。具体内容如图 14.2所示，包括硬件防护、权限管理、数据加密、威胁报警、数据备份、日志维护等方面。

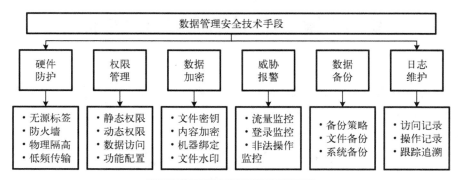

图 14.2　现场制造数据安全技术

(3)从管理制度方面加以约束，保障系统的安全性，具体内容如图 14.3 所示，包括制定全面、科学、合理的安全管理制度，制定安全技术规范并严格执行，经常进行安全保密教育，强化安全保密意识。

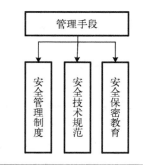

图 14.3　面向安全保密的管理手段

14.2　物联网安全特征与面临的安全威胁

1. 物联网安全特征

需要对物联网的各个层次进行有效的安全保障，以应对感知层、网络层和应用层所面临的安全威胁，还要能够对各个层次的安全防护手段进行统一的管理和控制。物联网安全体系结构如图 14.4 所示。感知层安全主要分为感知设备物理安全和信息安全两类。传感器节点之间的信息需要保护，传感器网络需要安全通信机制，确保节点之间传输的信息不被未授权的第三方获得。安全通信机制需要使用密码技术。传感器网络中通信加密的难点在于轻量级的对称密码体制和轻量级的加密算法。感知层主要通过各种安全服务和各类安全模块，实现各种安全机制，对于某个具体的传感器网络，可以选择不同的安全机制来满足其安全需求。网络层安全主要包括网络安全防护、核心网安全、移动通信接入安全和无线接入安全等。网络层安全要实现端到端加密和节点间数据加密。对于端到端加密，需要采用端到端认证、端到端密钥协商、密钥分发技术，并且要选用合适的加密算法，还需要进行数据完整性保护。对于节点间数据加密，需要完成节点间的认证和密钥协商，加密算法和数据完整性保护则可以根据实际需求选取或省略。应用层安全除包含传统的应用安全之外，还需要加强处理安全、数据安全和云安全。多样化的物联网应用面临各种各样的安全问题，除了传统的信息安全问题，云计算安全问题也是物联网应用层所需要面对的。因此应用层需要一个强大而统一的安全管理平台，否则每个应用系统都会建立自身的应用安全平台，将会影响安全互操作性，导致新一轮安全问题的产生。除了传统的访问控制、授权管理等安全防护手段，物联网应用层还需要新的安全机制，如对个人隐私保护的安全需求等。

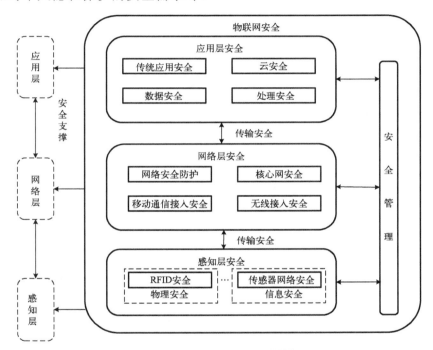

图 14.4　物联网安全体系结构

2. 物联网安全与传统网络安全的区别

与传统网络相比，物联网发展带来的安全问题将更为突出，要强化安全意识，把安全放在首位，超前研究物联网产业发展可能带来的安全问题。物联网安全除要解决传统信息安全的问题之外，还需要克服成本、复杂性等新的挑战。物联网安全面临的新挑战主要包括需求与成本的矛盾，安全复杂性进一步加大，信息技术发展本身带来的问题，以及物联网系统攻击的复杂性和动态性仍较难把握等方面。总体来说，物联网安全的主要特点呈现 4 个方面，即大众化、轻量级、非对称和复杂性。

(1)大众化。物联网时代，当每个人习惯于使用网络处理生活中的所有事情的时候，当你习惯于网上购物、网上办公的时候，信息安全就与你的日常生活紧密地结合在一起了，不再是可有可无的。物联网时代如果出现了安全问题，那么每个人都将面临重大损失。只有当安全与人们的利益相关的时候，所有人才会重视安全，也就是大众化。

（2）轻量级。物联网中需要解决的安全威胁数量庞大，并且与人们的生活密切相关。物联网安全必须是轻量级、低成本的安全解决方案。只有这种轻量级的思路，普通大众才可能接受。轻量级解决方案正是物联网安全的一大难点，安全措施的效果必须要好，同时成本要低，这样的需求可能会催生出一系列的安全新技术。

（3）非对称。物联网中，各个网络边缘的感知节点的能力较弱，但是其数量庞大，而网络中心的信息处理系统的计算处理能力非常强，整个网络呈现出非对称的特点。物联网安全在面向这种非对称网络的时候，需要将能力弱的感知节点的安全处理能力与网络中心强的计算处理能力结合起来，采用高效的安全管理措施，使其形成综合能力，从而能够整体上发挥出安全设备的效能。

（4）复杂性。物联网安全十分复杂，从目前可认知的观点可以知道，物联网安全所面临的威胁、要解决的安全问题、所采用的安全技术，在数量上比互联网大很多，还可能出现互联网安全所没有的新问题和新技术。物联网安全涉及信息感知、信息传输和信息处理等多个方面，并且更加强调用户隐私。物联网安全各个层面的安全技术都需要综合考虑，系统的复杂性将是一大挑战，同时将呈现大量的商机。

3. 物联网面临的安全威胁

物联网各个层次都面临安全威胁，现分别从感知层、网络层和应用层对其面临的安全威胁进行分析。

（1）感知层安全威胁。如果不对感知节点所感知的信息采取安全防护或者安全防护的强度不够，则这些信息很可能被第三方非法获取，这种信息泄密某些时候可能造成很大的危害。由于安全防护措施的成本因素或者使用便利性等因素，某些感知节点很可能不会采取或者采取很简单的信息安全防护措施，这样将导致大量的信息被公开传输，很可能在意想不到的时候引起严重后果。感知层普遍存在的安全威胁是某些普通节点被攻击者控制之后，其与关键节点交互的所有信息都将被攻击者获取。攻击者的目的除了窃听信息，还可能通过其控制的感知节点发出错误信息，从而影响系统的正常运行。感知层安全措施必须能够判断和阻断恶意节点，还需要在阻断恶意节点后，保障感知层的连通性。

（2）网络层安全威胁。物联网网络层的网络环境与目前的互联网网络环境一样，也存在安全挑战，并且由于其中涉及大量异构网络的互联互通，跨网络安全域的安全认证等方面会更加严重。网络层很可能面临非授权节点非法接入的问题，如果网络层不采取网络接入控制措施，就很可能被非法接入，其结果可能是网络层负担加重或者传输错误信息。互联网或者下一代网络将是物联网网络层的核心载体，互联网遇到的各种攻击仍然存在，甚至更多，需要有更好的安全防护措施和抗毁容灾机制。物联网终端设备的处理能力和网络能力差异巨大，应对网络攻击的防护能力也有很大差别，传统互联网安全方案难以满足需求，并且很难采用通用的安全方案解决所有问题，必须针对具体需求制定多种安全方案。

（3）应用层安全威胁。物联网应用层涉及方方面面的应用，智能化是其重要特征。智能化应用能够很好地处理海量数据，满足使用需求，但智能化应用一旦被攻击者利用，将造成更加严重的后果。应用层的安全问题是综合性的，需要结合具体的应用展开应对。

14.3 安全密钥管理机制

在快速发展的现代社会，信息安全越来越受到人们的关注，很多企业都很重视产品的核心知识保密性，制造企业对产品的设计、加工及装配工艺的安全性都有一定的要求，更有甚者，军工、国有企业、一些大型世界企业对产品的时间制造信息有更严格的保密要求。

密码学的主要任务是解决信息安全的问题，保证信息在生成、传送、存储等过程中不被非法地访问、更改、删除和伪造等，其核心理论是进行消息形式的转化变换。密码算法是指密码学中用到的各种转化变换的方法。例如，假如通过一个变换能够将一个有意义的信息变换成无意义的信息，那么这个变换就是加密算法，这个有意义的信息称为明文，无意义的信息称为密文。合法用户或者授权用户把明文信息转化成密文信息的过程叫做加密过程。如果合法用户用一个变换能够将密文转变成明文，那么称这个变换为解密算法，由合法用户把密文恢复成明文的过程叫做解密过程。密钥是一种特定的数值，是密码算法中至关重要的一个参数，能够使密码算法按照规定或者设计的方式运行并产生相应的输出。通常来说，密文的安全性是随着密钥长度的增加而提高的。

密码体制也称为密码系统，这个系统能够很好地解决信息安全中的机密性、数据完整性、认证与身份识别等问题中的一个或者多个。根据所用算法的工作原理和使用的密钥的特点，密码体制可以分为对称密码体制和非对称密码体制两种。在对称密码体制中，加密过程和解密过程使用的密钥有很大的关系，或者说，从其中一个密钥可以很简单地推导出另外一个密钥；在非对称密码体制中，有了公有密钥和私有密钥的区分，两者的关系很小甚至没有任何关系，公有密钥只能用于加密过程中，而私有密钥只能用于解密过程中，非授权者很难获得正确的信息和数据。对称密码体制的优势是拥有较高的信息安全度，效率高，速度快，系统简单，开销小，适用于加密和解密大量数据，并且可以经受国家级破译力量的分析和攻击；对称密码体制的不足在于必须通过安全可靠的方式方法进行密钥的传输，密钥管理成为影响对称加密体制的安全性的关键因素，因此对称密码体制很难应用在开放性的系统中。与对称密码体制正好相反，非对称密码体制增加了私有密钥的安全性，进而提高了信息的安全性，很容易对密钥进行管理，因此适用于开放性系统中，主要的不足是保密强度的人为控制力度不高，可能达不到要求，而且运算速度也比对称密码体制慢很多，尤其是在对海量数据进行加密或解密时。

面向制造车间数据采集的 RFID 中间件分别向服务器的数据库和电子标签中写入零件的相关信息，服务器的数据库有本身的访问限制和保护机制，更需要关注或者说保护的是电子标签中的制造信息。RFID 技术是一种无线非接触的识别技术，读写器与电子标签之间的通信很容易受到外界环境的干扰或者人为攻击，人为攻击是为了非法窃取电子标签内的数据，应该防止这种行为的发生，至少防止非法地成功读取电子标签的数据。电子标签与物料及零件进行绑定后，随零件的加工在车间内流转，故可以说电子标签记录了零件的制造信息，所以对写入电子标签的制造数据进行保护是很有必要的，在 RFID 中间件中加入数据的加密和解密功能也是很有必要的。

14.4　密码算法原理

　　为保护制造企业的信息，在 RFID 中间件中采用了 DES、3DES、AES、IDEA 和 RC2 五种密码算法，下面简单介绍这些算法的基本原理。

14.4.1　DES 算法原理

　　DES 是一种对称密码算法，它对 64 位的数据进行加密或解密操作，所用的密钥也是 64 位的数据，其中 8 位数据用来进行奇偶校验，因此实际用到的 DES 算法中的密钥长度是 56 位。DES 算法加密与解密所用的算法除子密钥的顺序不同之外(加密过程的子密钥顺序为 K1,K2,…,K16，而解密过程的子密钥顺序为 K16,K15,…,K1)，其他部分则是完全相同的。在 DES 算法过程中，首先对输入的数据进行初始置换，然后分为左部分 L0 和右部分 R0，左部分 L0 和子密钥 K1 通过 F 函数运算形成下一轮的右部分 R1，而右部分 R0 直接作为下一轮的左部分 L1，进行 16 轮的循环操作，再把结果进行初始置换的逆置换操作，得到左、右两部分，将这两部分依次连接就得到 64 位输出。DES 算法的基本流程如图 14.5 所示。

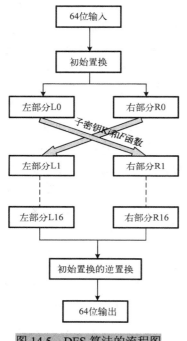

图 14.5　DES 算法的流程图

1. F 函数的组成

　　F 函数主要由四部分组成：E-扩展运算、异或运算、S 盒运算、P-置换。

　　(1)E-扩展运算。

　　E-扩展运算的主要作用是将 32 位的左部分 L0 和右部分 R0 变换成 48 位的数据，这样才能和 48 位的子密钥进行异或运算。E-扩展运算按照表 14.1 将 32 位的数据扩展成 48 位的数据。

表 14.1　E-扩展运算表

扩位	输入数据				扩位
32	1	2	3	4	5
8	9	10	11	12	13
16	17	18	19	20	21
24	25	26	27	28	29

　　(2)异或运算。

　　将经过扩展运算后的 Li 与对应的子密钥 Ki 进行异或运算，其中，i=0,1,2,…,15 。

　　(3)S 盒运算。

　　S 盒运算由 8 个 S 盒构成，每个 S 盒将 6 位的输入转换成 4 位的输出。每个 S 盒输入的

第一位和最后一位组成一个 2 位的二进制数用来选择 S 盒的行, 剩下的中间四位对应的二进制用来选择 S 盒的列, 选择的行和列的交叉位置对应的数即为输出的十进制数, 将该十进制数转换为 4 位的二进制数后输出。

(4) P-置换。

所有 S 盒的输出组成 32 位数据, P-置换是对这 32 位数据进行变换, P-置换只进行简单置换, 不进行扩展和压缩。

2. 子密钥生成

在整个 DES 算法中, 输入的密钥为 64 位, 而实际每一轮加/解密中所用到的密钥为 48 位子密钥, 因此, 在 DES 算法中, 除基本运算外还要有子密钥生成, 对密钥进行运算得到所用的子密钥。子密钥的生成过程如下: 首先通过密钥置换表对 64 位密钥进行置换, 去掉 8 位校验位, 留下真正需要的 56 位初始密钥。然后将初始密钥分为两个 28 位分组 C0 和 D0, 每个分组根据循环移位表循环 1 位或 2 位, 得到 C1 和 D1, C1 和 D1 作为下一轮输入循环, 同时 C1 和 D1 组成的 56 位数据作为压缩置换的输入, 产生 48 位密钥 K1, K2~K16 采用相同的方法产生。DES 算法的子密钥生成过程如图 14.6 所示, DES 算法子密钥生成中的循环移位表见表 14.2。

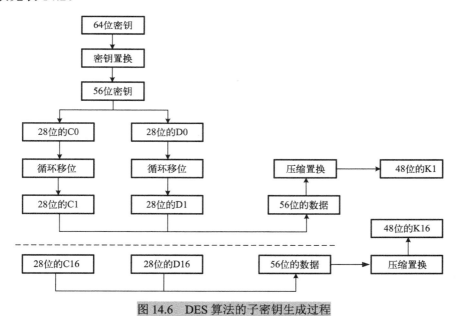

图 14.6 DES 算法的子密钥生成过程

表 14.2 DES 算法子密钥生成中的循环移位表

分组	1	2	3	4	5	6	7	8	9	0	1	2	3	4	5	6
位数	1	1	2	2	2	2	2	2	1	2	2	2	2	2	2	1

14.4.2 3DES 算法原理

3DES 是三重数据加密算法的通称, 它相当于对输入的数据使用三次 DES 算法。由于计算机运算速度的提高和能力的增强, 原来的 DES 算法由于密钥长度的问题而很容易被人为暴力破解；3DES 算法提供了一种相对简单的方法，也就是通过增加 DES 算法的密钥长度来避免相似的暴力攻击，并非是开发了一种全新的对称密码算法。但是比起最初的 DES 算法，3DES 算法更为安全。

　　3DES 算法以 DES 算法作为基础，设 DES 算法的加密过程和解密过程分别用 Ek() 和 Dk() 表示，DES 算法中使用的密钥用 K 表示，明文用 P 表示，密文用 C 表示，其具体实现如下：3DES 算法的加密过程可以用式(14-1)表示，解密过程用式(14-2)表示。

$$C = Ek3(Dk2(Ek1(P))) \tag{14-1}$$

$$P = Dk1(Ek2(Dk3(C))) \tag{14-2}$$

　　3DES 算法的安全性是由密钥 K1、K2、K3 共同决定的，如果这三个密钥互不相等，实际上就相当于用一个长度为 168 位的密钥对数据进行加密与解密。如果数据的安全性要求不是很高，就可以让 K1 和 K3 相等，在这种情况下，用于 3DES 算法的密钥的实际长度是 112 位。

14.4.3　AES 算法原理

　　AES 算法为块分组的对称密码算法，分组长度和密钥长度均可变，有 128 位、192 位和 256 位三种情况。AES 算法的加密和解密过程如图 14.7 和图 14.8 所示。

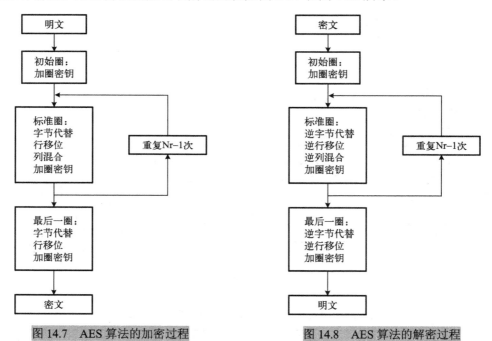

图 14.7　AES 算法的加密过程　　　　　　　图 14.8　AES 算法的解密过程

　　下面以 128 位为例简述 AES 算法的加密过程和解密过程。AES 算法是块分组的对称密码算法，明文和密文都是 128 位数据，密钥长度也是 128 位。AES 算法的加密过程为先将输入的明文分为四组，然后和加密子密钥经过多轮的圈变换操作，将得到的分组结果依次连接就可以得到密文；其解密过程也为先将输入的密文分组，再和解密子密钥经过多轮圈变换的逆变换操作，将分组结果依次连接就可以得到明文。每一轮的操作都需要一个对

应密钥的参与，AES 算法的密钥生成过程见"密钥扩展"部分，加密轮数与密钥长度的关系见表 14.3。

表 14.3　AES 算法的分类

AES 类型	密钥长度/字节	分组大小/字节	轮变化数 Nr/轮
AES/128 位	4	4	10
AES/192 位	6	4	12
AES/256 位	8	4	14

AES 算法过程中间的分组数据称为状态，由字节所代表的元素组成状态矩阵，其行数为 4，列数由明文分组长度决定。除了用到的变换有所区别，可以说 AES 算法的加密和解密过程是完全相同的，使用的加密密钥和解密密钥也是相同的。

1. 圈变换

AES 算法中最重要的变换就是圈变换，可以说它是 AES 算法的核心内容。AES 算法的圈变换由四步构成：第一步是字节代替或者逆字节代替；第二步是行移位或者逆行移位；第三步是列混合或者逆列混合；第四步是加圈密钥。前 Nr−1 圈做四步变换，最后一圈只做第一、二、四步变换，初始圈只做第四步变换。

(1)字节代替或者逆字节代替的作用是将状态中的每个字节进行一种非线性字节变换，加密过程中可以通过 S 盒进行映射操作，解密过程中可以通过 IS 盒进行映射操作。S 盒如图 14.9 所示，IS 盒如图 14.10 所示。

		0	1	2	3	4	5	6	7	8	9	a	b	c	d	e	f
								y									
	0	63	7c	77	7b	f2	6b	6f	c5	30	01	67	2b	fe	d7	ab	76
	1	ca	82	c9	7d	fa	59	47	f0	ad	d4	a2	af	9c	a4	72	c0
	2	b7	fd	93	26	36	3f	f7	cc	34	a5	e5	f1	71	d8	31	15
	3	04	c7	23	c3	18	96	05	9a	07	12	80	e2	eb	27	b2	75
	4	09	83	2c	1a	1b	6e	5a	a0	52	3b	d6	b3	29	e3	2f	84
	5	53	d1	00	ed	20	fc	b1	5b	6a	cb	be	39	4a	4c	58	cf
	6	do	ef	aa	fb	43	4d	33	85	45	f9	02	7f	50	3c	9f	a8
x	7	51	a3	40	8f	92	9d	38	f5	bc	b6	da	21	10	ff	f3	d2
	8	cd	oc	13	ec	5f	97	44	17	c4	a7	7e	3d	64	5d	19	73
	9	60	81	4f	dc	22	2a	90	88	46	ee	b8	14	de	5e	0b	db
	a	eo	32	3a	0a	49	06	24	5c	c2	d3	ac	62	91	95	e4	79
	b	e7	c8	37	6d	8d	d5	4e	a9	6c	56	f4	ea	65	7a	ae	08
	c	ba	78	25	2e	1c	a6	b4	c6	e8	dd	74	1f	4b	bd	8b	8a
	d	70	3e	b5	66	48	03	f6	oe	61	35	57	b9	86	c1	1d	9e
	e	e1	f8	98	11	69	d9	8e	94	9b	1e	87	e9	ce	55	28	df
	f	8c	a1	89	0d	bf	e6	42	68	41	99	2d	0f	b0	54	bb	16

图 14.9　AES 算法中的 S 盒

(2)行移位和逆行移位都是一个字节换位操作，这个操作将状态中的各行进行循环移位，而循环移位的位数是根据密钥长度的不同而进行选择的，其值见表 14.4。

(3)列混合和逆列混合都是一个替代操作，该操作是用状态矩阵中列的值进行数学域加和数学域乘的结果代替每个字节。

(4)加圈密钥运算是将经过上面第一～三步变换后求出的结果与对应密钥进行异或操作，得出该圈的加密结果。

/*	0	1	2	3	4	5	6	7	8	9	a	b	c	d	e	f*/
/*0*/	0x52	0x09	0x6a	0xd5	0x30	0x36	0xa5	0x38	0xbf	0x40	0xa3	0x9e	0x81	0xf3	0xd7	0xfb
/*1*/	0x7c	0xe3	0x39	0x82	0x9b	0x2f	0xff	0x87	0x34	0x8e	0x43	0x44	0xc4	0xde	0xe9	0xcb
/*2*/	0x54	0x7b	0x94	0x32	0xa6	0xc2	0x23	0x3d	0xee	0x4c	0x95	0x0b	0x42	0xfa	0xc3	0x4e
/*3*/	0x08	0x2e	0xa1	0x66	0x28	0xd9	0x24	0xb2	0x76	0x5b	0xa2	0x49	0x6d	0x8b	0xd1	0x25
/*4*/	0x72	0xf8	0xf6	0x64	0x86	0x68	0x98	0x16	0xd4	0xa4	0x5c	0xcc	0x5d	0x65	0xb6	0x92
/*5*/	0x6c	0x70	0x48	0x50	0xfd	0xed	0xb9	0xda	0x5e	0x15	0x46	0x57	0xa7	0x8d	0x9d	0x84
/*6*/	0x90	0xd8	0xab	0x00	0x8c	0xbc	0xd3	0x0a	0xf7	0xe4	0x58	0x05	0xb8	0xb3	0x45	0x06
/*7*/	0xd0	0x2c	0x1e	0x8f	0xca	0x3f	0x0f	0x02	0xc1	0xaf	0xbd	0x03	0x01	0x13	0x8a	0x6b
/*8*/	0x3a	0x91	0x11	0x41	0x4f	0x67	0xdc	0xea	0x97	0xf2	0xcf	0xce	0xf0	0xb4	0xe6	0x73
/*9*/	0x96	0xac	0x74	0x22	0xe7	0xad	0x35	0x85	0xe2	0xf9	0x37	0xe8	0x1c	0x75	0xdf	0x6e
/*a*/	0x47	0xf1	0x1a	0x71	0x1d	0x29	0xc5	0x89	0x6f	0xb7	0x62	0x0e	0xaa	0x18	0xbe	0x1b
/*b*/	0xfc	0x56	0x3e	0x4b	0xc6	0xd2	0x79	0x20	0x9a	0xdb	0xc0	0xfe	0x78	0xcd	0x5a	0xf4
/*c*/	0x1f	0xdd	0xa8	0x33	0x88	0x07	0xc7	0x31	0xb1	0x12	0x10	0x59	0x27	0x80	0xec	0x5f
/*d*/	0x60	0x51	0x7f	0xa9	0x19	0xb5	0x4a	0x0d	0x2d	0xe5	0x7a	0x9f	0x93	0xc9	0x9c	0xef
/*e*/	0xa0	0xe0	0x3b	0x4d	0xae	0x2a	0xf5	0xb0	0xc8	0xeb	0xbb	0x3c	0x83	0x53	0x99	0x61
/*f*/	0x17	0x2b	0x04	0x7e	0xba	0x77	0xd6	0x26	0xe1	0x69	0x14	0x63	0x55	0x21	0x0c	0x7d

图 14.10　AES 算法中的 IS 盒

表 14.4　AES 算法中行移位的位数

密钥长度/字节	第一行	第二行	第三行	第四行
4	0	1	2	3
6	0	1	2	3
8	0	1	3	4

2. 密钥扩展

每一轮运算都需要一个与输入分组具有相同长度的扩展密钥的参与，但是外部输入的初始密钥长度是有限的，因此在算法中要有一个密钥扩展函数把外部输入的密钥扩展成为更长的密钥，用来生成每一轮的加密密钥和解密密钥。子密钥生成部分的步骤为：AES 算法利用外部输入的字节数为 Nk 的密钥，通过密钥的扩展程序得到扩展密钥，该扩展密钥的字节数为 4Nr+4。扩展密钥的生成过程为：外部输入的初始密钥就是扩展后密钥的前 Nk 字节的密钥；以后的 $W[i]$ 分为两种情况，如果 i 是 Nk 的倍数，则按照式(14-3)计算，如果 i 不是 Nk 的倍数，则按式(14-4)进行计算。

$$W[i] = W[i-1] \oplus W[i-Nk] \tag{14-3}$$

$$W[i] = W[i-Nk]Subword(Rotword(W[i-1]))Rcon[i/Nk] \tag{14-4}$$

其中，$W[i]$ 表示要求解的字；$W[i-1]$ 表示 $W[i]$ 的前一个字；$W[i-Nk]$ 表示 $W[i]$ 的前第 Nk 个字。式(14-4)涉及下面的三个变换：

第一个变换是位置变换(Rotword)，把一个 4 字节的序列 $[A,B,C,D]$ 变化成 $[B,C,D,A]$；

第二个变换是 S 盒代换(Subword)，是使用 S 盒代替一个 4 字节的操作；

第三个变换是 Rcon$[i]$，按照表 14.5 对 i 进行变换操作。

表 14.5　AES 算法中 Rcon$[i]$ 的值

i(十进制)	Rcon$[i]$（十六进制）
1	0x01，00，00，00
2	0x02，00，00，00

续表

i（十进制）	Rcon[i]（十六进制）
3	0x04，00，00，00
4	0x08，00，00，00
5	0x10，00，00，00
6	0x20，00，00，00
7	0x40，00，00，00
8	0x80，00，00，00
9	0x1b，00，00，00
10	0x36，00，00，00

14.4.4　IDEA 算法原理

IDEA 是对称密码算法，明文和密文都是 64 位的数据，但是密钥是 128 位，加密和解密都采用同样的算法。下面以加密来说明 IDEA 算法的具体过程。

1．IDEA 算法的加密过程

64 位的明文被均分成四个 16 位的数据块 X1、X2、X3、X4，这四个数据块是第一轮迭代运算的输入，总共进行 8 轮迭代运算，在每一轮迭代运算中，四个数据块之间相互进行运算，同时也与 6 个子密钥进行运算，而且每轮运算中的子密钥均不同；8 轮迭代运算后的结果还要与 4 个子密钥进行输出变换，得到 4 个密文数据块。IDEA 算法的加密过程如图 14.11 所示。

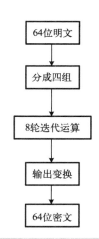

图 14.11　IDEA 算法的加密过程

每一轮的迭代运算步骤如图 14.12 所示，每轮迭代结果的四个数据块为结果 RT11、结果 RT12、结果 RT13、结果 RT14，交换结果 RT12 和结果 RT13，然后将这四个数据块作为下一轮的输入。

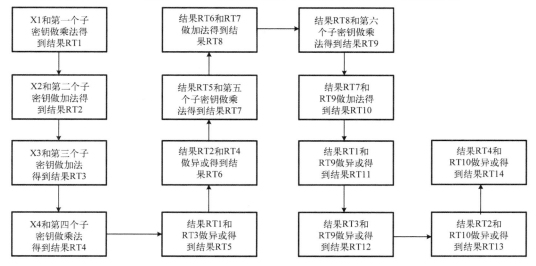

图 14.12　IDEA 算法中每轮迭代运算的步骤

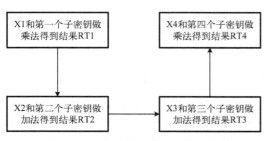

图 14.13　IDEA 算法中输出变换的步骤

第 8 轮迭代运算结束后，最后要进行输出变换，其步骤如图 14.13 所示，把最后生成的结果 RT1、RT2、RT3 和 RT4 依次连接就得到了要输出的密文。

2. 子密钥生成

由 IDEA 算法的加密过程可以知道总共需要 52 个子密钥，每一个子密钥都有 16 位，它们都是由初始时输入的 128 位密钥生成的。IDEA 算法的子密钥生成过程如下：将 128 位密钥分成 8 组，每组 16 位，得到 8 个子密钥（前六个用于第一轮，后两个用于第二轮）；将 128 位循环左移 25 位后再均分为 8 组，得到第二组子密钥（前四个用于第二轮，后四个用于第三轮）；再将这 128 位循环左移 25 位后做同样的分组得到第三组子密钥；以此类推，直到生成所有的子密钥。IDEA 算法的子密钥生成过程如图 14.14 所示。

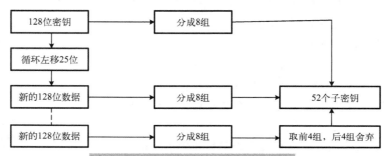

图 14.14　IDEA 算法的子密钥生成过程

虽然 IDEA 算法中加密过程和解密过程采用完全相同的算法，但是采用不同的子密钥，解密子密钥仍为 52 个，要么是加密子密钥的加法逆，要么是其乘法逆。加密子密钥与解密子密钥的关系见表 14.6 和表 14.7。

表 14.6　IDEA 算法的加密子密钥

轮数	加密子密钥					
1	$Z(1,1)$	$Z(1,2)$	$Z(1,3)$	$Z(1,4)$	$Z(1,5)$	$Z(1,6)$
2	$Z(2,1)$	$Z(2,2)$	$Z(2,3)$	$Z(2,4)$	$Z(2,5)$	$Z(2,6)$
3	$Z(3,1)$	$Z(3,2)$	$Z(3,3)$	$Z(3,4)$	$Z(3,5)$	$Z(3,6)$
4	$Z(4,1)$	$Z(4,2)$	$Z(4,3)$	$Z(4,4)$	$Z(4,5)$	$Z(4,6)$
5	$Z(5,1)$	$Z(5,2)$	$Z(5,3)$	$Z(5,4)$	$Z(5,5)$	$Z(5,6)$
6	$Z(6,1)$	$Z(6,2)$	$Z(6,3)$	$Z(6,4)$	$Z(6,5)$	$Z(6,6)$
7	$Z(7,1)$	$Z(7,2)$	$Z(7,3)$	$Z(7,4)$	$Z(7,5)$	$Z(7,6)$
8	$Z(8,1)$	$Z(8,2)$	$Z(8,3)$	$Z(8,4)$	$Z(8,5)$	$Z(8,6)$
输出变换	$Z(9,1)$	$Z(9,2)$	$Z(9,3)$	$Z(9,4)$		

表 14.7　IDEA 算法的解密子密钥

轮数	解密子密钥					
1	$(Z(9,1))^{-1}$	$-Z(9,2)$	$-Z(9,3)$	$(Z(9,4))^{-1}$	$Z(8,5)$	$Z(8,6)$
2	$(Z(8,1))^{-1}$	$-Z(8,3)$	$-Z(8,2)$	$(Z(8,4))^{-1}$	$Z(7,5)$	$Z(7,6)$

续表

轮数	解密子密钥					
3	$(Z(7,1))^{-1}$	$-Z(7,3)$	$-Z(7,2)$	$(Z(7,4))^{-1}$	$Z(6,5)$	$Z(6,6)$
4	$(Z(6,1))^{-1}$	$-Z(6,3)$	$-Z(6,2)$	$(Z(6,4))^{-1}$	$Z(5,5)$	$Z(5,6)$
5	$(Z(5,1))^{-1}$	$-Z(5,3)$	$-Z(5,2)$	$(Z(5,4))^{-1}$	$Z(4,5)$	$Z(4,6)$
6	$(Z(4,1))^{-1}$	$-Z(4,3)$	$-Z(4,2)$	$(Z(4,4))^{-1}$	$Z(3,5)$	$Z(3,6)$
7	$(Z(3,1))^{-1}$	$-Z(3,3)$	$-Z(3,2)$	$(Z(3,4))^{-1}$	$Z(2,5)$	$Z(2,6)$
8	$(Z(2,1))^{-1}$	$-Z(2,3)$	$-Z(2,2)$	$(Z(2,4))^{-1}$	$Z(1,5)$	$Z(1,6)$
输出变换	$(Z(1,1))^{-1}$	$-Z(1,2)$	$-Z(1,3)$	$(Z(1,4))^{-1}$		

注: 表 14.7 中 $(Z(i,j))^{-1}$ 为表 14.6 中 $Z(i,j)$ 的乘法逆, $-Z(i,j)$ 为表 14.6 中 $Z(i,j)$ 的加法逆。

14.4.5　RC2 算法原理

RC2 算法是对 8 字节的输入进行加密和解密得到 8 字节的输出, 密钥长度为 1~128 字节, 正是由于 RC2 算法的密钥长度可变, 大大提高了该算法的安全性。不过不像前面提到的 DES 算法、3DES 算法、IDEA 算法和 AES 算法, RC2 算法的加密和解密过程关系很小, 这也使得该算法比前面四种算法的安全性得到了提高。RC2 算法的加密过程和解密过程都包括以下几个过程。

(1)将输入均分为四组 R[0]、R[1]、R[2]和 R[3]。

(2)执行五次混合轮操作(Mixing Round)。

(3)执行一次打乱轮操作(Mashing Round)。

(4)执行六次混合轮操作(Mixing Round)。

(5)执行一次打乱轮操作(Mashing Round)。

(6)执行五次混合轮操作(Mixing Round)。

但是加密和解密过程中的每一轮的混合轮操作和打乱轮操作都是不同的。

1)RC2 算法加密过程中的混合轮操作和打乱轮操作

加密过程的混合轮操作过程是依次对 R[0]、R[1]、R[2]、R[3]进行混合操作, 其中的混合操作过程如下。

第一步, 按照逻辑运算式(14-5)将 R[i]进行混合操作:
$$R[i] = R[i] + K[j] + (R[i] \& R[i-2]) + ((\sim R[i-1]), \& R[i-3]) \tag{14-5}$$
其中, ~表示取反码; &表示逻辑运算符"与"。

第二步, 将 R[i]循环左移 S[i]位。S[i]的具体值见表 14.8。

表 14.8　RC2 算法中的循环移位数

i	0	1	2	3
S[i]	1	2	3	5

加密过程中的打乱轮操作过程是依次对 R[0]、R[1]、R[2]和 R[3]进行打乱操作。

2)RC2 算法解密过程中的混合轮操作和打乱轮操作

解密过程中的混合轮操作过程是依次对 R[3]、R[2]、R[1]、R[0]进行混合操作, 其中混合操作按照下面的步骤进行。

第一步, 将 R[i]循环右移 S[i]位, S[i]的具体值见表 14.8。

第二步, 按照式(14-6)进行混合操作:

$$R[i] = R[i] - K[j] - (R[i-1] \& R[i-2]) - ((\sim R[i-1]) \& R[i-3]) \tag{14-6}$$

解密过程中的打乱轮操作过程是依次对 R[3]、R[2]、R[1]、R[0]进行打乱操作,打乱操作则按照式(14-7)进行:

$$R[i] = R[i] - K[R[i-1] \& 63] \tag{14-7}$$

3)子密钥生成

RC2 算法的子密钥生产步骤如下。

第一步,将用户输入的 T 字节密钥依次存放到 L[0]、L[1]、…、L[T−1]中。

第二步,执行满足式(14-8)的循环:

$$L[i] = \text{PITABLE}[L[i-1] + L[i-T]] \tag{14-8}$$

式(14-8)中的 i 从 T 到 127。

第三步,执行式(14-9):

$$L[128 - T8] = \text{PITABLE}[L[128 - T8] \& TM] \tag{14-9}$$

第四步,执行满足式(14-10)的循环:

$$L[i] = \text{PITABLE}[L[i+1] \oplus L[i+T8]] \tag{14-10}$$

其中,i 是从 127−T8 到 0;$\oplus$ 为异或操作。

第五步,经过上面四步的操作得到的子密钥是 8 位的,而算法过程使用的子密钥是 16 位的,还需要通过式(14-11)进行转换:

$$K[i] = L[2 \times i] + 256 \times L[2 \times i + 1] \tag{14-11}$$

其中,T 是用户输入密钥的字节长度;T8 是 T1 与 7 的和除以 8 得到的整数;T1 是密钥的有效长度,T1 的单位是位(bit);TM 是 255 对 2 的 $(8 + T1 - 8 \times T8)$ 幂次方求余;PITABLE[0],…,PITABLE[255]是基于 π 的随机数,其值是 0~255 的随机一个,具体值见表 14.9,表 14.9 中的值均为十六进制。

表 14.9 PITABLE[i]的具体值

低四位	高四位															
	0	1	2	3	4	5	6	7	8	9	a	b	c	d	e	f
00	d9	78	f9	c4	19	dd	b5	ed	28	e9	fd	79	4a	a0	d8	9d
10	6	7e	37	83	2b	76	53	8e	62	4c	64	88	44	8b	fb	a2
20	7	9a	59	f5	87	b3	4f	13	61	45	6d	8d	09	81	7d	32
30	d	8f	0	eb	86	b7	7b	0b	f0	5	21	22	5c	6b	4e	82
40	54	d6	65	93	ce	60	b2	1c	73	56	c0	14	a7	8c	f1	dc
50	12	75	ca	1f	3b	be	e4	d1	42	3d	d4	30	a3	3c	b6	26
60	6f	bf	0e	da	46	69	07	57	27	f2	1d	9b	bc	94	43	03
70	f8	11	c7	f6	90	ef	3e	e7	06	c3	d5	2f	c8	66	1e	d7
80	08	e8	ea	de	80	52	ee	f7	84	aa	72	ac	35	4d	6a	2a
90	96	1a	d2	71	5a	15	49	74	4b	9f	d0	5e	04	18	a4	ec
a0	c2	e0	41	6e	0f	51	cb	cc	24	91	af	50	a1	f4	70	39
b0	99	7c	3a	85	23	b8	b4	7a	fc	02	36	5b	25	55	97	31
c0	2d	5d	fa	98	e3	8a	92	ae	05	df	29	10	67	6c	ba	c9
d0	d3	00	e6	cf	e1	9e	a8	2c	63	16	01	3f	58	e2	89	a9
e0	38	0d	34	1b	ab	33	ff	b0	bb	48	0c	5f	b9	b1	cd	2e
f0	c5	f3	db	47	e5	a5	9c	77	0a	a6	20	68	fe	7f	c1	ad

14.4.6　认证与访问控制

RFID 中间件将 DES、3DES、AES、IDEA 和 RC2 五种算法封装到一个名为 encrypt 的类中，该类中只有这五种算法的加密函数和解密函数是公共的，允许 RFID 中间件调用，其他函数都是私有的，不允许 encrypt 类之外的类去访问和调用它们。

RFID 中间件调用以上五种不同算法的过程如下：根据选择的算法种类和输入的密钥选择对应的某种算法，然后根据是读取数据还是写入数据判断需要调用加密函数还是解密函数，当 RFID 中间件从电子标签读取数据时，就调用解密函数，然后解密函数根据选择的算法和输入的密钥对数据进行解密，根据输入的长度判断进行算法操作的次数，随后将解密后的数据返回给中间件；RFID 中间件要想电子标签写入数据时，要先调用加密函数，同样地，加密函数根据选择的算法和输入的密钥对数据进行加密，然后将加密后的数据返回给中间件，RFID 中间件将密文写入电子标签中。RFID 中间件调用数据的加密和解密过程如图 14.15 所示。

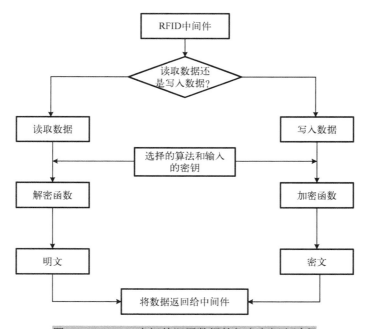

图 14.15　RFID 中间件调用数据的加密和解密过程

14.5　入侵检测与容侵容错技术

数据的入侵检测与容侵容错技术主要是针对读写器读取电子标签时出现的数据重复、冗余等进行数据的过滤处理，使得 RFID 中间件及上层应用获得简洁的数据。数据的过滤主要包括两方面的内容：一是通过时间进行过滤；二是通过编码过滤特定的电子标签。下面依次对这两者进行介绍。

1）时间过滤

时间过滤是对在一定时间内重复出现的电子标签只认为读取到一次，避免重复读取造成信息的重复。RFID 中间件先判断是否对电子标签设置了时间过滤，如果设置了时间过滤，则执行时间过滤的步骤进行过滤。对 RFID 读写器读到的电子标签先进行判断，判断的内容是该电子标签是否第一次被读取到，如果是则记录下该电子标签的相关信息和读取时间，否则只记录读取时间，然后将其与第一次读取时间进行比较，若两者之差小于设定的时间，只是将该电子标签的读取次数增加而将其他信息过滤，若两者之差大于设定的时间，则将其前一次的记录删除，然后重新记录电子标签的相关信息和读取时间。

2）标签过滤

标签过滤是根据特定的电子标签编码从多个电子标签中获得该电子标签。RFID 中间件先判断是否设置了标签过滤，如果设置了标签过滤，则执行标签过滤的步骤进行过滤。首先获得要过滤掉的电子标签的编码，然后将 RFID 读写器读到的电子标签编码与前面的编码进行对比，若两者不相同则过滤掉此次信息，如果相同则显示相应的信息。

第四篇　制造物联技术应用实例

第 15 章　RFID 实时定位系统

实时定位系统是对预定范围的对象进行定位与追踪，本书第三篇第 10 章讲述了实时定位技术相关的概念、实时定位通用方法等内容，通过前面的阅读和学习，读者对实时定位有了基本的了解。本章内容以第 10 章内容为基础，针对具体的离散制造车间设计开发了 RFID 实时定位系统，本章内容可以作为离散制造车间实时定位系统的一整套解决方案，根据生产要素的不同和定位精度需求的不同，设计不同定位精度的定位方法，从而灵活地实现对象定位，进而根据位置信息进行车间调度，提高生产效率。

15.1　离散制造车间 RFID 实时定位方法

本节介绍离散制造业 RFID 实时定位系统所采用的定位方法。在此之前需要对离散制造车间的定位对象进行分类，根据不同的定位要求采用不同的定位方法：初始定位、精确定位和盲区定位，下面进行详细的介绍。

15.1.1　定位对象分析

在离散制造车间有多种生产要素，其中一些需要被追踪与定位。

（1）在制品。在离散制造车间，在制品的管理比原材料和成品的管理复杂得多，原因为：①在制品根据不同的工艺安排，在不同的工作站、机床之间移动；②在制品经过不同的工作站时，其状态发生变化；③在离散制造车间，每个工作站的在制品缓存区容量有限，因此需要合理使用在制品缓存区；④根据生产要求不同，在制品在不同的工位中流转的数量不同。从以上 4 方面可知，在制品的管理在车间具有重要作用，采用实时定位系统对在制品进行实时定位和追踪，可以实现在制品的合理分配和动态管理。

（2）刀具、量具、工装等生产要素。在离散制造车间，刀具、量具、工装等生产要素需要实时定位和追踪的原因是：这些生产要素通常在不同的工位间流动，且被多个工位同时需求，如果某个工人找不到合适的此类生产要素，往往会导致生产任务不能及时进行，影响生产效率；此外，这些生产要素是车间固有资产，有些是贵重资产，采用实时定位系统管理此类生产要素，可以减少车间的资产损失。

（3）AGV。在自动化程度较高的离散制造车间，通常会有 AGV，采用实时定位系统可以对 AGV 进行导航和定位，此时因为全车间都有了实时定位系统的部署，对 AGV 的定位和导航的成本会降低。

（4）车间人员。车间人员可以佩戴 RFID 标签设备，如 RFID 胸卡、RFID 手腕等，成为离散制造车间实时定位系统中的移动对象，通过对人员的定位监控，可以实现人员的有效管理。

在制造物联车间，所有的生产资料都进行了相关标签的标识，固定生产资料如机床、工作台等生产要素一般情况下位置固定，不需要专门的定位，而对于某些可以移动的生产资料，则需要进行专门的定位和信息管理，帮助工人实现车间对象的快速查找，提高生产效率，本系统的定位对象确定为在制品、刀具、量具、工装、AGV 以及车间人员。

15.1.2　RFID 设备部署与车间规划

RFID 读写器对标签的读写操作实际是通过天线与 RFID 标签进行通信的，因此在 RFID 实时定位系统中，RFID 天线是直接参与定位的设备，为了降低成本，本系统中一个 RFID 读写器将配置多个天线，用天线代替 RFID 读写器进行标签 RSSI 的采集。如图 15.1 所示，一个 RFID 读写器配置了 4 个天线，4 个天线可以根据接口不同进行区分识别，每个天线都有一个可识别范围，用点画线圆表示，因此每个天线都有一个逻辑可识别区域，把这些天线叫做逻辑读写器。当生产要素通过不同天线所代表的识别范围时，即通过逻辑读写器的可识别区域时，可以根据逻辑读写器(天线)的位置和识别范围对生产要素进行定位，这样，一个 RFID 读写器变为 4 个逻辑 RFID 读写器，大大增大了可识别范围，降低了系统成本。因此，制造业 RFID 实时定位系统中的读写器指的是 RFID 天线形成的逻辑读写器，假设有 n 个 RFID 读写器，通过逻辑配置，可用的逻辑 RFID 读写器为 $4n$ 个。虽然 RFID 设备的价格在降低，但是 RFID 读写器的单价还是昂贵的，尤其是在离散制造车间进行大面积部署时，采用逻辑读写器(天线)可以大大降低部署成本。

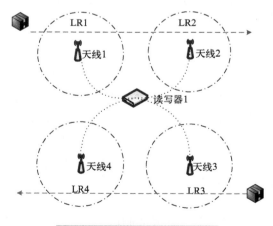

图 15.1　RFID 读写器逻辑配置

为了进一步降低系统实施成本，RFID 天线并没有在全车间全部范围覆盖，根据离散车间的特点和定位方法的不同，将天线部署在重要的工位、车间出入口等位置，RFID 标签部署在地面，作为参考地标标签以及 AGV 的定位导航。由此可以得知，车间根据是否被 RFID 天线识别分为两个区域：覆盖区和盲区。覆盖区是指当标签在此区域内运动时，至少可以被一个 RFID 天线检测识别到，盲区是指标签在此区域运动时，没有任何天线能够检测识别到。如图 15.2 所示，被 RFID 读写器覆盖的范围即图中圆圈覆盖区域，在此区域内，RFID 标签至少可以被一个 RFID 天线检测到，从而可以确定标签的位置信息，而图 15.2 中，区域 1～区域 7 内的 RFID 标签不能被任何读写器天线检测到，这些区域是未被 RFID 天线覆盖的区域，叫做 RFID 覆盖盲区，因此，车间区域在逻辑上分为覆盖区和盲区，如式（15-1）所示：

$$R_{\text{workshop}} = \begin{cases} B = (B_k \mid k = 1, 2, \cdots) \\ C \end{cases} \tag{15-1}$$

其中，B 代表盲区；B_k 代表第 k 个盲区；C 代表覆盖区。

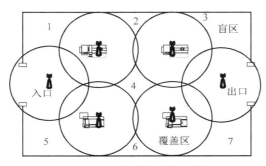

图 15.2　车间逻辑区域分类

显而易见，盲区和覆盖区所采用的定位方法不同，对于覆盖区，根据定位精度的不同定位方法可分为初始定位方法和精确定位方法，下面对这些定位方法进行介绍。

15.1.3　初始定位原理

初始定位指在离散制造车间 RFID 读写器覆盖的区域，RFID 标签在此区域活动时，读写器可以获取标签信息，从而实现对标签的定位。初始定位是确定待定位标签的区域位置信息，也就是对待定位标签进行范围确定，优点是定位快速，易于实现。其定位原理如图 15.3 所示。

初始定位的原理如下：读写器的识别区域设为

$$R = \{R_i \mid i = 1, 2, \cdots, n\} \tag{15-2}$$

其中，R_i 代表第 i 个读写器的识别区域；n 代表读写器的总数。当待定位标签在车间移动，可以被至少一个读写器检测到的时候，说明标签在这些读写器的共同覆盖区内，即标签在读写器的公共交叉覆盖区，其初始区域可以定位为

$$\text{IR} = R_{m1} \bigcap R_{m2} \bigcap \cdots \bigcap R_{mn} \tag{15-3}$$

待定位标签的初始位置可以由 3 个读写器确定为

$$\text{IR} = R_1 \bigcap R_2 \bigcap R_3 \tag{15-4}$$

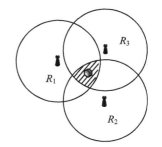

图 15.3　初始定位原理图

由以上可见，初始定位的精度为区域精度，当待定位标签只能被一个读写器检测识别到

时，其初始位置可以定位为该读写器的识别区域，而待定位标签被多个读写器同时检测识别到时，其初始位置为读写器识别范围的交集。初始定位的定位精度取决于同时识别到待定位标签的读写器的数量，具有灵活、快速的特点。但当工人需要知道定位对象的具体坐标时，初始定位就显得力不从心。因此，需要更精确的定位方法，确定定位对象的坐标信息。

15.1.4 定位方法

1. 精确定位方法

精确定位的目标是坐标级别的定位，采用的 RFID 定位是最广泛使用的定位方法——LANDMARC 定位方法，LANDMARC 定位方法的执行需要参考标签、读写器和待定位标签。LANDMARC 方法的定位原理和过程可参见第 10 章。

然而当待定位标签只能被 1 个读写器识别到的时候，定位精度会受到影响，本书采用手持式读写器来提高定位精度。在实现了对待定位标签的初始定位之后，工人可以使用手持式读写器到初始定位区域，将手持式读写器作为一个固定 RFID 读写器，参与到 LANDMARC 定位方法中，实现精确定位。可见，手持式读写器参与精确定位的前提是手持式读写器的坐标位置已知，因此，精确定位之前，需要对手持式读写器进行定位，其定位采用的是参考标签对读写器的定位方法，手持式读写器可以收到参考标签的 RSSI 值，RSSI 值越大，说明该参考标签距离手持式读写器越近，根据此原理,选取 RSSI 值最大的 3 个参考标签,采用式(15-5)计算手持式读写器的坐标。定位原理如图 15.4 所示。

$$\begin{cases} x_0 = x_1 w_1 + x_2 w_2 + x_3 w_3 \\ y_0 = y_1 w_1 + y_2 w_2 + y_3 w_3 \end{cases} \tag{15-5}$$

其中，x_1、x_2、x_3 和 y_1、y_2、y_3 分别为定位位置的横、纵坐标；w_1、w_2、w_3 为各坐标点的权重。

此时手持式读写器的坐标已知，可以当作一个固定 RFID 读写器参与到 LANDMARC 定位过程中，实现精确定位过程。

2. 盲区定位方法

盲区是不能被 RFID 天线检测识别的区域，标签在此区域内移动时，不会被任何固定式读写器天线检测到，此时可以采用手持式读写器进行定位。工人可以持手持式读写器在不同的盲区进

图 15.4 手持式读写器自身
定位原理图

行搜索，当在某一盲区内检测到标签时，认为该标签位于这一盲区，定位目的达到。盲区定位的突出优点是降低了系统成本。

15.2 离散制造车间实时定位系统

15.2.1 离散制造车间实时定位系统开发环境

1. 系统开发环境和运行环境

1) 系统开发环境

离散制造车间实时定位系统为了满足不同操作系统客户端的访问需求，在 Microsoft.NET

平台下，开发了基于 C/S 软件体系结构的系统；Microsoft.NET 平台具有数据库访问便捷高效、开发成本低等特性，具有统一的集成开发环境，支持 Visual Basic、Visual C++、Visual C#、Java 等多种语言混合编程，服务器发布创建的 ASP.NET Web 服务程序后，客户端只需添加 Web 服务应用，便可调用封装的 Web Service 方法，实现数据的跨平台访问。

开发工具：Microsoft Visual Studio 2008。

编程语言：C#/C++/Java。

开发平台工具：Microsoft.NET/Eclipse。

2) 系统运行环境

(1) 操作系统。

服务器系统：Windows XP。

客户端 PC 系统：Windows XP，并安装 .NET Framework 4.0 组件。

手持式终端系统：Windows CE 6.0/Android。

(2) 服务器。

数据库服务器：Oracle 9i。

Web 服务器：IIS6.0。

2．RFID 实时定位系统硬件设备

离散制造车间实时定位系统的数据采集硬件主要包括固定式读写器、手持式 RFID 终端以及 RFID 标签等。

远望谷 XC-TF8415-C03 抗金属标签符合 ISO/IEC 18000-6C 协议与 EPCglobal Class 1 Gen 2 协议，支持密集读写器模式，工作频率为 920～925MHz，EPC 为 240 位，TID 编码为 64 位，用户数据区为 512 位，数据擦写 10 万次，支持 32 位杀死命令，灵敏度高，支持多标签读取，具有 EAS 功能，可触发警报，快速可靠检测被标识对象，实物图如图 15.5(a) 所示。

远望谷 XC-TF8029-A-C-6C 超高频标签支持 EPCglobal Class 1 Gen 2 协议与 ISO/IEC 18000-6C 协议，工作频率为 840～960MHz，全向天线设计，支持密集读取模式，读取距离为 0～8m，写入距离为 0～4m，EPC 为 128 位，TID 编码为 48 位的序列化编码，擦写次数为 10 万次，支持多标签读取，实物图如图 15.5(b) 所示。

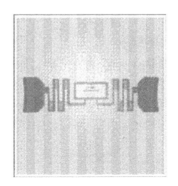

(a)XC-TF8415-C03 抗金属标签　　　　　　　(b)XC-TF8029-A-C-6C 超高频标签

图 15.5　远望谷超高频标签实物图

XCRF-860 读写器是远望谷公司针对 ISO/IEC 18000-6C 协议而开发的新型 RFID 固定式读写器,标签数据速率为 62.5Kbit/s。读写器可以通过网口直接与 PC 双向通信,读写器工作频率为 902～928MHz,定频或跳频模式可选,RF 输出功率为 20～27dBm(±1dBm)可调,步进 0.5dBm(dBm 为分贝毫瓦)。提供 4 个软件可控的天线接口,可灵活连接天线组成扫描通道,在 XC-AF26 天线下测试,连续读标签距离为 0～4m,连续写标签距离为 0～2m。实物图如图 15.6(a)所示。远望谷 XC-AF26 天线是一款高性能超高频 RFID 天线,其工作频率为 902～928MHz,通过同轴电缆直接与读写器相连,具有良好的方向性,高效地读取或写入 RFID 标签数据。XC-AF26 为高增益、低驻波比的线极化天线,天线的 RFID 读取范围呈直线状,读写距离较远,天线罩采用 ASA 工程塑料。远望谷此型号的超高频 RFID 天线产品具有结构牢固、防护等级高、密封性能可靠以及使用寿命长等优势。实物图如图 15.6(b)所示。

手持式 RFID 读写器选用西门子 RF310M 读写器,该读写器的工作频率为 13.56MHz,最大感知范围可以达到 0.8m,具有单/多标签通信两种工作方式,抗干扰能力强,能够适用于车间工业现场等复杂领域,读写器搭载了 Windows CE4.0 操作系统,具有良好的人机交互界面,并集成了 Wi-Fi 模块。实物图如图 15.6(c)所示

(a)远望谷 XCRF-860 读写器　　　　(b)远望谷 XC-AF26 天线　　　　(c)西门子 RF310M 读写器

图 15.6　读写器和天线实物图

15.2.2　离散制造车间实时定位系统实现

对于设计并开发离散制造车间定位感知系统,本节主要详细介绍系统关键功能模块的实现情况。

1. 系统管理模块

系统管理模块作为系统的基础功能模块,是系统各个功能协作的枢纽,负责统筹管理用户角色配置、登录权限配置、密保服务、数据备份与恢复、操作日志管理、数据安全性保障等功能,系统管理员拥有最高的访问权限,负责为不同的用户分配不同的角色,设定其登录权限并匹配相对应的功能;为保证系统的安全性,用户需凭借设定的用户名和密码才能登录系统。

2. 读写器配置

RFID 读写器设备需要完成功能配置,才能保证数据采集的顺利进行,XCRF-860 读写器的网络配置遵循 TCP/IP,具有网络接口 TCP、串行接口 COM 和 USB 接口 USB 三种通信模式,选择串口模式作为通信端口,配置读写器 IP 地址;通过配置读写器的功率大小,调节读

写器的读写距离，以满足实际需要；读写器支持 ISO/IEC 18000-6B 和 ISO 18000-6C 两种标签通信协议，根据系统选用的标签，配置的读写器应满足 ISO/IEC 18000-6C 通信协议；配置的天线接口支持在 1#、2#、3#、4#天线间相互切换，灵活组成扫描通道；读写器跳频方案采用默认设置即可；读写器支持循环读写和单次读写两种方式，配置读写器为循环读写工作模式。

系统读写器配置界面如图 15.7 所示。

图 15.7 读写器配置界面

3. 物料的定位

实时定位系统的对象包括人员、物料、工装、AGV 等，离散制造多为典型的混流生产，车间零件型号繁多，加工工艺复杂，不同型号零件的加工工艺多有相似，物料的流转相当复杂，容易出现误操作等现象，这里以物料的实时定位为例，介绍实时定位系统的实时定位。

物料的定位主要包括对物料的实时跟踪和历史追溯，实时跟踪是对物料进行实时定位，当某一工位的固定 RFID 读写器检测到物料已进入该工序的未加工区域时，读写器将主动请求获取这批物料的基本属性信息以及当前的工序内容，并确认这批物料的历史工艺参数与当前工序的一致性；历史追溯是对物料进行历史位置查询，并与每道工序的加工时间、加工工人、质检时间等信息进行绑定。PC 端与手持式终端的 ASP.NET 程序均是通过服务器发布的 Web 服务，通过服务的方法获取目标对象的位置信息。

PC 端物料的定位界面如图 15.8 所示。

4. Web 服务感知推送

离散制造车间实时定位系统的"感知"体现在系统 Web 服务的感知推送，服务感知推送的流程如下：手持式读写器附着有 RFID 标签，当与工位绑定的固定式读写器检测到手持式终端进入该工位的逻辑区域时，便立即向上位机服务器发送定位报告，通知服务器手持式终端已经进入了有效的逻辑区域，接着服务器向手持式终端发送定位通知，同时启动 Web 服务广播模式，手持式终端接收到定位通知，可选择是否接收 Web 服务；当固定式读写器定位到手持式终端离开了当前的逻辑区域时，此固定式读写器会通知 Web 服务器关闭服务推送进程。

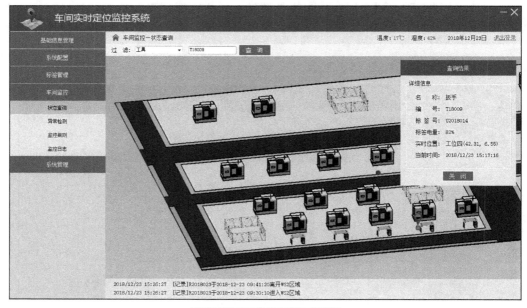

图 15.8　PC 端物料定位界面

手持式终端服务推送界面如图 15.9 所示，服务内容主要包括机床名称、机床型号、责任人、主轴转速等当前工位状态以及开机时间、已用时间以及结束时间等工位信息。

图 15.9　手持式终端服务推送界面

第 16 章　基于 RFID 的离散制造过程智能感知系统

16.1　离散制造车间三维 RFID 优化布局技术

RFID 作为物联网的关键技术之一，推动了离散制造过程智能感知的实现。由于 RFID 读写器与标签之间的通信距离有限，为确保 RFID 系统实时有效地获取离散制造过程的相关数据信息，需对 RFID 网络进行合理规划。本节将对离散制造车间三维 RFID 优化布局技术进行研究，实现离散制造车间生产现场 RFID 读写器的最优部署。

16.1.1　离散制造车间生产现场 RFID 部署分析

为满足离散制造过程智能感知的需求，需在车间生产现场部署 RFID 设备以实现生产数据的实时采集。由于目前离散制造车间具有产品结构复杂、生产要素众多、生产周期长和车间面积大等特点，因此构建 RFID 网络需要大量 RFID 设备，如图 16.1 所示，包括电子标签、读写器和射频天线。为控制 RFID 硬件成本及提升 RFID 读写距离，在离散制造车间生产现场多选用超高频无源电子标签、多通道读写器和定向圆极化天线，以实现远距离标签信息交互。

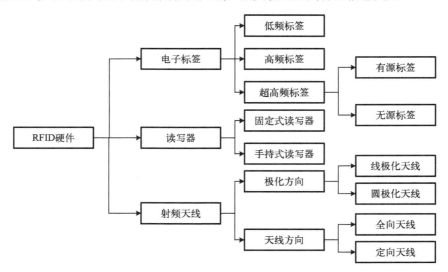

图 16.1　RFID 相关硬件

超高频无源电子标签的典型工作频率为 902～928MHz，相比于低频和高频电子标签而言，其识别距离更远，典型情况可达 4～6m，最大可达 10m 甚至更远；与超高频有源电子标签相比，超高频无源电子标签通过读写器天线辐射场获得射频能量，标签的使用周期更长，标签的购买成本及维护成本大幅降低。多通道读写器一般可通过射频线缆连接 2 个或 4 个射频天线，由该读写器管理和控制其所连接天线的相关参数及读写操作，本书所提的 RFID 部署则为各射频天线的部署，因此需确定各射频天线的布局情况。射频天线按极化方向可分为线极化天线和圆极化天线，线极化天线的电场矢量在空间中的取向固定不变，对电子标签的位置要求较高，当标签内置天线极化方向与读写器天线极化方向一致时，感应的射频信号最强，随着标签天线与读写器天线极化方向的偏离，两者交互的射频信号将逐渐降低；圆极化天线的电场大小不变，电场方向随时间变化，在与 RFID 标签建立通信时，射频信号强度与标签天线的极化方向无关，因此目前大多数 RFID 应用场景都采用了圆极化天线。射频天线辐射的电磁波具有方向性，可将读写器天线分为全向天线和定向天线。其中全向天线在水平方向上 360° 均匀辐射信号，覆盖角度大，但感知距离较近；定向天线朝向同一侧辐射电波，天线增益较大，感知距离较远，因此在离散制造车间采用定向圆极化天线。

与其他应用场景下的 RFID 网络规划相比，离散制造车间应用环境更为复杂。传统的二维平面 RFID 网络规划方法将所有标签位置理想化为同一平面，不考虑标签在高度方向上的差异，然而在离散车间生产现场，RFID 标签标识对象随生产工序流转于各个工位，在工人操作或运输过程中，无法保证 RFID 标签处于同一高度，因此将该场景下的 RFID 布局问题考虑为三维空间 RFID 网络规划问题。同时，离散车间生产现场存在大量固定的金属结构，如工作台或金属支架等，由于射频信号难以穿透金属物体，当读写器天线与 RFID 标签间存在金属结构时，将对两者间的射频信号产生遮挡，从而影响读写器有效感知 RFID 标签信息，因此需研究金属遮挡结构下的三维 RFID 部署优化模型，并基于该模型确定离散车间生产现场所需读写器天线的数量、各读写器天线的部署坐标和方向。

传统 RFID 布局优化问题的目标主要包括标签覆盖率、读写器间相互干扰程度、部署成本和负载平衡等。在离散车间生产现场部署 RFID 设备时，需保证 RFID 标签被有效感知，同时避免因读写器间相互干扰而产生的错误数据，提高 RFID 数据的可靠性，为 RFID 复杂事件处理提供有效数据源。RFID 设备部署成本影响着 RFID 系统成本，制约着 RFID 技术在离散制造车间的推广与应用。由于目前大多数读写器的读取速率较高，负载平衡对 RFID 网络性能的影响也随之大幅降低，且车间内 RFID 标签的运动具有不确定性，读写器在各时刻所覆盖的 RFID 标签数量并不固定，因此面向离散制造车间的 RFID 网络优化目标不包括负载平衡，仅考虑标签覆盖率、读写器间相互干扰程度和部署成本三个目标，并基于该多优化目标，建立离散制造车间 RFID 部署优化模型。

16.1.2　离散制造车间 RFID 部署优化模型

1. 目标空间离散化

在连续的布局空间部署 RFID 读写器时，读写器可能放置在目标空间内的任意位置，导致三维 RFID 网络布局问题建模和求解困难，因此本书首先对目标空间进行离散化处理，将空间离散为有限数量的单位立方体，大幅降低了三维 RFID 优化布局建模和求解难度。如图 16.2 所示，将各工位上长度为 L、宽度为 W、高度为 H 的目标空间离散为若干个单位立方体 b_{xyz}，x、y、z 为该立方体在各轴上的坐标，读写器或标签只能被放置于这些立方体内。

针对存在金属遮挡结构的目标空间，各立方体的 b_{xyz} 有以下三种状态，如式(16-1)所示。其中金属障碍物域指车间内固定生产要素的集合，如工作台、大型金属工装等；监控域表示

车间内可能出现 RFID 标签的单位立方体的集合，RFID 标签并非在整个目标空间内运动，选择合理的监控域将避免读写器资源的浪费。b_{xyz} 为各单位立方体的标志数据，表明该立方体的状态属性，并存储于分配给各单位立方体的内存空间中。

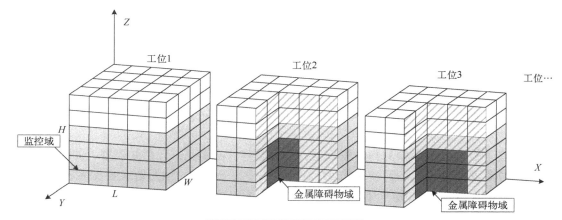

图 16.2　目标空间离散化处理

$$b_{xyz} = \begin{cases} 0, & b_{xyz} \in \text{金属障碍物域} \\ 1, & b_{xyz} \in \text{监控域} \\ 2, & \text{其他} \end{cases} \tag{16-1}$$

其中，当 $b_{xyz} = 0$ 时，表明该单位立方体属于金属障碍物域；当 $b_{xyz} = 1$ 时，表明该单位立方体属于监控域；当 $b_{xyz} = 2$ 时，表明该立方体不属于金属障碍物域且不需要被读写器感知。若某读写器与某 $b_{xyz} = 1$ 的单位立方体之间存在 $b_{xyz} = 0$ 的障碍物，则该 $b_{xyz} = 1$ 的单位立方体无法被该读写器感知。

2. RFID 读写器三维感知模型

目前，大多数三维 RFID 网络规划问题研究的是带全向天线的 RFID 读写器，将读写器感知模型理想化为球体。对于带定向天线的 RFID 读写器而言，其覆盖范围不仅与读写器位置有关，还与天线平面法向量即天线的方向有关，因此其感知模型更为复杂。

合理的读写器感知模型对于构建部署优化模型具有重要意义。根据天线相关理论，将带定向天线的 RFID 读写器（以下简称读写器）在三维空间下的感知模型理想化为球顶锥体，如图 16.3 所示。

图 16.3 为目标空间内某读写器 R 的感知模型，其所在立方体的三维坐标为 (x_r, y_r, z_r)，天线平面

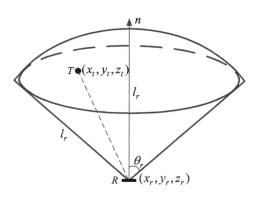

图 16.3　RFID 读写器感知模型

法向量 n 为 (a, b, c)，某 RFID 标签 T 在空间内的坐标为 (x_t, y_t, z_t)，该读写器 R 与标签 T 在空间内建立通信的约束条件为

$$\begin{cases} (x_r - x_t)^2 + (y_r - y_t)^2 + (z_r - z_t)^2 \leqslant l_r^2 \\ \arccos\left(\dfrac{(x_t - x_r, y_t - y_r, z_t - z_r)\cdot(a,b,c)}{\sqrt{(x_r - x_t)^2 + (y_r - y_t)^2 + (z_r - z_t)^2}\cdot\sqrt{a^2 + b^2 + c^2}} \right) \leqslant \theta_r \\ \text{barrier} = 0 \end{cases} \tag{16-2}$$

其中，l_r 表示读写器 R 的读写距离；θ_r 表示读写器覆盖边界与天线平面法向量的夹角；barrier 表示读写器 R 与标签 T 之间的障碍物情况，其实现方法为：构造读写器 R 和标签 T 所在立方体的空间连线，以标签 T 坐标为起点遍历所经过的立方体 b_{xyz} 的状态值，若不存在 $b_{xyz} = 0$ 的立方体，即读写器 R 与标签 T 之间不存在障碍物，则 barrier $= 0$，若存在 $b_{xyz} = 0$ 的立方体，则 barrier $= 1$。

设标签 T 被读写器 R 检测到的概率为 $p_{(t,r)}$，具体大小满足二元感知模型，如式(16-3)所示，当读写器 R 与标签 T 之间满足式(16-2)所示的约束条件时，读写器 R 检测到标签 T 的概率 $p_{(t,r)}$ 为 1，否则 $p_{(t,r)}$ 为 0，即标签 T 无法被读写器 R 感知到。

$$p_{(t,r)} = \begin{cases} 1, & R\text{与}T\text{之间满足式(16-2)所示的约束} \\ 0, & \text{其他} \end{cases} \tag{16-3}$$

3. 多目标部署优化模型

由上述内容可知，面向离散制造车间的 RFID 网络优化布局需考虑的优化目标包括最大标签覆盖率、最小读写器间相互干扰程度及最低部署成本，因此该三维 RFID 读写器规划问题为多目标优化问题，且各优化目标间相互制约。针对以上优化目标，构造式(16-4)所示的综合目标函数：

$$\min f(x) = (f_1(x), f_2(x), f_3(x)) \tag{16-4}$$

其中，$f_1(x) = -\text{Cov}(x)$ 为标签覆盖率函数；$f_2(x) = \text{Col}(x)$ 为读写器间相互干扰程度函数；$f_3(x) = \text{Cos}(x)$ 为部署成本函数；$x = (x_1, x_2, \cdots, x_n) \in \mathrm{R}^n$ 为 n 维决策变量；$f(x)$ 为综合目标函数，通过对标签覆盖率取负值的操作，将各个优化目标统一为最小化问题求解。该多目标优化问题求解结果为 Pareto 解集，决策者可按实际需求从非劣解集中选择最满意的一个解作为最终解，以满足多目标权衡的需要，使 RFID 系统性能最优。各优化目标函数如下。

1)标签覆盖率

标签覆盖率是 RFID 网络规划问题最重要的优化目标，直接影响着 RFID 系统的性能。对于离散化的目标空间，标签随机出现在某一单位立方体内，若该立方体被至少一个读写器检测到的概率为 1，则 $X_t = 1$，说明该标签能够被覆盖，否则 $X_t = 0$。标签覆盖率 Cov 可定义为

$$\text{Cov} = \sum_{t=1}^{Nt} \frac{X_t}{Nt} \tag{16-5}$$

其中，Nt 表示该目标空间监控域内所有需监控的单位立方体的总量；X_t 表示该立方体与空间内读写器的通信情况。遍历监控域内每个单位立方体与读写器的通信情况以求解标签覆盖率 Cov，Cov 值越大，则说明该 RFID 布局方案下标签覆盖率越高。

2)读写器间相互干扰程度

当标签处于多个读写器的感知范围内时，若这些读写器同时查询标签，由于标签自身功

能的限制，难以辨识来自不同读写器的信号，从而导致标签无法正确解码读写器的查询，出现漏读或错读 RFID 数据的情况。因此，应尽量减少各读写器覆盖区域的重叠部分，避免读写器间相互干扰情况的发生。在离散车间生产现场应用 RFID 技术时，为确保生产数据信息的有效获取，需大规模密集部署 RFID 读写器，读写器间相互干扰问题尤为严重，必将引起读写器间的信号碰撞，严重影响 RFID 系统的服务质量。读写器间相互干扰程度 Col 可用式（16-6）表示：

$$\mathrm{Col} = \sum_{t=1}^{\mathrm{Nt}} \frac{\left(\sum_{r=1}^{\mathrm{Nr}} p_{(t,r)} - 1\right) \cdot X_t}{\mathrm{Nt}} \qquad (16\text{-}6)$$

其中，Nr 表示该空间内部署的读写器总量，Col 值越小，说明读写器间的交叉重叠区域越少，相互干扰程度越低。

3）部署成本

在离散车间生产现场部署 RFID 系统，其系统复杂度和部署成本主要取决于部署的读写器数量。为了提高经济效益，在满足覆盖需求的前提下，应使所需的读写器数量最少，实现部署成本最低。假设应用于车间生产现场的各读写器成本相同，部署成本 Cos 的求解公式如下：

$$\mathrm{Cos} = \mathrm{Nr} \cdot C \qquad (16\text{-}7)$$

其中，C 表示部署在该空间内每台读写器的成本，为简化计算，可将其设为单位 1，则部署成本仅与读写器部署总量相关，Cos 值越小，说明 RFID 系统部署成本越低。

16.1.3　面向离散制造车间三维 RFID 部署的改进 MOPSO 算法

离散车间生产现场三维 RFID 网络规划问题的解空间较大，采用智能算法如遗传算法、粒子群算法、萤火虫算法等求解 RFID 部署优化模型，可大幅提升计算效率并获得解空间内的优秀解。由于粒子群算法搜索速度快、求解效率高且算法结构简单，因此本章基于粒子群算法求解离散制造车间的 RFID 布局方案。

粒子群中的个体通过两类信息做出决策，分别是：①个体自身的经验；②群体的社会经验。每个粒子不仅能学习自身的飞行经验，群体中其他优秀个体的经验还可指引其向更优秀解飞行。粒子群算法的基本流程为：设由 M 个粒子组成的群体在 n 维搜索空间中寻找最优解，其中第 i 个粒子的位置可表示为矢量 $P_i = (p_{i1}, p_{i2}, \cdots, p_{in})$，$i = 1, 2, \cdots, M$，$P_i$ 即为所求问题的一个潜在解，根据目标函数计算 P_i 的适应度值，从而判断该粒子的优劣。第 i 个粒子的速度为 $V_i = (v_{i1}, v_{i2}, \cdots, v_{in})$，粒子以该速度飞至新的位置。该粒子所飞过的最佳位置，即适应度值最好的位置为其个体极值 P_{id}，种群中所有粒子飞过的最佳位置为群体极值 P_{gd}。在每次迭代过程中，粒子根据个体极值和群体极值更新速度和位置，更新公式如下：

$$V_{id}^{t+1} = \omega V_{id}^t + c_1 r_1 (P_{id}^t - X_{id}^t) + c_2 r_2 (P_{gd}^t - X_{id}^t) \qquad (16\text{-}8)$$

$$X_{id}^{t+1} = X_{id}^t + V_{id}^{t+1} \qquad (16\text{-}9)$$

其中，$i = 1, 2, \cdots, M$，M 为种群规模；$d = 1, 2, \cdots, n$，n 为决策变量的维数；t 为当前迭代次数；ω 为惯性权重，$0 \le \omega \le 1$，其作用是调节粒子上一次的飞行速度对当前速度的影响；c_1、c_2 为学习因子，调节粒子向个体极值和群体极值飞行的步长；r_1、r_2 为分布于[0,1]区间的随机数。

由 16.1.2 节构建的离散制造车间 RFID 部署优化模型可知,该三维 RFID 网络规划问题为多目标优化问题,为保证求解出的部署方案 Pareto 前沿的收敛性和多样性特征,采用改进多目标粒子群优化(Multi Objective Particle Swarm Optimization,MOPSO)算法对模型求解。

1. 改进 MOPSO 算法相关定义

针对离散制造车间三维 RFID 部署优化模型,对改进 MOPSO 算法中涉及的位置、速度、极值及更新策略等进行重定义,建立适用于三维 RFID 网络规划问题的多目标粒子群优化算法。

定义 16.1　粒子的位置。第 i 个粒子的位置矢量 P_i 表示为

$$P_i = (s_i^1, x_i^1, y_i^1, z_i^1, a_i^1, b_i^1, c_i^1, \cdots, s_i^n, x_i^n, y_i^n, z_i^n, a_i^n, b_i^n, c_i^n) \tag{16-10}$$

其中,$n = N_{\max}$,即读写器数量最大值;$s_i^n, x_i^n, y_i^n, z_i^n, a_i^n, b_i^n, c_i^n$ 分别为第 $N_{\max}$ 个读写器的状态值 s_i^n、部署位置坐标值(x_i^n, y_i^n, z_i^n)及天线平面法向量值(a_i^n, b_i^n, c_i^n);s_i 采用二进制编码方式,若该读写器投入部署,则 $s_i = 1$,否则 $s_i = 0$,其他变量均采用实数编码方式。

定义 16.2　粒子的速度。种群中粒子根据自身的速度飞行至新的位置,第 i 个粒子的速度矢量 V_i 表示为

$$V_i = (\mathrm{vs}_i^1, \mathrm{vx}_i^1, \mathrm{vy}_i^1, \mathrm{vz}_i^1, \mathrm{va}_i^1, \mathrm{vb}_i^1, \mathrm{vc}_i^1, \cdots, \mathrm{vs}_i^n, \mathrm{vx}_i^n, \mathrm{vy}_i^n, \mathrm{vz}_i^n, \mathrm{va}_i^n, \mathrm{vb}_i^n, \mathrm{vc}_i^n) \tag{16-11}$$

速度矢量与位置矢量之间存在一一映射关系,每个粒子的位置矢量都对应了一个速度矢量,当速度矢量 V_i 不为 0 时,粒子的位置矢量需要发生改变。

定义 16.3　粒子速度和位置的更新。为避免粒子急剧变化,更新二进制变量 s_i 与更新其他实数变量有所不同。若 Nr 个读写器的部署方案求解结果稳定,则更新 $s_i^{\mathrm{Nr}+1} = 1$(显然 $\mathrm{Nr} + 1 \leqslant N_{\max}$),否则 s_i 不进行更新。

对于其他变量的速度和位置,采用式(16-8)、式(16-9)所示的更新方式。粒子位置更新完成之后,需校验该粒子是否为可行解,若粒子的变量值在取值范围之外,需将该值调整至取值边界以内。

定义 16.4　个体极值的更新。在迭代过程中,粒子不断移动,需搜索解空间中的非劣解。粒子移动一次后产生新解 X_{id}^{k+1},个体极值是否更新取决于 X_{id}^{k+1} 与当前个体极值 P_{id} 的支配关系。若 X_{id}^{k+1} 支配 P_{id},则用 X_{id}^{k+1} 更新 P_{id},若 P_{id} 支配 X_{id}^{k+1},则 P_{id} 不更新。当出现 X_{id}^{k+1} 与 P_{id} 互不支配的情况时,从两者中随机选择一个粒子作为个体极值。

定义 16.5　群体极值的更新。在当前非劣解集中选择拥挤距离最大的粒子作为群体极值 P_{gd},拥挤距离用于表征个体间的拥挤程度,拥挤距离越大,个体间就越不拥挤,种群的多样性就越好,以确保非劣解的分布均匀性。

定义 16.6　非劣解集的更新。当产生的新粒子不受种群中其他粒子和当前非劣解集中粒子支配时,把新粒子放入非劣解集中。

2. 种群初始化

随机生成 M 个粒子,构成初代粒子群,M 为种群规模,粒子的速度初始值设为 0。第 1~第 Nr(初始 $\mathrm{Nr} = N_{\min}$)个读写器的状态 s 初始化为 1,其他读写器的状态 s 初始化为 0,$N_{\min}$ 为部署在该空间内读写器数量的最小值。对于 $s = 0$ 的读写器,各变量均初始化为 0,对于投入部署的第 j 个读写器,位置矢量初始化值可设为

$$q_i^j = \mathrm{lb}_q + r \cdot (\mathrm{ub}_q - \mathrm{lb}_q) \tag{16-12}$$

其中，$q_i^j \subseteq \{x_i^j, y_i^j, z_i^j, a_i^j, b_i^j, c_i^j\}$；$r \in [0,1]$；$ub_q$ 和 lb_q 分别为各变量的上界和下界。在离散制造车间 RFID 读写器规划问题中，读写器可放置在目标空间内的任意非金属障碍物域。为避免传统初始化方式带来的读写器冗余情况，首先将部署空间虚拟划分为多个区域，并将各读写器初始部署在不同区域内。天线平面法向量中各矢量的取值范围可设为[−50,50]。合理的初始化机制能够提高种群多样性并加快全局最优解的搜索速率。为提高初代粒子群的质量，需对初代粒子的合理性进行校验，具体实现方法如下。

(1)粒子中读写器的位置矢量是逐个初始化的，若读写器所在单位立方体的 $b_{xyz} = 0$，即该立方体属于金属障碍物域，则需重置该读写器位置数据。

(2)若读写器放置的高度较低，且天线平面法向量的 c 值小于 0，即天线平面朝下，或读写器放置的高度较高，且天线平面法向量的 c 值大于 0，即天线平面朝上，将无法有效利用该读写器资源，需重新初始化该读写器。

(3)若读写器的位置与之前初始化的读写器位置距离太近，易发生读写器干扰，影响 RFID 系统性能，则需重置该读写器的位置数据。

3. 粒子群算法的改进

传统粒子群算法易出现种群进化过早收敛、陷入局部最优等情况，为改善粒子群算法的缺陷及满足决策者的偏好需求，求解出最适合离散车间生产现场的 RFID 网络布局方案，本章提出以下三种改进策略。

1)惯性权重

惯性权重 ω 描述了粒子的惯性对当前速度的影响，ω 的大小可以平衡粒子群算法的全局搜索能力与局部寻优能力，较大的惯性权重有利于全局搜索，而较小的惯性权重则更利于局部搜索。在算法迭代的初始阶段粒子应保持较大的飞行速度，使种群能够对整个空间实现大范围搜索，在算法后期粒子的飞行速度应较低，使粒子具有较好的局部搜索能力，因此采用线性递减惯性权重，其取值方式如下：

$$\omega = \omega_{max} - \frac{(\omega_{max} - \omega_{min}) \cdot t}{G_{max}} \quad (16\text{-}13)$$

其中，ω_{max} 为 ω 的最大值；ω_{min} 为 ω 的最小值；t 为当前迭代次数；G_{max} 为最大迭代次数。在算法初期，较大的 ω 使粒子具备较强的全局搜索能力，提高了算法的收敛速度，在算法后期，较小的 ω 使粒子具备更好的搜索精度。

2)速度更新方式

基于 Pareto 优化准则的 MOPSO 算法通常假设各目标的重要性相同。针对离散制造车间三维 RFID 部署的各优化目标而言，决策者优先考虑标签覆盖率目标，其次是读写器间相互干扰程度和部署成本目标，即各优化目标具有不同的偏好权值。为了能够在算法中反映出对各目标的偏好信息，改进 MOPSO 算法的速度更新方式如下：

$$V_{id}^{t+1} = \omega V_{id}^t + c_1 r_1 (P_{id}^t - X_{id}^t) + c_2 r_2 (P_{gd}^t - X_{id}^t) + c_3 r_3 (P_{rd}^t - X_{id}^t) \quad (16\text{-}14)$$

其中，c_3 为类似于 c_1 和 c_2 的加速度因子；r_3 为分布于[0,1]区间的随机数；P_{id} 为个体极值；P_{gd} 为根据拥挤距离选择的群体极值；P_{rd} 为根据优化目标的偏好权值选择的偏好最优值；因此粒子的速度由自身的最优位置、非劣解集中的全局最优位置和带偏好信息的最优位置共同决定。

为从非劣解集中选择偏好最优值，需构造适应度函数 F，并计算各非劣解的适应度值，适应度函数 F 的公式如下：

$$F = -\left(w_{1\text{start}} - \frac{w_{1\text{start}} - w_{1\text{end}}}{G_{\max}} \cdot t\right) \cdot \text{Cov} + \left(w_{2\text{start}} + \frac{w_{2\text{end}} - w_{2\text{start}}}{G_{\max}} \cdot t\right) \cdot \text{Col} \qquad (16\text{-}15)$$

其中，$w_{1\text{start}}$ 和 $w_{1\text{end}}$ 分别为标签覆盖率的初始偏好权值和最终偏好权值；$w_{2\text{start}}$ 和 $w_{2\text{end}}$ 分别为读写器间相互干扰程度的初始偏好权值和最终偏好权值。在算法初期，标签覆盖率的偏好权值较高，读写器间相互干扰程度的偏好权值较低，利于群体向标签覆盖率较高的粒子飞行；在算法后期，各粒子的标签覆盖率已达到较高水平，通过增大读写器间相互干扰程度的偏好权值，使粒子向读写器间相互干扰程度较低的粒子飞行。因此，对标签覆盖率采用线性递减的偏好权值，对读写器间相互干扰程度采用线性递增的偏好权值。由于群体极值更新时，非劣解集内各粒子的部署成本相同，因此该适应度函数不包括部署成本函数。根据式(16-15)计算非劣解集内各粒子的适应度值并排序，选择其中适应度值最小的非劣解作为偏好最优值，指导粒子群个体的飞行。

3) 粒子相似度

随着算法的不断迭代，在种群收敛的同时，各粒子的相似度升高。为使种群在迭代过程中具有多样性，采用种群目标方差来衡量各粒子的相似度，并根据该方差值控制粒子的遗传操作，防止种群过早地陷入局部最优。第 t 代种群标签覆盖率方差 D_{cov}^t 和读写器间相互干扰程度方差 D_{col}^t 分别定义为

$$D_{\text{cov}}^t = \sum_{i=1}^{M} (\text{Cov}_i - \overline{\text{Cov}})^2 / M \qquad (16\text{-}16)$$

$$D_{\text{col}}^t = \sum_{i=1}^{M} (\text{Col}_i - \overline{\text{Col}})^2 / M \qquad (16\text{-}17)$$

其中，Cov_i 和 Col_i 分别为第 i 个粒子的标签覆盖率和读写器间相互干扰程度值；$\overline{\text{Cov}}$ 和 $\overline{\text{Col}}$ 分别为种群标签覆盖率平均值和读写器间相互干扰程度平均值；M 为种群规模。当 D_{cov}^t 和 D_{col}^t 均小于设定的方差阈值 $D_{\min}$ 时，即各粒子之间的相似度高，应从当前种群中选择部分较优秀的粒子进行交叉和变异操作，增强种群的多样性。

粒子的交叉概率为 p_c，具体的交叉操作为：随机选择投入部署的第 j 个粒子的相关变量与个体极值或群体极值进行变量交换，产生新的个体。对产生的新个体采用保留优秀个体策略，即仅新粒子支配旧粒子时才对个体更新。

粒子的变异概率为 p_m，变异方法为

$$p_m = \begin{cases} p_m + r^j(\text{ub}_q - p_m)(1 - t/G_{\max})^2, & r \geq 0.5 \\ p_m + r^j(\text{lb}_q - p_m)(1 - t/G_{\max})^2, & r < 0.5 \end{cases} \qquad (16\text{-}18)$$

其中，r 和 r^j 为区间[0,1]上的随机数。对变异得到的新个体采用保留优秀个体策略，即当新粒子支配旧粒子时更新个体。

4. 改进 MOPSO 算法流程

在分析离散制造车间 RFID 部署特点的基础上，首先，构建以标签覆盖率、读写器间相

互干扰程度和部署成本为优化目标的多目标部署模型。其次，提出一种改进 MOPSO 算法求解该部署模型，为满足决策者的先验偏好，改进了速度更新公式；为解决粒子群算法易陷入局部最优的问题，采用了线性递减惯性权重并通过粒子相似度阈值控制粒子交叉和变异，提高了算法的全局搜索能力。改进 MOPSO 算法的具体流程如图 16.4 所示。

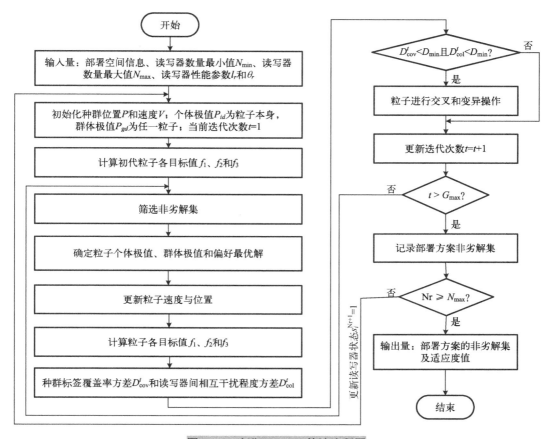

图 16.4　改进 MOPSO 算法流程图

改进 MOPSO 算法的详细步骤如下。

步骤 1　输入部署空间信息、读写器数量最小值 $N_{\min}$、读写器数量最大值 $N_{\max}$、读写器性能参数 l_r 和 θ_r，根据输入的部署空间信息对其进行离散化处理，并确定离散后各单位立方体 b_{xyz} 的值。

步骤 2　根据式(16-12)初始化种群位置 P，第 1～第 Nr（初始 Nr $= N_{\min}$）个读写器的状态 s 初始化为 1，其他读写器的状态 s 初始化为 0，初始速度 $V = 0$；个体极值为粒子本身，群体极值为任一粒子，令当前迭代次数 $t = 1$。

步骤 3　根据式(16-5)～式(16-7)计算初代粒子群的标签覆盖率、读写器间相互干扰程度和部署成本。

步骤 4　由各粒子间的支配关系筛选非劣解集。

步骤 5　确定粒子个体极值、群体极值和偏好最优值，并利用式(16-14)计算每个粒子的飞行速度，更新粒子的位置。

步骤6　根据式(16-5)~式(16-7)计算更新后粒子的标签覆盖率、读写器间相互干扰程度和部署成本。

步骤7　根据式(16-16)、式(16-17)计算种群标签覆盖率方差 D_{cov}^{t} 和读写器间相互干扰程度方差 D_{col}^{t}。若 D_{cov}^{t} 和 D_{col}^{t} 均小于 D_{min}，则跳至步骤8，否则跳至步骤9。

步骤8　按照"粒子群算法的改进"部分所述步骤对粒子进行交叉和变异操作。

步骤9　令 $t=t+1$，同时判断当前迭代次数 t 与 G_{max} 的大小，若 $t>G_{max}$，记录部署方案非劣解集，并跳至步骤10，否则跳至步骤4。

步骤10　若投入部署的读写器数量 Nr $\geq N_{max}$，则跳至步骤 11，否则更新读写器状态 $s_i^{Nr+1}=1$，并跳至步骤2。

步骤11　输出部署方案的非劣解集及各部署方案的适应度值，算法结束。

16.2　离散制造过程智能感知系统搭建

16.2.1　系统设计

1. 系统设计思想

在设计离散制造过程智能感知系统时，考虑到该系统的应用需求及未来的应用趋势，需遵循以下系统设计思想。

(1)实用性：系统所设计的各功能模块应充分满足车间管理层、车间工作人员等不同用户的实际需求。将该系统与车间业务需求紧密相连，不仅可增强系统的实用性，而且为各业务层次和应用环节的管理提供了便利，可使系统建设保持良好的连贯性。

(2)可操作性：系统界面设计应根据人体结构特征和视觉特征进行优化，使用户界面简洁、友好和灵活，便于用户理解和操作。系统需根据用户级别给车间用户分配不同的权限，各用户可方便地在权限范围内的子页面间进行切换。同时，完善的系统帮助文档也是提高系统可操作性的重要内容之一。

(3)开放性：目前，离散制造车间采用的信息化系统众多，主要包括 ERP、MES 等系统，各系统独立运行，具备不同的功能模块和数据结构。随着离散制造业信息技术的不断发展，企业信息化系统一体化已成为不可避免的趋势，因此该系统需提供统一的数据接口，便于与离散制造车间已有系统有效集成。

(4)可维护性：该系统可简单快速地部署在离散制造车间内，在系统安装过程中，对车间的正常生产过程不产生负面影响。另外，系统应具备良好的可维护性，维护操作简便，维护成本较低。根据车间业务发展的需要，可扩展该系统的功能模块，实现系统的更新和升级。

2. 系统开发环境及运行环境

为了满足离散制造车间生产操作人员和管理人员的应用需求，使系统部署及使用方便，该系统的开发采用了 B/S 网络结构模式。由于 Microsoft.NET 平台具有开发成本低、数据库访问高效等特点，且该平台具有统一的开发环境，支持 C++、C#、Java 等多种编程语言，因此离散制造过程智能感知系统基于 Microsoft.NET 平台进行开发。将系统程序发布在服务器上，生产操作人员或管理人员可通过局域网内的其他计算机对该系统进行访问。

系统的开发环境和运行环境见表 16.1 和表 16.2。

表 16.1　系统开发环境

开发工具	编程语言	开发平台	数据库
Microsoft Visual Studio 2015、IntelliJ IDEA 2017.2	C#、Java	Microsoft.NET	Oracle 10g

表 16.2　系统运行环境

	服务器	客户端
相关要求	操作系统：Windows 7 Web 服务器：IIS6.0	系统：安装.NET Framework 4.0 组件及以上 浏览器：IE7.0 及以上

3．系统功能设计

结合离散制造过程智能感知系统架构，设计该系统的功能模块，主要包括系统安全管理模块、RFID 配置管理模块、制造过程管理模块、信息推送模块和数据接口服务模块，系统详细功能如图 16.5 所示。

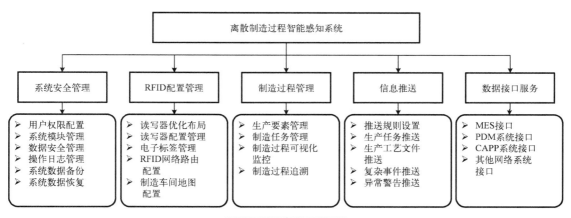

图 16.5　系统功能模块

1）系统安全管理

系统安全管理是离散制造过程智能感知系统的基本功能，为系统的正常使用提供保障，包括用户权限配置、系统模块管理、数据安全管理、操作日志管理、系统数据备份和恢复等功能。其中用户权限配置用于给不同的用户角色分配不同权限，用户只能访问和操作权限范围内的系统页面；系统模块管理可新增或删除系统中某个模块；数据安全管理和操作日志管理记录了系统的日常使用记录，便于对系统的使用情况进行追溯；系统数据备份和恢复模块用于对系统数据进行备份和恢复，防止出现由系统崩溃或硬件故障等原因造成的数据丢失情况。

2）RFID 配置管理

RFID 配置管理模块提供对离散制造过程智能感知系统中 RFID 相关设备的配置服务，包括对读写器优化布局、读写器配置管理、电子标签管理、RFID 网络路由配置和制造车间地图配置等功能。读写器优化布局指根据车间的实际情况，采用离散制造车间三维 RFID 网络优化布局方法，获取车间工位内各天线位置和方向的配置参数，并按该参数在车间内部署射频天线；读写器配置管理可实现对车间内 RFID 读写器 IP 地址、网关、各射频端口功率和读取模

式的配置；电子标签管理用于对标签使用状态、标签标识对象、标签存储区域内容等进行管理；RFID 读写器与上层应用系统通过以太网连接，因此需通过 RFID 网络路由配置功能管理配置 RFID 系统中的路由设备；制造车间地图配置指根据车间布局情况，配置车间虚拟地图，将各工位上的读写器设备与该工位建立逻辑关联，服务于制造过程可视化监控功能。

3）制造过程管理

制造过程管理模块包括生产要素管理、制造任务管理、制造过程可视化监控和制造过程追溯等功能。生产要素管理用于对车间生产现场的生产要素如人员、物料、在制品、工装、设备和工具等基本信息进行管理；制造任务管理可实现对离散车间制造任务的分配，车间管理人员通过该功能为车间操作人员下发生产任务；制造过程可视化监控可直观显示车间生产现场的生产状况，使车间管理人员实时了解车间的生产进度，提高生产决策的及时性和准确性；制造过程追溯能对产品全生命周期进行管理，为产品生产过程中的瓶颈分析、生产质量分析等提供数据支撑，及时解决车间生产过程中存在的问题。

4）信息推送

离散制造过程智能感知系统的重要模块之一为信息推送，由推送规则设置、生产任务推送、生产工艺文件推送、复杂事件推送和异常警告推送等功能组成。车间管理层通过制造过程管理功能完成对车间生产人员任务的制定及分配后，生产人员则可通过生产任务推送功能和生产工艺文件推送功能自动获取实时的生产任务及与该任务相关的工艺文件等信息；同时，车间管理层可通过推送规则设置功能对车间不同工位的工人所需获取的相关信息进行设置；制造过程中产生的 RFID 数据经过复杂事件处理系统得到 RFID 复杂事件，并由复杂事件推送功能将不同类型的复杂事件推送给生产人员和管理人员；异常警告推送功能将车间的异常操作、生产要素异常位置、设备异常状态等信息发送给相关人员，并提示其及时处理异常情况。

5）数据接口服务

随着制造业信息化的发展，在离散制造车间应用的系统包括 MES、PDM 系统、CAPP 系统等。数据接口服务可确保制造过程智能感知系统与其他信息化系统有效集成，该模块的主要功能包括 MES 接口、PDM 系统接口、CAPP 系统接口和其他网络系统接口。MES 可提供制造车间所需的生产任务信息，PDM 系统可获取产品的零部件信息，CAPP 系统可获取生产工艺文件，因此需提供离散制造过程智能感知系统与 MES、CAPP 和 PDM 等信息化系统的接口。

16.2.2 离散制造过程智能感知系统 RFID 部署

1. RFID 硬件设备选型

按照 16.1.1 节中对离散车间生产现场 RFID 部署的分析，选择的 RFID 硬件设备包括多通道读写器、定向圆极化天线和超高频无源电子标签。通过对市场上 RFID 硬件设备的调研，选购远望谷公司的固定式读写器 XC-RF-807、射频天线 XC-AF-12、抗金属标签 XC-TF-8401-C103、普通超高频标签 XC-TF-8059-C104 和 XC-TF-8200A。各硬件的详细介绍如下。

远望谷 XC-RF-807 读写器是一款支持 ISO/IEC 18000-6C 协议和 EPCglobal Class 1 Gen 2 协议的超高频 RFID 读写设备，可通过射频线缆外接四个 TNC 型天线，射频输出功率为 11～33dBm，步进 1dB，具备较强的多标签读取能力且可支持接收信号强度检测。同时，该读写器配备了以太网接口和 RS232 串口，支持 TCP/IP、FTP、Telnet 等网络协议，适合制造企业大规模批量组网应用。读写器实物如图 16.6（a）所示。

远望谷 XC-AF-12 天线是圆极化天线,其工作频率为 840~930MHz,H 面和 E 面的 HPBW 为 60°,天线增益大于 7.15dBi,通过同轴线缆与 XC-RF-807 读写器连接,发射和接收射频信号,与感知范围内的 RFID 标签建立通信,实现 RFID 标签数据信息的高效读取与写入。天线实物如图 16.6(b) 所示。

(a)远望谷 XC-RF-807 读写器　　　　　　　　(b)远望谷 XC-AF-12 天线

图 16.6　读写器和天线实物图

远望谷 XC-TF-8401-C103 抗金属标签遵循 ISO/IEC 18000-6C 和 EPCglobal Class 1 Gen 2 协议,工作频率为 920~928MHz。该标签包含 64 位 TID 码、96 位 EPC 和 512 位用户数据区,读取距离为 0~5m,写入距离为 0~2.5m。由于该抗金属标签内含有磁铁,可直接吸附在金属表面,且在金属表面使用时效果最佳。该标签实物如图 16.7(a) 所示。

远望谷 XC-TF-8059-C104 标签符合协议 ISO/IEC 18000-6C 和 EPCglobal Class 1 Gen 2,可在 902~928MHz 的频段内进行读取和写入操作,具备 96 位 TID、448 位 EPC、32 位访问密码和 32 位杀死命令。该标签的极化方式为线极化,可粘贴在非金属表面,读取距离最大可达 8m(与读写器功率和天线增益有关),其实物如图 16.7(b) 所示。

远望谷 XC-TF-8200A 标签为超高频无源电子标签,符合协议 ISO/IEC 18000-6C 和 EPCglobal Class 1 Gen 2,读取距离最大可达 4m,支持密集读写,主要用于对车间人员的标识,存储了车间人员的相关信息,标签实物如图 16.7(c) 所示。

 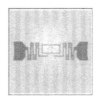 

(a)XC-TF-8401-C103　　　　　　(b)XC-TF-8059-C104　　　　　　(c)XC-TF-8200A

图 16.7　RFID 标签实物图

2. RFID 设备部署

在传统的离散制造车间,与生产过程相关的数据信息往往通过车间人员手动记录,时效性和准确性较低,且这些数据中蕴涵的有价值的信息未得到有效提炼和应用,造成车间管理水平不足。RFID 技术作为一种非接触式自动识别技术,可为离散制造过程数据采集提供技术手段。因此,为了自动获取某航天产品装配车间的离散制造过程信息,在车间内部署 RFID 系统,包括 RFID 读写器、天线和电子标签等硬件组件和软件系统。

某航天产品装配车间如图 16.8 所示,车间内包含两条脉动生产线,各生产线由五个工位组成。各工位均配备了装配支架,用于辅助装配操作。由于装配支架为金属结构,将对该工位的 RFID 读写器感知模型造成干扰,因此将其考虑为车间内的金属障碍物。通过在该装配车间各工位及出入口处部署 RFID 设备，采集其感知范围内的 RFID 标签信息，实现对离散制造过程数据的自动获取。

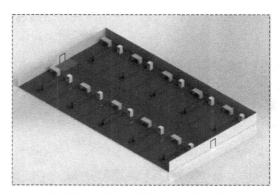

图 16.8　某航天产品装配车间模型

1) RFID 读写器部署

由于固定 RFID 读写器在应用过程中不需要人工干预，可减轻车间工人的工作量，因此适用于离散车间生产现场。多通道 RFID 读写器可外接多个射频天线，RFID 读写器部署实质是指 RFID 天线的部署。该航天产品装配车间现场各工位的部署方案可通过 16.1 节的改进多目标算法求解出，将各工位的目标空间信息，包括监控域信息和障碍物域信息输入算法中，求解出非劣解集，根据管理层的需求选择最优解。按照求解出的各天线空间坐标和天线平面法向量放置射频天线并调整天线的方向，以实现较大标签覆盖率且较小读写器间相互干扰程度。同时，为了监控出入该装配车间的生产要素信息，在车间的入口和出口各部署两个 RFID 天线，当生产要素处于车间入口或出口处读写器的感知范围时，认为该生产要素在当前时刻进入车间或离开车间。

2) RFID 标签部署

由于车间生产现场的生产要素如工具、工装等多为金属结构，为减少金属干扰，采用抗金属标签标识，对于部分非金属结构的生产要素如车间工人、塑料托盘等，则可采用普通标签标识。针对各生产要素的特点及其在制造过程中不同环节的需求，RFID 标签的标识方式也有所不同，可分为直接标识方式和间接标识方式。直接标识方式是指将 RFID 标签直接粘贴或挂接在生产要素上，对于车间内部分工具、工装、物料和在制品，可将标签直接贴附于生产要素的非工作表面；对于部分难以贴附的生产要素，如规格较小的工具，则可选择挂接的标识方式。间接标识方式是指将小规格的物料或者一些不易于直接标识的物料放置在塑料托盘内，并对该塑料托盘进行标识，将标签与托盘内的物料匹配，建立逻辑关联。对于车间的工作人员，可为其配备 RFID 员工卡，实现对车间人员的标识。

16.2.3　功能服务实现

某航天产品装配车间的脉动生产线具有生产要素复杂、生产周期长、管理难度大等特点。该车间的生产过程仍为"黑箱"模式，生产数据多通过工人手动记录，实时性较差，易出现数据遗漏或数据错误等问题，且大部分生产数据未被提取为有价值的信息，难以支撑车间管理层的有效决策。为提升该装配车间的管理水平，使车间管理层实时掌握生产状况，将结合

前面离散制造过程智能感知系统所涉及的功能模块，在 Microsoft Visual Studio 2015 平台中进行开发，实现各功能模块，满足该航天产品装配车间的应用需求。

该系统通过 IIS 服务部署在局域网内的服务器上，同一局域网内的其他计算机则可通过 Web 浏览器对其进行访问，便于车间用户的操作和使用。本节将介绍系统的主要功能，以验证和实现之前的内容。

1．系统管理

离散制造过程智能感知系统的管理界面如图 16.9 所示。车间用户输入其账号和密码，验证通过后即可进入该系统。在该航天产品装配车间内，系统的用户主要包括系统管理员、车间管理员和车间工人等，为了减少操作的烦琐性，可基于 RFID 技术实现刷用户员工卡登录系统。不同的用户具有不同的系统操作权限，其中系统管理员具有最高的权限，可访问和配置系统的各子功能模块，同时可为其他用户分配权限。

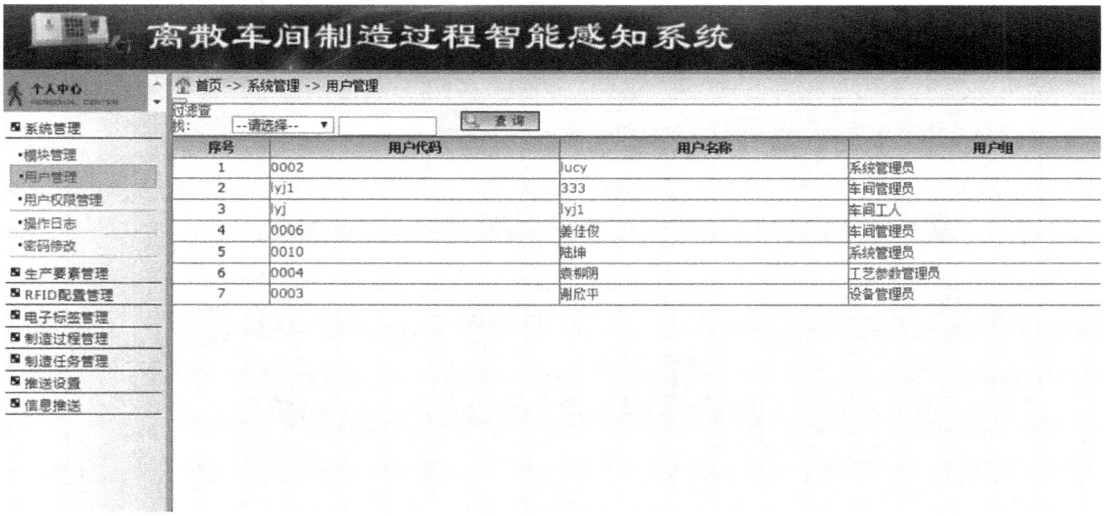

图 16.9 系统管理界面

用户管理存储了系统用户的姓名、用户代码、用户组等基本信息，用户按照所属的用户组，获得相应的操作权限，从而实现对用户权限的批量管理；模块管理用于添加或删除系统的子功能模块，提高系统的可扩展性；系统管理员通过用户权限管理功能分配用户组权限，使车间管理员或车间工人等用户仅可访问与其相关的系统子页面，防止用户误操作的发生，提高系统的安全性和可靠性；操作日志记录了不同用户对系统进行的相关操作，可将操作日志以 Excel 表的形式导出，便于对系统进行维护。

2．生产要素管理

该航天产品装配车间的生产要素众多，主要包括物料、在制品、工装和设备四类，通过该系统的生产要素管理模块对生产要素的基本信息进行管理。物料管理存储了物料编号、物料名称、物料代号、研制阶段等信息；在制品管理可对车间现场的在制品进行查找、新增、修改和删除等操作；工装管理主要管理该车间内技术装备车、吊具等常用工装的基础属性；通过设备管理功能可掌握车间生产现场各设备编码、设备名称、生产厂家、检修日期等数据信息。

3. 读写器优化布局

RFID 读写器优化布局功能仅用于 RFID 系统部署阶段，根据该航天产品装配车间的布局情况和用户对 RFID 系统性能的需求，获得最合理的布局方案，并以表格的形式展现，为车间 RFID 读写器的部署提供帮助和指导，其功能界面如图 16.10 示，仅系统管理员具备该功能的操作权限。首先测量并记录装配车间各工位的监控域信息，以及工位中障碍物域的坐标及尺寸信息，将数据信息分别输入该功能界面的监控域信息表和障碍物信息表中，其次设置迭代次数、种群容量等算法参数，同时设置优化目标需求，便于从求得的非劣解中选择出符合决策者要求的布局方案。完成车间信息输入及相关参数设置后，单击"开始运行"按钮，系统将自动调用 IntelliJ IDEA 软件下预先构建完成的三维 RFID 部署 MOPSO 算法完成布局方案求解，并将结果显示在该功能界面的天线布局表中。

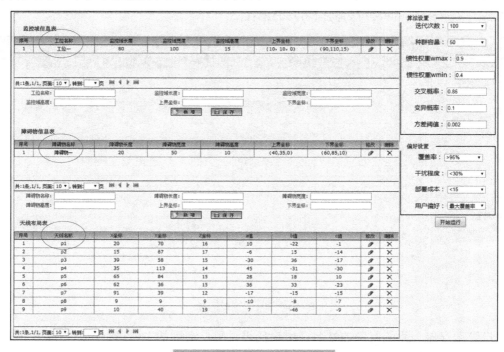

图 16.10　读写器优化布局界面

4. 制造过程可视化监控

制造过程可视化监控是制造过程管理模块中最主要的功能之一，以车间地图的形式实时显示该航天产品装配车间各工位的生产状态，便于车间管理层对生产过程进行实时监控，及时发现并解决生产过程中存在的问题，提高车间管理层决策的准确性。图 16.11 为车间地图配置界面，根据该航天产品装配车间的实际布局情况映射出"虚拟车间"，将车间实体模型按照实际情况拖放至相应的位置区域，并配置各实体模型的基本信息，同时，将各工位上的读写器与该工位建立逻辑关系。完成车间地图配置后，便可对离散制造过程进行可视化监控，如图 16.12 所示。车间内部各个工位的生产活动和涉及的生产要素基本信息将在该车间地图的对应区域显示，管理层可直观了解到各工位当前的生产任务和生产状况，实时掌握生产进度和管理生产计划。

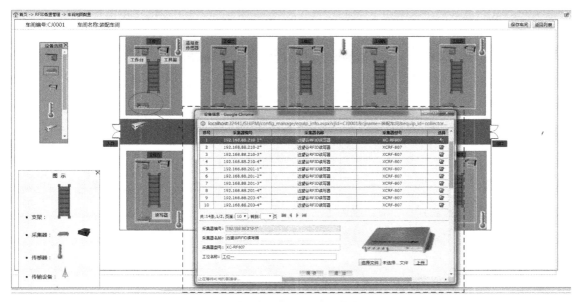

图 16.11　车间地图配置界面

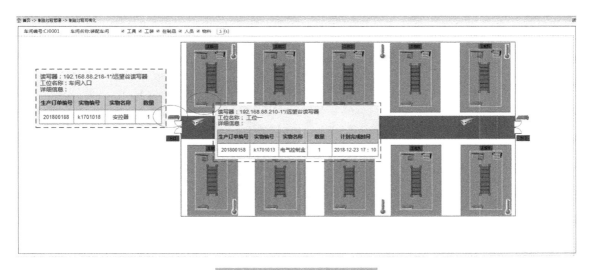

图 16.12　制造过程可视化监控

5．复杂事件推送

该航天产品装配车间现场采集的 RFID 数据通过处理后获得 RFID 复杂事件，并存储至相应的数据库。当产生新的复杂事件时，数据库内的复杂事件表将更新，同时，复杂事件推送功能界面自动刷新，显示最新的复杂事件记录。由前面对离散制造车间 RFID 复杂事件的分析可知，装配现场存在不同类型的复杂事件，如图 16.13 所示，将车间发生的复杂事件按时间排序并显示在列表中，用户可过滤查找某种类型的复杂事件或某个时间段发生的复杂事件。通过该功能界面，车间用户可实时掌握生产要素出入车间、某道装配工序的开始和结束、各生产要素的位置、各工位上物料的齐套性、车间发生的异常等复杂事件信息。

序号	事件编号	事件名称	事件类型	标签编号	实物编号	事件时间	删除
1	event92	离开车间	出入管理	e2018122	k1701018	2018/12/20 21:11:10	×
2	event91	离开车间	出入管理	e2018086	k1701012	2018/12/20 21:10:03	×
3	event90	离开车间	出入管理	e2018085	k1701008	2018/12/20 21:10:01	×
4	event89	开始工序二	制造过程管理	e2018010	k1701013	2018/12/20 21:08:53	×
5	event88	结束工序一	制造过程管理	e2018010	k1701013	2018/12/20 21:05:22	×
6	event87	进入车间	出入管理	e2018054	r1701021	2018/12/20 20:58:46	×
7	event86	工位三停留时间异常	异常管理	e2018046	k1701048	2018/12/20 20:58:46	×
8	event85	生产要素当前处于工位一	位置管理	e2018032	k1701056	2018/12/20 20:58:40	×
9	event84	生产要素当前处于工位一	位置管理	e2018034	k1701054	2018/12/20 20:55:32	×
10	event83	与产品匹配	齐套性管理	e2018022	k1701002	2018/12/20 20:55:25	×
11	event82	进入车间	出入管理	e2018011	g1701024	2018/12/20 20:45:19	×
12	event81	进入车间	出入管理	e2018009	g1701023	2018/12/20 20:45:19	×
13	event80	开始工序一	制造过程管理	e2018094	k1701042	2018/12/20 20:40:47	×
14	event79	生产要素当前处于工位三	位置管理	e2018051	k1701007	2018/12/20 20:40:47	×
15	event78	物料齐套	齐套性管理	e2018037	k1701015	2018/12/20 20:39:45	×

共:26条,1/2,页面:15 ▼,转到: ▼ 页 ◄◄ ◄ ► ►►

图 16.13　复杂事件推送

第 17 章 大数据驱动的制造车间订单剩余完工时间预测系统

17.1 基于 DBN-DNN 的订单剩余完工时间预测

在按订单生产的企业中，订单剩余完工时间的准确预测能够为动态的生产计划调整、生产过程优化提供合理的判别依据，对订单产品按时完工具有重要意义。为了准确地预测订单剩余完工时间，分析动态生产环境下车间的运行规律，本章以影响订单剩余完工时间的关键特征组成的制造数据为基础，提出一种基于 DBN-DNN 的预测模型，并通过应用分析验证所提方法的有效性。

17.1.1 订单剩余完工时间预测模型设计

相关学者以订单组成和车间实时生产状态数据为输入，使用神经网络预测订单剩余完工时间或相似目标。当以神经网络预测订单剩余完工时间，输入数据不完整或者存在噪声值时，依然能预测出一个较为准确的近似值；在预测过程中，不需要关心输入特征与预测目标之间的复杂因果联系；当训练结束之后，可以将对应的实时生产状态数据输入模型中，实现实时预测，发现车间动态运行规律。而浅层神经网络适应复杂映射的能力较差，难以有效提取特征信息，在解决复杂离散制造车间的预测问题时，预测结果准确度不高，易出现过拟合问题，泛化能力受到制约。而深度学习可以从大规模、低价值密度的样本中提取高水平特征，获取有价值的知识，并且具有更强的泛化能力，对处理大数据问题具有更优越的性能，因此有必要设计一种基于深度学习的预测模型。

针对由 69 个关键特征组成的多源制造数据，本章提出一种基于 DBN-DNN 的订单剩余完工时间预测方法。该方法通过构建 ReLU 激活的 DBN 模型来初始化 DNN 权重和偏置，提升模型准确度和收敛速度，改善过拟合问题；为了进一步提高模型的泛化能力，避免预测模型在训练集和测试集上的预测精度相差较大的问题，在回归预测模型中加入 Dropout 层和 L2 正则项。如图 17.1 所示，I 表示输入层，h_1 表示第 1 层隐含层，h_{hl-1} 表示第 hl-1 层隐含层，h_{hl} 表示第 hl 层隐含层，具体操作步骤如下。

步骤 1 为了消除数据特征的单位限制，便于比较和加权不同量级或单位的数据，采用最大-最小归一化方法对所有数据特征进行归一化处理。一方面可以加快模型收敛速度，另一方面能够提升模型的预测精度。采用式 (12-9) 所示的最大-最小归一化方法，将原始数据集进行线性变化，使结果落到[0, 1]区间，即

$$X' = \frac{X - X_{\min}}{X_{\max} - X_{\min}} \tag{17-1}$$

其中，$X_{\max}$ 和 $X_{\min}$ 分别表示原始数据集中某一特征的最大值和最小值。

步骤2 随机选取原始数据集 70%作为训练集，其余作为测试集。

步骤3 使用训练集数据训练首个受限玻尔兹曼机，然后将第一个受限玻尔兹曼机的输出作为第二个玻尔兹曼机的输入训练第二个玻尔兹曼机，…，依次类推，完成所有受限玻尔兹曼机的训练。所有受限玻尔兹曼机构成一个完整的 DBN，完成 DBN 的训练。

步骤4 以 DBN 的权重(W')和偏置(b')初始化 DNN 对应层的权重(W)和偏置(b)，通过 BP 算法训练 DNN，微调 DBN 相应层的参数，提高模型预测性能。

步骤5 将测试集输入 DBN-DNN 预测模型中，验证模型是否发生过拟合问题，测试预测模型的准确度和适用性。

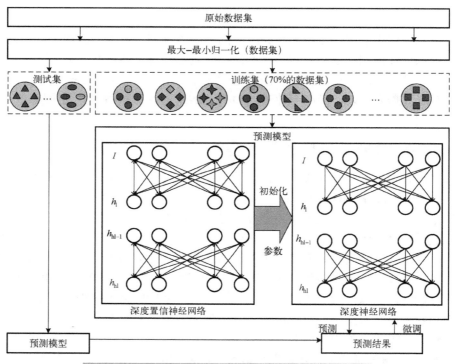

图 17.1 基于 DBN-DNN 的订单剩余完工时间预测流程

17.1.2 基于 DBN-DNN 的订单剩余完工时间预测模型

1. 基于 DBN 的预测模型参数初始化

DBN 由若干个受限玻尔兹曼机(Restricted Boltzmann Machine, RBM)堆叠组成，一个 RBM 由一层可见层和一层隐含层构成。假设某个 RBM 的可见层有 V 个神经元，与输入数据维数一致，隐含层有 H 个神经元，该层神经元个数需要手动设置。与前反馈神经网络不同，可见层神经元和隐含层神经元之间为双向全连接，可见层神经元状态可以作用于隐含层，隐含层神经元状态也能影响可见层。而可见层神经元之间、隐含层神经元之间不存在内部连接，也就是说每层神经元内部是相互独立的。在 RBM 结构中有五个重要参数，分别是可见层神经元个数 V、隐含层神经元个数 H、连接权重矩阵 W'、隐含层的偏置系数 b'、可见层的偏置系数 a'，具体结构如图 17.2 所示。

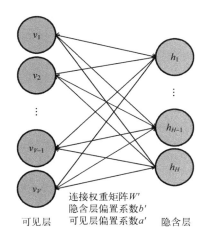

图 17.2　RBM 结构

对给定状态 (v, h)，能量函数的定义如式 (17-2) 所示：

$$E_\theta(v, h) = -\sum_{i=1}^{V} a_i' v_i - \sum_{j=1}^{H} b_j' h_j - \sum_{i=1}^{V} \sum_{j=1}^{H} v_i W_{i,j}' h_j \qquad (17\text{-}2)$$

其中，$\theta = \{W', a', b'\}$ 是 RBM 的参数；$W_{i,j}'$ 表示可见单元 i 与隐单元 j 之间的连接权重；a_i' 表示可见单元 i 的偏置；b_j' 表示隐单元 j 的偏置。

基于以上能量函数，给定状态 (v, h) 的联合概率分布如式 (17-3) 所示：

$$P_\theta(v, h) = \frac{1}{Z_\theta} \mathrm{e}^{-E_\theta(v, h)} \qquad (17\text{-}3)$$

$$Z_\theta = \sum_{v, h} \mathrm{e}^{-E_\theta(v, h)} \qquad (17\text{-}4)$$

其中，Z_θ 表示配分函数。在 RBM 条件下，Z_θ 已经被证明是难解的，意味着联合概率分布 $P_\theta(v, h)$ 是也难以评估的。

由于 RBM 层间相互连接、层内不连接的特殊结构，即已知可见层神经元的状态时，隐含层神经元的激活状态是相互独立的，同理，当已知隐含层神经元的状态时，可见层神经元的激活状态也相互独立，所以第 j 个隐含层神经元和第 i 个可见层神经元的激活概率如式 (17-5) 和式 (17-6) 所示：

$$P_\theta(h_j = 1 \mid v) = \sigma\left(b_j' + \sum_{i=1}^{H} v_i W_{i,j}' \right) \qquad (17\text{-}5)$$

$$P_\theta(v_i = 1 \mid h) = \sigma\left(a_i' + \sum_{j=1}^{V} h_j W_{j,i}' \right) \qquad (17\text{-}6)$$

其中，$\sigma(\ )$ 表示激活函数。

传统的激活函数有 Sigmoid 函数和 Tanh 函数，但两者的导数值都在 (0,1) 内，当进行多层反向传播时，误差梯度会不断衰减，容易出现梯度消失，模型学习效率较低，同时还会丢失数据中的一些信息。本书采用 ReLU 激活函数训练 RBM，如式 (17-7) 所示，一方面能克服梯度消失，极大可能地保留数据信息；另一方面该激活函数会使一些输出为 0，使网络具有稀疏性，缓解过拟合问题。

$$f(x) = \begin{cases} x, & x \geqslant 0 \\ 0, & x < 0 \end{cases} \tag{17-7}$$

虽然 $P_\theta(v,h)$ 难以求解，在 2002 年，Hinton 等提出了对比散度(Contrastive Divergence, CD)算法，加快了 RBM 训练学习。在 RBM 训练过程中，实际上就是对 W'、b' 和 a' 不断寻优，直至获得合适的参数。通过 CD 算法对 RBM 进行训练，各个参数的更新规则如式(17-8)～式(17-10)所示：

$$W' = W' + \rho(hv^{\mathrm{T}} - h'(v')^{\mathrm{T}}) \tag{17-8}$$

$$b' = b' + \rho(h - h') \tag{17-9}$$

$$a' = a' + \rho(v - v') \tag{17-10}$$

式(17-8)～式(17-10)中，v' 表示可见层 v 的重构；h' 表示重构 v' 所得的隐含层；ρ 表示学习效率。

DBN 的训练过程就是采用贪心逐层训练，训练过程如图 17.3 所示。首先训练第一个 RBM，将数据输入 RBM 中，初始化该层网络对应的权重和偏置，通过学习训练更新权重和偏置，完成第一个 RBM 的训练；其次训练第二个 RBM，以第一个 RBM 的输出作为第二个 RBM 的输入，类似第一步更新权重和偏置，完成第二个 RBM 的训练，依次类推，直至所有 RBM 训练结束。将已经训练好的 RBM 按规则堆叠起来，形成 DBN。

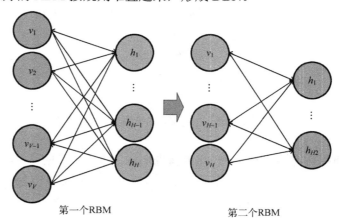

图 17.3　DBN 的训练过程

2. 基于 DNN 的订单剩余完工时间预测

在 DBN 的训练过程中，全程没有标签数据参与，属于一种无监督学习模式，能够不断学习输入数据特征，为 DNN 提供了合理的初始训练参数。在 DBN 完成训练之后，将 DBN 参数作为 DNN 对应层的初始参数，DNN 最后一层网络参数随机给定，与其他层不同，该层的主要任务是利用前面网络提取的特征完成订单剩余完工时间预测，如图 17.4 所示。

在训练过程中，预测值和实际值有一定的差距，使用 BP 算法对网络参数进行微调，提高预测的准确度。本书对整个网络的参数进行调优，加快网络训练速度，脱离只对最后一层网络参数调整而陷入局部最优解的困境。在订单剩余完工时间预测过程中主要分为两个阶段。

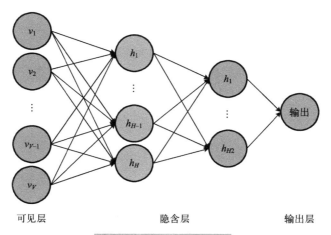

图 17.4　DNN 的网络结构

第一阶段：将 69 个关键特征组成的历史数据输入第一个 RBM 中，依次迭代训练，以确定 DNN 各层的初始参数，此过程不需要数据对应的标签。

第二阶段：以数据标签和网络预测值之间的误差作为原始损失函数，如式(17-11)所示，使用 Adam 优化器不断优化 DNN 参数，实现订单剩余完工时间的精准预测。

$$\text{Loss}_0 = \frac{1}{\text{lm}} \sum_{i=1}^{\text{lm}} (y_i^{\text{real}} - y_i^{\text{pred}})^2 \tag{17-11}$$

其中，lm 表示训练一次的样本数。

在训练神经网络的过程中，不可避免地会发生过拟合现象，这导致网络在训练集上的表现力极强，而在测试集上的表现力较弱。由奥卡姆剃刀定律可知，模型越复杂，越容易过拟合。为了降低 DNN 的复杂度，改善 DNN 的过拟合现象，加入 Dropout 层和 L2 正则项。

(1)Dropout 是指在 DNN 的训练过程中，将指定层神经元按照一定的概率短暂性地从网络中丢失。Dropout 一方面能够简化神经网络结构，减少训练时间；另一方面每个神经元都以一定的概率出现，使得不能保证相同的两个神经元每次都同时出现，权值更新不再依赖于固定关系神经元的共同作用，改善了 DNN 的过拟合现象。

(2)L2 正则项是在原始损失函数 Loss_0 的基础上加一个正则项，即各层权重 W^k 的平方和，使在显著减少目标值方向上的参数保留相对完好，无助于目标值方向上的参数在训练过程中因正则项而衰减。具体形式如式(17-12)所示：

$$\text{Loss} = \text{Loss}_0 + \lambda \sum_{k=1}^{\text{ls}-1} W^k = \frac{1}{\text{lm}} \sum_{i=1}^{\text{lm}} (y_i^{\text{real}} - y_i^{\text{pred}})^2 + \lambda \sum_{k=1}^{\text{ls}-1} \sum_{j=1}^{\text{ln}} \sum_{j'=1}^{\text{ln}'} (W_{j,j'}^k)^2 \tag{17-12}$$

其中，Loss 表示损失函数；ls 表示 DNN 层数；ln 表示第 k 层特征数；ln′ 表示第 $k+1$ 层特征数；$W_{j,j'}^k$ 表示第 k 层的第 j 个神经元与第 $k+1$ 层第 j' 个神经元的连接权重；λ 表示正则化系数。

17.2　大数据驱动的订单剩余完工时间预测系统搭建

17.1 节主要介绍了基于 DBN-DNN 的订单剩余完工时间预测方法。在上述介绍的基础上，本节将设计并开发大数据驱动的订单剩余完工时间预测系统，详细介绍系统设计思想、开发/运行环境以及系统各个功能的实现，最后进行应用验证分析。

17.2.1　系统设计

1．系统设计思想

在进行订单剩余完工时间预测系统的开发时，应该考虑系统的实际应用需求和未来应用趋势，需要遵循以下设计原则。

(1)易操作性。系统操作界面美观、简洁、菜单功能明确，方便使用者的理解和操作。系统给使用者分配不同的权限，简化用户查看界面，便于权限范围内的子界面切换。针对不同的系统功能模块，提供完善的系统帮助文档，提高系统的可操作性。

(2)稳定性。系统稳定运行是系统运用并指导车间生产的基础。将训练好的订单剩余完工时间预测模型应用于系统中，通过实时数据的不断输入实现订单剩余完工时间实时预测，输入数据量较大，监控车间的运行时间长。这要求系统具有较强的稳定性，保证系统正常运行，能够准确地监控车间运行情况。

(3)集成性。订单剩余完工时间预测系统是企业信息管理系统的一部分，与信息管理系统的其他分支有着紧密联系，如 MES 和 ERP。为了实现与企业现有的信息管理系统互联互通，更好地完成制造车间的规律挖掘，应该设计统一的数据接口，实现与其他分支系统的集成。

(4)可维护性。订单剩余完工时间预测系统的可维护性是指系统恢复原有状态、提高其性能的难易程度。一方面系统出现问题后，恢复到原有状态容易、成本较低；另一方面当系统对现有功能改造升级时，容易操作，可扩展性强。

2．系统开发环境及运行环境

订单剩余完工时间预测系统是基于 B/S 架构设计和开发的，能够满足不同用户的访问需求，并具有易操作、稳定性强、集成方便、维护升级简单/廉价等特点。系统主要分为数据支撑、应用服务开发、用户界面开发三部分，层次结构如图 17.5 所示。数据支撑为整个系统提供预处理后的在制品数据、工装数据、机床数据等制造数据；应用服务开发通过直接或间接的方式调用数据库数据，并实现各个功能逻辑，服务于用户界面展示；用户界面开发帮助使用者实时监控车间的生产情况，并了解车间的未来生产规律。

系统环境包括系统开发环境和运行环境，其中开发环境见表 17.1，运行环境包括服务器运行环境和客户端运行环境两类，见表 17.2。

3．系统功能设计

结合订单剩余完工时间预测的应用需求，根据离散制造车间订单剩余完工时间预测体系架构，设计该系统的功能模块，主要包括系统管理、数据管理、统计分析、特征选择、订单剩余完工时间预测五个功能模块，详细功能如图 17.6 所示。

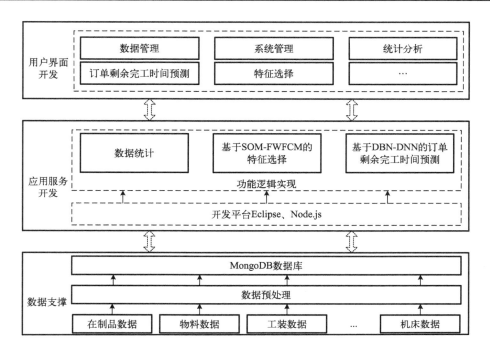

图 17.5　系统开发的层次结构

表 17.1　系统开发环境

开发工具	编程语言	开发平台	数据库
Eclipse、WebStrom、IntelliJ IDEA 2017.2	Java	Eclipse、Node.js	MongoDB 数据库

表 17.2　系统运行环境

相关要求	服务器		客户端
	操作系统：Windows Server 2012 Web 服务器：Apache Tomcat 8.0		浏览器：Chrome29 及以上

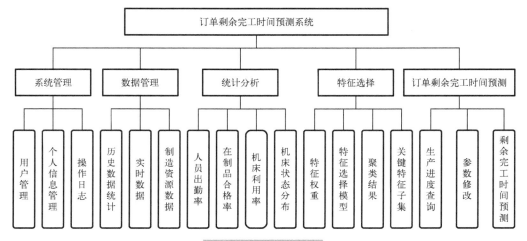

图 17.6　系统功能规划

1）系统管理

系统管理是订单剩余完工时间预测系统的基本功能，为维护系统正常运行提供保障，主要包括用户管理、个人信息管理、操作日志，其中用户管理和操作日志仅对管理员可见，非管理员可以通过个人信息管理界面修改个人信息。用户管理一方面可以新增、删除用户或者修改用户信息，另一方面可以修改用户的权限。操作日志记录着系统的日常使用信息，在发生系统异常时，可以快速定位到系统异常原因，便于系统修复。

2）数据管理

数据管理主要为了方便车间制造数据的查询、修改、补充，主要包括历史数据统计、实时数据、制造资源数据。历史数据统计子模块对车间在制品数据、机床数据、产品质量数据、扰动数据等各类信息进行统计/管理，方便查看车间历史运行情况；实时数据子模块用于查看在制品实时加工数据、机床实时状态数据、订单生产进度数据等，以了解车间实时生产情况；制造资源数据子模块用于对车间检测设备、工艺装备、机床等制造资源进行管理，能够查看制造资源类型、数量及工作状态等。

3）统计分析

统计分析主要对采集到的车间数据进行统计分析，直观地显示车间生产状况，便于管理人员了解车间的整个运行情况，主要包括人员出勤率、在制品合格率、机床利用率、机床状态分布等九类数据的统计分析。通过对这些信息的统计分析和可视化展示，便于查看车间运行规律，提高使用者对数据的理解力，同时统计分析结论简单明了，节约了解车间运行情况的时间成本。

4）特征选择

特征选择是指对订单剩余完工时间预测的高维影响因素进行特征代表选择，主要包括特征权重、特征选择模型、聚类结果、关键特征子集四个子功能模块。特征权重子模块通过调用 Python 程序，计算该特征对订单剩余完工时间的重要程度，得到权重值；特征选择模型子模块通过将所选的候选特征集输入特征选择模型中，调用 Python 程序，构建特征选择模型；聚类结果子模块能够显示 CH 和 SC 指标值，说明聚类效果的好坏；关键特征子集子模块显示所选的关键特征子集具有哪些类型。

5）订单剩余完工时间预测

订单剩余完工时间预测指在特征选择的基础上，以关键特征子集构成的实时制造数据为输入，预测订单的剩余完工时间，主要包括生产进度查询、参数修改、剩余完工时间预测三个子功能模块，其中生产进度查询界面能够查询订单中现在订单已经完成的在制品数量以及完成的百分比；参数修改子模块可以人为修改模型参数，然后重新构建预测模型；剩余完工时间预测子模块能够根据车间实时状态数据，调用程序，获得某一订单的剩余完工时间，并显示预测结果。

17.2.2 系统功能实现

1. 系统管理

系统管理中的用户管理子模块存储着用户的工号、用户名、人员角色以及手机号码等信息，其中人员角色包括系统管理员、车间主任、调度员、作业工人等。系统管理员对系统具有最高的操作权限，能够访问系统所有的功能模块，并为其他人员分配相应的权限，其他用户只能够根据自己的需求访问相应权限，如图 17.7 所示。每个用户可以根据自己的喜好和实际情况在个人信息管理界面中设置或修改密码和手机号码，如图 17.8 所示。操作日志只对系统管理员开放，显示着所有人操作系统的记录，可以根据工号进行查询检索，并能够将操作日志导出到 Excel 表中，便于系统的维护管理，如图 17.9 所示。

图 17.7　用户管理

图 17.8　个人信息管理

图 17.9　操作日志

2. 数据管理

数据管理包括对人员、机床、物料、工装、在制品等生产要素信息进行新增、查询、修改。通过历史数据统计子模块中的人员历史数据能够查看人员所在部门、职位、工龄、历史出勤率、加工产品合格率，可以根据用户职位或者用户部门进行信息查询；通过机床历史数据表能够查看历史加工合格率、利用率、上次维修时间和故障次数，同样可以根据机床编号进行信息查询；还包括与零件相关的零件材料、毛料尺寸、成品尺寸等数据，与产品质量相关的合格率、报废率、返修率等数据。通过实时数据子模块能够更加地方便了解车间的运行情况，下面介绍其部分功能，在制品实时数据包括在制品名称、编号、加工机床、加工工序、在制品状态；机床实时数据包括机床编号、机床状态、当前加工零件、持续加工时长和主轴转速；订单实时生产进度包括订单号、优先级、订单交货期、实时进度、物料信息等。除上述数据之外，还有制造资源数据，主要包括检测设备、工艺装备、机床等制造资源的固有数据，便于查看制造资源类型、数量及使用状态，部分数据如图 17.10 所示。

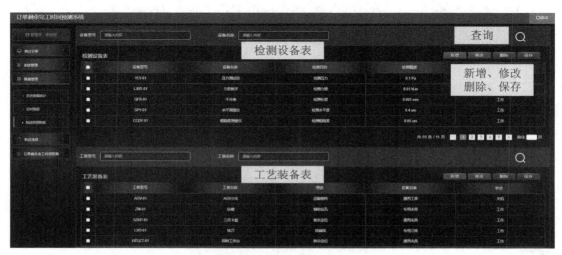

图 17.10　制造资源数据

3．统计分析

统计分析主要包括人员出勤率、机床状态分布、机床利用率、在制品合格率、已加工在制品数量、数据采集平均速率、零件完工率、故障统计分析、机床主轴转速九类信息的数据统计。该界面是系统的主界面，当用户登录进系统时，直接进入该界面。以折线图、柱状图、饼状图等简单明了地显示车间运行情况，方便用户了解车间的实际情况，以实现及时管理车间，如图 17.11 所示。

4．特征选择

在用户端构建特征选择模型并选择订单剩余完工时间预测的关键特征代表，如图 17.12 所示。特征选择主要分为四部分：特征权重、特征选择模型、聚类结果、关键特征子集。特征权重子模块用于选择特征类型，然后单击"查询"按钮，系统自动获取该特征的特征权重。特征选择模型中首先给出 SOM-FWFCM 的建议参数，单击"运行"图标，可以看到特征选择模型的聚类结果和所选择的关键特征子集。若用户需要修改参数，单击"参数修改"图标，能够修改 SOM-FWFCM 的相关参数，然后单击"运行"图标，可以得到新的聚类结果和关键特征子集。

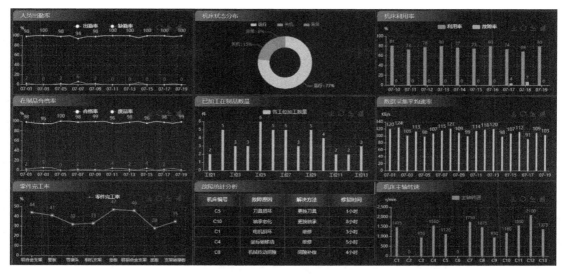

图 17.11　统计分析

图 17.12　特征选择

5. 订单剩余完工时间预测

在用户端构建预测模型并预测订单剩余完工时间，如图 17.13 所示。主要分为三部分：生产进度查询、参数修改、剩余完工时间预测。生产进度查询子模块可以根据订单编号查询某个订单的当前进度百分比以及已完成数量。如果不需要修改参数，直接使用默认参数，单击"预测"图标，以实时数据为输入，基于 DBN-DNN 模型预测订单剩余完工时间。如果需要修改参数，单击"参数修改"图标，出现参数修改界面，如图 17.14 所示，能够修改 DBN-DNN 的相关参数，点击"模型训练"按钮，即可以根据当前参数训练模型，以实现订单剩余完工时间预测。订单剩余完工时间实时预测以当前相应的生产状态数据为输入，以折线图的形式展示订单还需要多长时间完成加工，同时在界面中显示当前时刻订单的实际加工进度。

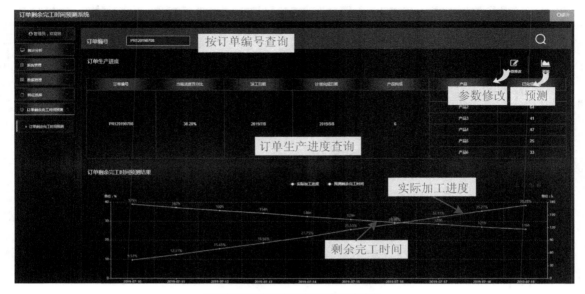

订单剩余完工时间预测系统
订单编号
PR120190708
按订单编号查询
订单生产进度
参数修改
预测
订单生产进度查询
订单剩余完工时间预测结果
实际加工进度
剩余完工时间

图 17.13　订单剩余完工时间预测

参数修改
模型训练
参数保存
第一阶段
网络结构
学习率
批尺寸
迭代次数
DBN
69-40-25
0.0001
128
10
第二阶段
网络结构
学习率
批尺寸
迭代次数
L2正则系数
dropout丢弃率
DNN
69-40-25-1
0.001
128
300
0.001-0.001-0.001
0.05

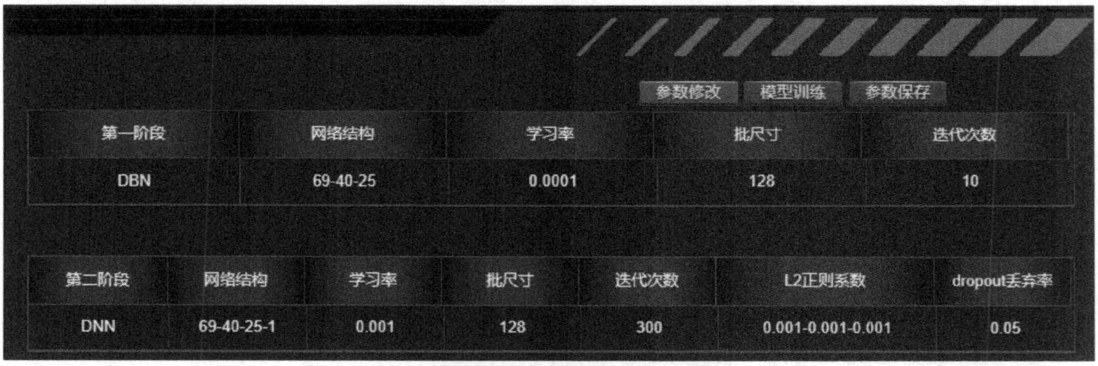

图 17.14　DBN-DNN 参数修改

17.2.3　应用验证分析

本节结合某航天机加车间，对所提出的关键技术和设计开发的系统进行应用验证，物联感知设备部署和车间现场如图 17.15 所示。该车间共有 13 个工位，能够加工 8 种零件。为了准确获取车间运行状态数据，为订单剩余完工时间预测提供数据基础，采用以下方法。

(1) 在车间入/出口、各工位入/出缓存区、加工区域都部署了 RFID 读写器和天线，并调整各天线功率，避免天线之间相互干扰，保证数据的准确性。

(2) 在车间四周部署 UWB 传感器，每组使用 4 个 Ubisense 传感器，覆盖范围为 35m×35m，为了覆盖整个制造车间和保证定位准确度，每组再增添两个传感器，部署 2 组共 12 个传感器。

(3) 直接使用数控系统厂商提供的数据采集软件采集机床运行状态数据，一般采用 PLC 或以太网的方式进行采集，便于采集数控机床数据。

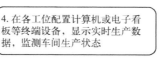

图 17.15　物联感知设备部署和车间现场

在上述数据采集方式完善、数据准确充足的离散制造车间中,应用本章设计开发的系统,能够改善车间的以下三个方面。

(1)提供了充足的制造数据,为后续分析提供了数据基础,以往都采用人工手动记录数据,实时性、准确性差,数据量仅有数百条/天至数千条/天,而现在通过制造物联技术主动感知和获取生产过程数据,能够实时精准采集,数据量大于 10 万条/天。

(2)提高了透明化生产水平,以往由工位负责人监控本工位的生产过程,生产过程不透明、可视化程度低,而现在能够对人员、设备、在制品等 7 种生产要素进行实时监控,覆盖范围占整个车间的90%以上。

(3)提升了预测订单剩余完工时间的准确度,以往通常以人员经验进行预测,取决于人员经验,具有主观性,而现在通过车间历史数据挖掘车间运行规律,以实时数据为输入,能够对订单剩余完工时间进行实时精准地预测。

参 考 文 献

包琳, 2010. 基于事件驱动的动态调度研究[D]. 济南: 山东大学.

陈海明, 崔莉, 谢开斌, 2013. 物联网体系结构与实现方法的比较研究[J]. 计算机学报, 36(1): 168-188.

陈伟兴, 李少波, 黄海松, 2016. 离散型制造物联过程数据主动感知及管理模型[J]. 计算机集成制造系统, 22(1): 166-176.

工业 4.0 工作组, 2013. 德国工业 4.0 战略计划实施建议(上)[J]. 机械工程导报(7-9): 23.

贺长鹏, 郑宇, 王丽亚, 等, 2014. 面向离散制造过程的 RFID 应用研究综述[J]. 计算机集成制造系统, 20(5): 1160-1170.

胡曼冬, 2014. 基于本体的智能家居关键技术研究[D]. 青岛: 中国海洋大学.

黄进宏, 左菲, 曾明, 2002. 一种基于能量优化的无线传感网络自适应组织结构和协议[J]. 电讯技术(6): 118-121.

黄少华, 郭宇, 查珊珊, 等, 2019. 离散车间制造物联网及其关键技术研究与应用综述[J]. 计算机集成制造系统, 25(2): 284-302.

李建中, 高宏, 2008. 无线传感器网络的研究进展[J]. 计算机研究与发展, 45(1): 1-15.

李晓维, 徐勇军, 任丰原, 2007. 无线传感器网络技术[M]. 北京: 北京理工大学出版社.

刘广荣, 2009. 西安研制成功物联网核心芯片"唐芯一号"[J]. 半导体信息(6): 3.

刘明周, 马靖, 王强, 等, 2015. 一种物联网环境下的制造资源配置及信息集成技术研究[J]. 中国机械工程, 26(3): 339-347.

马祖长, 孙怡宁, 2004. 大规模无线传感器网络的路由协议研究[J]. 计算机工程与应用(11): 165-167, 198.

年丽云, 2015. 基于 RFID 的离散制造车间实时定位技术研究[D]. 南京: 南京航空航天大学.

聂志, 冷晟, 叶文华, 等, 2015. 基于物联网技术的数字化车间制造数据采集与管理[J]. 机械制造与自动化(4): 98-101.

牛宇鑫, 2013. 制造业创新转型 物联网先行[N]. 中国信息化周报, 2013-05-27(03D).

孙其博, 刘杰, 黎羴, 等, 2010. 物联网: 概念、架构与关键技术研究综述[J]. 北京邮电大学学报, 33(3): 1-9.

王东强, 鄢萍, 刘飞, 等, 2010. 基于 EPC 规范的车间层多源信息集成技术[J]. 中国机械工程, 21(3): 319-324, 377.

王加兴, 2010. 离散制造车间数据采集及其分析处理系统研究与开发[D]. 杭州: 浙江大学.

王鑫, 吴际, 刘超, 等, 2018. 基于 LSTM 循环神经网络的故障时间序列预测[J]. 北京航空航天大学学报, 44(4): 772-784.

邬群勇, 孙梅, 崔磊, 2016. 时空数据模型研究综述[J]. 地球科学进展, 31(10): 1001-1011.

武星, 王旻超, 张武, 等, 2011. 云计算研究综述[J]. 科技创新与生产力(6): 49-55.

闫振强, 2014. 基于射频识别技术的离散制造车间定位感知关键技术研究[D]. 南京: 南京航空航天大学.

杨周辉, 2011. 基于 RFID 的汽车混流装配线生产监控系统的研究[D]. 广州: 广东工业大学.

姚锡凡, 于淼, 陈勇, 等, 2014. 制造物联的内涵、体系结构和关键技术[J]. 计算机集成制造系统, 20(1): 1-10.

喻剑, 2009. RFID 中间件关键技术研究[D]. 广州: 华南理工大学.

张晴, 饶运清, 2003. 车间动态调度方法研究[J]. 机械制造, 41(1): 39-41.

周光辉, 张红州, 王蕊, 等, 2010. 基于 UWB 的数字化制造车间物料实时配送系统: 中国, CN201010013550.9 [P]. 2010-07-21.

Al-TURJMAN F M, HASSANEIN H S, IBNKAHLA M A, 2013. Efficient deployment of wireless sensor networks targeting environment monitoring applications[J]. Computer communications, 36 (2): 135-148.

BINDEL A, ROSAMOND E, CONWAY P, et al. , 2012. Product life cycle information management in the electronics supply chain[J]. Proceedings of the institution of mechanical engineers part B journal of engineering manufacture, 226(B8): 1388-1400.

CHEN D, LIU Z, WANG L Z, et al. , 2013. Natural disaster monitoring with wireless sensor networks: a case study of data-intensive applications upon low-cost scalable systems[J]. Mobile networks and applications, 18 (5): 651-663.

CHEN J, 2013. Study on the application of RFID in the visible military logistics[J]. Lecture notes in electrical engineering , 259: 167-173.

CHEN J C, CHENG C, HUANG P B, et al. , 2013. Warehouse management with lean and RFID application: a case study[J]. The international journal of advanced manufacturing technology, 69 (1-4): 531-542.

CHEN R S, TU M A, JWO J S, 2010. An RFID-based enterprise application integration framework for real-time management of dynamic manufacturing processes[J]. International journal of advanced manufacturing technology, 50 (9-12): 1217-1234.

CHEN Y C, PRABHU V, 2013. An approach for research and training in enterprise information system with RFID technology[J]. Journal of intelligent manufacturing, 24 (3): 527-540.

CHONGWATPOL J, SHARDA R, 2013. RFID-enabled track and traceability in job-shop scheduling environment[J]. European journal of operational research, 227 (3): 453-463.

CHUNG Y F, HSIAO T C, CHEN S C, 2014. The application of RFID monitoring technology to patrol management system in petrochemical industry[J]. Wireless personal communications, 79 (2): 1063-1088.

COSTA C, ANTONUCCI F, PALLOTTINO F, et al. , 2013. A review on agri-food supply chain traceability by means of RFID technology[J]. Food and bioprocess technology, 6 (2): 353-366.

COSTIN A, PRADHANANGA N, TEIZER J, 2012. Leveraging passive RFID technology for construction resource field mobility and status monitoring in a high-rise renovation project [J]. Automation in construction, 24: 1-15.

DAI H, XU J, 2013. Collaborative design of RFID systems for multi-purpose supply chain applications[J]. Journal of systems science and systems engineering, 22 (2): 152-170.

DING B, LI C, CHEN D, et al. , 2008. Application of RTLS in warehouse management based on RFID and Wi-Fi[C]. Proceedings of 4th International Wireless Communications, Networking and Mobile Computing Conference[C]. Dalian, 1-5.

EKPENYONG M, IGBOKWE C, 2012. Predictive queue-based technique for network latency optimization in established TCP/IP gigabit Ethernet stations[J]. Procedia technology, 6: 739-746.

ELSHUBER M, OBERMAISSER R, 2013. Dependable and predictable time-triggered Ethernet networks with COTS components[J]. Journal of systems architecture, 59 (9): 679-690.

FERRER G, HEATH S K, DEW N, 2011. An RFID application in large job shop remanufacturing operations [J]. International journal of production economics, 133 (2): 612-621.

GRAVES A. Long short-term memory[M]. Berlin: Springer, 2012: 1735-1780.

GWON S, OH S, HUANG N, et al. , 2011. Advanced RFID application for a mixed-product assembly line[J]. The international journal of advanced manufacturing technology, 56 (1-4): 377-386.

HA O, PARK M, LEE K, et al. , 2013. RFID application in the food-beverage industry: identifying decision making factors and evaluating SCM efficiency[J]. KSCE journal of civil engineering, 17 (7): 1773-1781.

HOCHREITER S , SCHMIDHUBER J, 1997. Long short-term memory[J]. Neural computation, 9 (8): 1735-1780.

HUANG G Q, WRIGHT P K, NEWMAN S T, 2009. Wireless manufacturing: a literature review, recent developments, and case studies [J]. International journal of computer integrated manufacturing, 22 (7): 579-594.

HUANG G Q, ZHANG Y F, CHEN X, et al. , 2008. RFID-enabled real-time wireless manufacturing for adaptive assembly planning and control [J]. Journal of intelligent manufacturing, 19 (6): 701-713.

HUANG S, YU G, ZHA S, et al. , 2017. A real-time location system based on RFID and UWB for digital manufacturing workshop[J]. Procedia CIRP, 63: 132-137.

HUNG Y C, 2012. Time-interleaved CMOS chip design of Manchester and miller encoder for RFID application[J]. Analog integrated circuits and signal processing, 71 (3): 549-560.

KO J M, KWAK C, CHO Y, et al. , 2011. Adaptive product tracking in RFID-enabled large-scale supply chain [J]. Expert systems application, 38 (3): 1583-1590.

KOUR R, KARIM R, PARIDA A, et al. , 2014. Applications of radio frequency identification (RFID) technology with eMaintenance cloud for railway system[J]. International journal of systems assurance engineering and management, 5 (1): 99-106.

KRANZFELDER M, ZYWITZA D, JELL T, et al. , 2012. Real-time monitoring for detection of retained surgical sponges and team motion in the surgical operation room using radio-frequency-identification (RFID) technology: a preclinical evaluation [J]. Journal of surgical research, 175 (2): 191-198.

LANIEL M, ÉMOND J P, ALTUNBAS A E, 2011. Effects of antenna position on readability of RFID tags in a refrigerated sea container of frozen bread at 433 and 915 MHz [J]. Transportation research part C: emerging technologies, 19 (6): 1071-1077.

LEE C K H, CHOY K L, HO G T S, et al. , 2013. A RFID-based resource allocation system for garment manufacturing[J]. Expert systems with applications, 40 (2): 784-799.

LV Y Q, LEE C K M, CHAN H K, et al. , 2012. RFID-based colored petri net applied for quality monitoring in manufacturing system[J]. The international journal of advanced manufacturing technology, 60 (1-4): 225-236.

NGAI E W T, CHEUNG B K S, LAM S S, et al. , 2014. RFID value in aircraft parts supply chains: a case study[J]. International journal of production economics, 147 (1): 330-339.

NI L M, LIU Y H, LAU Y C, et al. , 2004. LANDMARC: indoor location sensing using active RFID[J]. Wireless networks, 10 (6): 701-710.

NILGUN F, HEE C S, DONGMOK S, et al. , 2015. RFID in production and service systems: technology, applications and issues[J]. Information systems frontiers, 17 (6): 1369-1380.

PÉREZ M M, CABRERO-CANOSA M, HERMIDA J V, et al. , 2012. Application of RFID technology in patient tracking and medication traceability in emergency care[J]. Journal of medical systems, 36 (6): 3983-3993.

POON T C, CHOY K L, CHAN F T S, et al. , 2011. A real-time production decision support system for solving stochastic production material demand problems [J]. Expert systems with applications, 38 (5): 4829-4838.

SONG W, LI W F, FU X W, et al. , 2013. RFID based real-time manufacturing information perception and processing[J]. Algorithms and architectures for parallel processing, 8286: 303-310.

WANG H Y, ZHAO S P, 2012. The predigest project of TCP/IP protocol communication system based on DSP technology and Ethernet [J]. Physics procedia, 25: 1253-1257.

WANG K, ZHANG C, XU X, et al. , 2013. A CNC system based on real-time Ethernet and windows NT[J]. The international journal of advanced manufacturing technology, 65 (9-12): 1383-1395.

YAGHMAEE M H, BAHALGARDI N F, ADJEROH D, 2013. A prioritization based congestion control protocol for healthcare monitoring application in wireless sensor networks[J]. Wireless personal communications, 72 (4): 2605-2631.

YAO W, CHU C, LI Z, 2012. The adoption and implementation of RFID technologies in healthcare: a literature review[J]. Journal of medical systems, 36 (6): 3507-3525.

YEDAVALLI R K, BELAPURKAR R K, 2011. Application of wireless sensor networks to aircraft control and health management systems[J]. Journal of control theory and applications, 9 (1): 28-33.

ZHONG R Y, 2013. RFID-enabled real-time production planning and scheduling using data mining [D]. Hong Kong: The University of Hong Kong.

ZHOU W, PIRAMUTHU S, 2012. Manufacturing with item-level RFID information: from macro to micro quality control[J]. International journal of production economics, 135 (2): 929-938.